普通高等教育"十一五"国家级规划教材

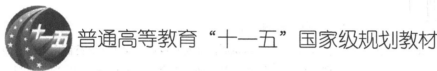

C++程序设计语言

李雁妮　　陈　平　　王献青　编著

西安电子科技大学出版社

内 容 简 介

本书分三部分，共 16 章。第一部分对 C++语言的基本机制，即对 C++语言中用于支持面向过程与面向模块化程序设计的语言机制进行了较为准确与全面的介绍；第二部分重点介绍了 C++支持面向对象与类属程序设计的各种语言机制，同时，在该部分对 C++ 的异常处理机制进行了较为详尽的介绍；第三部分对 C++标准模板库 STL 进行了简要阐述，由于程序一般都要进行字符串与输入/输出处理，因此，在该部分重点对标准类库中的 string 类和 C++的 I/O 类进行了较具体的介绍。

本书针对计算机专业的本科生编写。书中注有星号的章节为 C++ 中较深入的一些问题，在教学中可视教学时数与教学对象进行适当取舍。本书除作为本科生 C++ 程序设计的教材之外，还可供计算机或电子类相关专业的研究生或工程技术人员参考学习。

★本书配有电子教案，需要者可登录出版社网站，免费下载。

图书在版编目(CIP)数据

C++ 程序设计语言 / 李雁妮，陈平，王献青编著. —西安：西安电子科技大学出版社，
2009.1 (2021.1 重印)
普通高等教育"十一五"国家级规划教材
ISBN 978-7-5606-2151-7

Ⅰ.C… Ⅱ.① 李… ② 陈… ③ 王… Ⅲ.C 语言—程序设计—高等学校—教材
Ⅳ.TP312

中国版本图书馆 CIP 数据核字(2008)第 175588 号

策划编辑 臧延新
责任编辑 张晓燕
出版发行 西安电子科技大学出版社(西安市太白南路 2 号)
电　　话 (029)88242885　88201467　　　　邮　　编　710071
网　　址 www.xduph.com　　　　　　　电子邮箱　xdupfxb001@163.com
经　　销 新华书店
印刷单位 西安日报社印务中心
版　　次 2009 年 1 月第 1 版　　2021 年 1 月第 3 次印刷
开　　本 787 毫米×1092 毫米　1/16　印 张 26
字　　数 618 千字
定　　价 55.00 元
ISBN 978－7－5606－2151－7/TP
XDUP 2443001-3
＊＊＊如有印装问题可调换＊＊＊

前　言

　　本书作者均长期致力于 C/C++语言的教学与科研工作，其中陈平教授为 ISO C++语言标准化技术专家、教育部计算机专业教学指导委员会委员，本书是他及所带领的 C++课程组成员在长期的教学、科研实践中所形成的智慧与成果的结晶。

　　C++是一种支持多种程序设计范型、优秀的通用程序设计语言。目前，国内多家出版社已陆续出版了多种 C++程序设计语言教材，这些教材都各具特色，但总的来说：

　　(1) 已有教材内容没有完全涵盖最新的 2004 年 CCSE(Computing Curricula-Software Engineering，计算机软件工程学科)和 CSEC(China Software Engineering Curricula，中国软件工程学科)在相应课程中的知识点，部分内容缺失或深度不够。

　　(2) 已有教材内容大多仅立足于语言语法本身，没有将其内容提升到引导与培养学生正确、适当地使用各种语言机制的高度上，即在内容的组织与选取上对如何培养、训练学生成为一个优秀的 C++程序员考虑不够。

　　(3) C++是支持多种程序设计范型且广泛使用的高级程序设计语言之一。大多数教材没有清楚地阐述 C++支持多种程序设计范型这一特征，亦没有完整地阐述 C++支持多种程序设计范型的各种语言机制，这易使读者不知或误用各种语言机制。

　　(4) 已有教材的内容大多缺少实际软件项目的研发成果，内容及示例显得空泛。

　　目前，国外有多种 C++经典教材，其典型代表为 B.Strostrup 所编写的《C++ Programming Language》和 Bruce Eckel 所编写的《Thinking in C++》等。基于我国国情，上述国外原版教材并不完全适宜用作我国大多数院校本科低年级学生的 C++课程教材，原因如下：

　　(1) 教材为英文，并具有相当的深度、难度，对国内大多数院校本科低年级学生来讲，难度太大；其翻译版亦普遍存在译文质量不高、信息损失等问题。

　　(2) 教材并非按 CCSE 和 CSEC 编写，且上述两本原版著作是按照全面、深入阐述 C++语言特性，培养高级 C++程序员、系统分析员这一宗旨而撰写的，故部分章节内容不适合作为本科生低年级学生的 C++课程教材。

　　基于上述原因，作者在对国内外 C++教材进行了大量阅读、研究、实践的基础上，根据 CCSE 和 CSEC 编写了这本适合我国国情并与软件人才培养目标接轨，能准确阐述 C++各种语言特性、用法，且包含作者长期教学与科研成果的《C++程序设计语言》。

　　全书分三部分，共 16 章。第一部分对 C++ 语言的基本机制，即对 C++语言中用于支持面向过程与面向模块化程序设计的语言机制进行了较为准确与全面的介绍；第二部分重点介绍了 C++支持面向对象与类属程序设计的各种语言机制，同时，在该部分对 C++的异常处理机制进行了较为详尽的介绍；第三部分对 C++标准模板库 STL 进行了简要阐述，由于程序一般都要进行字符串与输入/输出处理，因此，在该部分重点对标准类库中的 string 类和 C++的 I/O 类进行了较具体的介绍。

本书有如下特色：

(1) 内容涵盖最新的 2004 年 CCSE 和 CSEC 在相应课程中的知识点，并从深度和广度等各方面与之要求吻合。

(2) 注重 C++ 语言支持多种程序设计范型这一特征，完整、准确地阐述了其语言的各种机制，并通过示例说明各种机制适用及不适用的场合，着重培养与训练学生设计、编写各种程序的能力。

(3) 准确地阐述各种语言机制的语法，其立足点与软件人才培养目标相吻合。

(4) 包含课程组长期以来的教学与科研成果，教材示例中加大经裁剪后的实际项目程序的比例，通过系统软件领域中的实例解释说明一些关键性的程序设计概念与技术。通过示例，向学生展示实际 C++应用程序的构建、编程方法。

本书针对计算机专业的本科生编写。书中注有星号的章节为 C++ 中较深入的一些问题，在教学中可视教学时数与教学对象进行适当取舍。本书除作为本科生 C++ 程序设计的教材之外，还可供计算机或电子类相关专业的研究生或工程技术人员参考学习。

感谢同事王黎明、邓岳，感谢西安电子科技大学软件学院 99 级学生刘志鹏和 04 级学生王晓丽、吴涛，他们对本书提出了许多宝贵的建设性意见，作者据此对全书进行了全面修正。

在本书的编著过程中，我们虽力图详尽、准确，但限于作者水平，疏漏之处在所难免，恳请广大读者批评指正。

编　者

2008 年 11 月

目　　录

第一部分　C++语言的基本机制

第二部分　C++的抽象机制

第三部分 C++标准模板库 STL 简介

第一部分　C++ 语言的基本机制

这部分主要对 C++语言的子集 C 语言、C++语言支持面向过程及面向模块程序设计范型所提供的语言机制进行了全面、系统的介绍。

该部分所涵盖的内容如下：

第1章 绪 论

本章要点：

- 🖳 C++ 语言的发展历史及特点；
- 🖳 学习 C++ 语言的注意事项；
- 🖳 C++ 语言中一些重要的程序设计理念。

1.1 C++语言的发展历史及特点

1.1.1 C++ 语言的发展历史

C++ 语言是当今流行的、能支持多种程序设计范型(Programming Paradigm)的一种优秀的程序设计语言。

20 世纪 70 年代末，随着计算机应用的普及与深入，软件的规模及复杂性以前所未有的趋势大幅度地增长，但当时缺乏一种能准确地描述问题域与解、支持数据抽象(Abstract Data Type，ADT)、能快速开发并有效地组织与维护大型程序、支持面向对象程序设计(Object-Oriented Programming，OOP)范型的通用程序设计语言。正是在这种应用需求的强烈驱动下，1979 年 10 月，C++ 语言的第一个版本——带类的 C 应运而生。

C++ 语言自诞生之日起到发展成熟并最终走向标准化经历了约 20 年的时间。C++ 起源于 1979 年 4 月 Bjarne Stroustrup 博士在美国新泽西州 Murray Hill 贝尔实验室计算科学研究中心开始的如何将所分析的 UNIX 内核分布到局域网上这一研究工作。为了解决描述复杂系统的模块结构及模块间的通信模式问题，并试图书写事件驱动的模拟仿真程序，Bjarne Stroustrup 开始设计并实现一个带类的 C(C with class)的工作。1979 年 10 月，第一个带类的 C(称为 Cpre)的实现在 Murray Hill 贝尔实验室投入使用。1983 年 8 月第一个 C++实现走出实验室并正式投入使用，同年 12 月带类的 C 正式改名为 C++(发音为 C plus plus)。1985 年 10 月，C++ 1.0 版本(称为 Cfront Release 1.0)开始正式商业发布。同时，Bjarne Stroustrup 出版了其经典著作《The C++ Programming Language》(第 1 版)。之后，1987 年 2 月、1989 年 6 月及 1991 年 10 月，Cfront Release 1.2、Cfront Release 2.0 和 Cfront Release 3.0 相继问世。Bjarne Stroustrup 博士的《The C++ Programming Language》的第 2 版和第 3 版亦于 1991 年 6 月和 1997 年 7 月分别出版。

C++自诞生之日起便以其表达能力强、高效、支持多种程序设计范型等特点受到业界的广泛认可和欢迎。随着 C++ 语言的普及及其应用领域爆炸性地扩张，C++ 标准化问题提到了议事日程上。1987 年 Bjarne Stroustrup 开始了 C++标准化的准备工作，1989 年 12 月，C++ 美国国家标准委员会 ANSI X3J16 组织成立，1990 年 3 月召开了第一次 ANSI X3J16 技术会议，在此会议上确立了 C++ 美国国家标准，并于同年 5 月发布了 ANSI C++ 标准化工作的基础文件《The Annotated C++ Reference Manual》。1991 年 6 月召开了第一次 C++ 国际化标准 ISO WG21 会议，1994 年 8 月 ANSI/ISO 委员会 C++ 草案登记，1995 年 4 月 ISO C++标准草案提交公共审阅，1997 年 10 月 ISO C++ 标准通过表决并被接受，至 1998 年 11 月，ISO C++ 标准(ISO/IEC 14882)被正式批准。目前采用的 C++ 标准即此标准。

1.1.2　C++ 语言的特点

C++ 语言是以 C 语言为基础，并在此基础上扩充、发展而来的。C++ 语言是 C 语言的进化版本，其名称正反映了这一点。Bjarne Stroustrup 设计并实现 C++ 的初衷是使 C++语言不仅具有像 Simula 语言管理与组织大型程序的机制,同时又兼有 C 语言的高效性与灵活性；更重要的是欲使当时大量的 C 程序和 C 库函数得以继承使用，大批优秀的 C 程序员不丢弃长期积累的 C 编程经验，只需要学习 C++ 加入的一些新特性就能快速、平滑地过渡到这种支持新的程序设计范型且表达力更强的语言。

C++ 语言不仅继承与发扬了 C 语言的优点，而且吸纳了其它众多语言的优良特性。例如，C++ 语言中的一些新特性，单行//注释来源于 BCPL's；类的概念，包括派生类及虚函数来源于 Simula 67；操作符重载及自由的变量声明来源于 Algol 68 语言；模板机制主要受 Ada 语言的启发；错误处理主要来源于 Ada、Clu 和 ML 语言。C++ 语言的一些其它机制，如多重继承、纯虚函数、名字空间等是在 C++ 语言的发展及应用过程中逐步产生的。

C++ 是支持多种程序设计范型的优秀程序设计语言之一，其主要特点如下：

(1) 以 C 作为其子集，兼取了 C 语言简洁、相对低级的特性，但摒弃掉了 C 语言中若干不安全的特性，其语言表现力远远强于 C 语言；

(2) 是一种强类型语言；

(3) 具有较高的可移植性和可维护性；

(4) 适合于大部分系统程序及应用程序的开发；

(5) 是一种不限定应用领域的通用程序设计语言；

(6) 是一种能支持面向过程、面向模块、面向对象和类属程序设计范型的混合型程序设计语言。

1.2　学习 C++ 语言的注意事项

1.2.1　如何学习 C++

C++ 语言的发明及实现者 Bjarne Stroustrup 博士告诫我们："在学习 C++语言的时候，最重要的是应把注意力集中在其概念方面，而不是陷入只关注语言技术细节的误区。学习一种程序设计语言的目的是成为一个好的程序员，在设计与实现新的系统、维护已有系统的过程中具有更高的效率。因此，对于程序设计技术和软件设计技术的鉴赏，要比理解语言的细节重要得多。随着时间的延伸和实践的增加，这些语言的细节将自然会被理解的。"

Bjarne Stroustrup 博士上述名言为我们如何学习及学好 C++ 语言指明了道路。在学习 C++ 语言的时候，应注意如下几点：

(1) 学习 C++ 语言的目的是要将它作为一种工具很好地应用于软件系统的开发与维护，而不能仅限于了解 C++ 语言的很多语法细节，却不去关注如何正确地使用它。

(2) 程序设计风格或称程序设计范型(Programming Styles/Paradigm)通常由思维方式和语言的支持机制所决定，而不同的应用领域要求的思维方式不同，因而程序设计风格或范型不同，对语言的支持要求也不同。因此应切记：C++ 语言是支持多种程序设计风格/范型的一种通用的、混合性程序设计语言。在学习及使用该语言时一定要注意其各种语言机制到底支持哪种程序设计风格/范型，以避免对 C++ 语言机制的乱用与误用。

(3) C++ 同时支持多种程序设计风格/范型的能力，使其应用领域很宽，但其支持的语言机制绝对不是"放之四海而皆准"的。因此，在学习 C++ 时，一定要注意各种语言机制适用及不适用的场合。

(4) 学习 C++ 语言的途径不是唯一的，学习方法及门坎的高低亦因人而异，这些都与学习者已有的基础和预定的目标有关。我们期望学习者是为了更好地进行程序设计和软件设计而学习 C++ 的。

(5) C++是一个相对复杂的语言，但不需要在掌握了这种语言的所有语言特性和技术内涵之后才开始真正使用它。C++ 可以在多个不同的专业层次上使用，所以读者可以通过实践循序渐进地学习与掌握 C++。

(6) 跳过 C 语言的学习而直接学习 C++ 语言是值得提倡的一种学习方法。C++ 更安全，表现力更强，又减少了对低层技术的关注要求，因此比 C 语言更容易使用与掌握。有了 C 语言的基础再学 C++ 语言，虽然入门较快，但实践证明最终很难摆脱 C 语言的思维方式，也很难从用 C++ 写出 C 程序这一误区中走出来。

(7) 在学习过程中，读者还可通过多种途径学习与实践 C++，如利用一些可用的工具、程序库和软件开发环境，通过大量的教科书、手册、杂志、BBS、邮件组、会议和课程等学习 C++ 并得到其语言的最新发展信息。

最后，至关重要的是在学习的过程中要大量地阅读优秀的 C++ 源代码，从中吸取经验，获取灵感。学习中一定要加大实践力度，实践出真知！只有通过阅读—模仿—实践—再实践的途径，才能深入学习和掌握 C++。

1.2.2   如何使用本教材

本书的内容共分为三大部分。第一部分共计 8 章，重点阐述 C++ 语言的基本机制。这一部分阐述了 C++ 语言的子集 C 语言的相关内容及 C++ 为支持过程程序设计、模块化程序设计范型而加入的一些语言新特性，如函数重载(亦称函数过载)、异常处理、名字空间等。第二部分共计 5 章，重点阐述了 C++ 支持面向对象、类属/通用程序设计范型的各种语言机制，该部分为本书的重点。由于对一种语言的掌握与运用很大程度上取决于学习者对其类库的熟悉与掌握，因而本书在第三部分对 C++ 标准输入/输出流类库、string 类进行了介绍，最后，对标准模板库(Standard Template Library，STL)进行了概述。

本书力图从基本概念出发，进而深入阐述 C++ 语言支持各种程序设计范型的各种语言机制。书中短小的程序用以阐明语言的语法，各章中的应用示例用于展现 C++ 语言各种机制的应用场合、应用技巧及 C++ 程序的组织架构方法。另外，在第一部分采用一个小型应用程序"小型桌面计算器的设计与实现"向读者分别展示如何利用 C++ 语言所提供的语言机制进行面向过程与面向模块的程序设计方法；在第二部分采用另外几个小型应用程序，如"单向链表的设计与实现"、"类模板 SortedSet 的设计与实现"及"函数模板 sort 的设计与实现"向读者展示 C++ 的面向对象及类属程序设计方法。希望读者在学习过程中认真研读书中的范例，从中启发思路，进而设计出更加优秀的实用程序。

1.3 C++ 语言中一些重要的程序设计理念

如前所述，C++ 语言是从 C 语言演化而来的，但其程序设计理念较 C 语言而言，很多方面已发生了质的飞跃。C++ 语言仍像其它程序设计语言一样内置了一些基本的数据类型，如 int、float、char 等，这些基本类型对应着现实世界中的整数、实数和字符等概念，但大多数应用中还普遍存在着一些概念，它们既不容易被表示成某个基本类型(即语言提供的内置类型(Build-in/Primitive Type))，也不容易被表示成某个没有相关数据的函数，如现实中人、汽车等概念就无法用 C++ 的基本类型准确地表示。因此，C++ 中提供了**类(Class)**来表示应用中这样的概念。类是 C++ 语言的第一概念，它实现了信息隐藏(Information Hiding)与封装(Encapsulation)。一个类是应用领域中一个概念的具体表示与抽象。

现实中，任何概念都不可能存在于真空之中，总是存在着一些由相关概念组成的簇(Cluster)。因此，在程序中组织(表示不同概念的那些)类之间的关系，经常比用单个的类来定义一个概念要困难得多。组织与管理这些复杂概念的最强有力的工具之一就是层次结构(Hierarchy)，即将相关的一组概念组织成一棵树(Tree)，使得最一般化的概念对应于树的根。在 C++ 中，**派生类(Derived Class)**就用于表示这样的结构。例如，应用中有一组相关的概念：人、雇员、学生、经理、本科生和研究生，这组相关的概念可用 C++ 提供的继承和派生类机制将其组织起来，其共性抽象到树的上层，下层对应着特性。这种组织方式使得对上层的修改自动波及到下层，而对下层的修改不会影响到上层。另外，这种程序概念的组织方式不仅大大提高了软件的重用(Reuse)，而且极大地增强了软件的可扩充性与可维护性。上述相关类的组织层次图如图 1.1 所示。

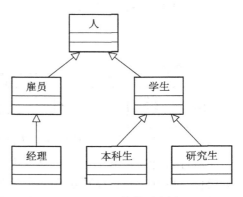

图 1.1 相关类层次图

有时，在程序组织上，即使是用有向无环图(Directed Acyclic Graph)也不足以组织一个程序中的概念，因为有些概念看上去是固有地相互依赖着。这种环形的依赖关系在现实生活中比比皆是，如母鸡与鸡蛋之间的关系即如此，如图 1.2 所示。针对这种环形依赖，程序设计时应当试图将这样的环形依赖限制在程序的局部，以免它们影响到整个程序的结构。

化解依赖图最好的方法之一，就是明确地分离**接口**(Interface)与**实现**(Implementation)，C++ 的**抽象类**(Abstract Class)就是实现这一功能的工具。

在 C++ 中，表现概念之间共性的另一种方式是**模板**(Template)。C++ 中提供了类模板与函数模板机制。一个类/函数模板阐明了与一组类/函数有关的共同特征，模板允许将类型参数带入这组类/函数模板中，使所生成的每个模板类/模板函数具有各自独特的特性。例如，应用中有一组类：一队军人、一队大雁和一队学生，它们有其共性及个性，利用 C++ 的类模板机制我们可自动生成这些类。类模板及所生成的模板类如图 1.3～图 1.7 所示。

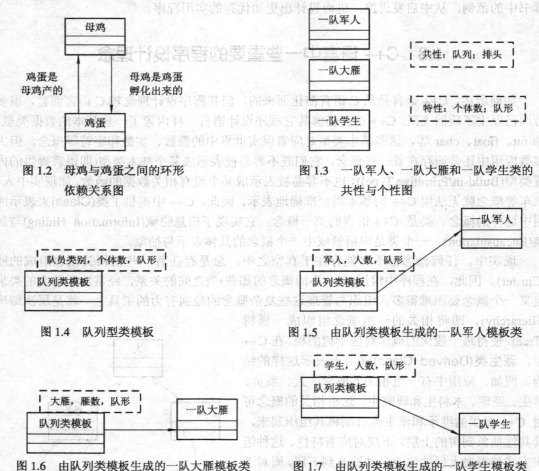

图 1.2　母鸡与鸡蛋之间的环形依赖关系图

图 1.3　一队军人、一队大雁和一队学生类的共性与个性图

图 1.4　队列型类模板

图 1.5　由队列类模板生成的一队军人模板类

图 1.6　由队列类模板生成的一队大雁模板类

图 1.7　由队列类模板生成的一队学生模板类

程序设计中，我们抽取一队军人、一队大雁和一队学生类的共性，将其表达成队列型类模板，用其参数：队员类别、个体数和队形来表达其特性。当我们以相应的实参代入此类模板时，即可生成相应的具体模板类。

C++ 语言为支持面向过程、面向模块，特别是面向对象及类属程序设计提供了各种语言机制。当今，面向对象(Object-Oriented, OO)技术已是软件业公认的主流开发技术，上述 C++ 中这些重要的程序设计理念：类、派生类、继承、抽象类、接口与实现的分离及模板等重要的面向对象理念，正是 C++ 顺应应用的需求而产生的，又在应用中得到进一步的完善与发展。

学习 C++ 的根本目的是要成为一名优秀的 C++程序员,更高效地用 C++ 开发新系统和维护老系统。因此,上述 C++ 中这些重要的程序设计理念应成为我们学习 C++ 语言及进行 C++ 程序设计的灵魂与法宝。随着学习的深入,读者会逐渐地认识到:C++不仅是一种语言,更是一种编程思想,在我们学习与实践的历程中,它会伴随着我们一起成长!

小 结

C++ 语言是顺应应用的需求从 C 语言演化而来的,它是一种支持面向过程、面向模块、面向对象和类属程序设计范型的混合型语言。

学习与掌握 C++ 语言的根本目的是要成为一名优秀的 C++ 程序员,所以在学习 C++ 语言时,千万不要陷于语言语法细节的误区,应将注意力集中在 C++ 程序的组织与各语言机制的正确使用上。C++ 中为支持各种程序设计范型,特别是面向对象程序设计范型所提供的一些重要的语言机制与程序设计思想(如类、类的层次化组织、接口与实现的分离、模板等)应成为我们学习、使用 C++ 的重点,及进行 C++ 程序设计的灵魂。

练习题

1. 简述 C++语言的特点。
2. C++语言支持哪几种程序设计范型?
3. C++中有哪些重要的程序设计理念?

第 2 章　C++ 语言概述

本章要点：

- ☐ C++语言的概念；
- ☐ 程序设计范型的概念；
- ☐ C++程序结构；
- ☐ 过程程序设计范型；
- ☐ 模块化程序设计范型；
- ☐ 数据抽象的概念；
- ☐ 面向对象程序设计范型；
- ☐ 类属/通用程序设计范型。

　　本章对 C++ 所支持的各种程序范型及提供的相应语言机制勾勒出一张蓝图，以期读者在深入学习 C++ 之前，对其有一个全局、宏观性的认识，目的是为今后准确地理解与掌握 C++ 打下坚实的基础。

　　本章内容对没有程序设计语言和程序设计基础的读者而言可能有一定的难度，建议这类读者以浏览的方式先通读本章的内容。由于某些 C++ 的知识点在后续章节中叙述，所以阅读这部分内容时，不要深究其中例子的细节，但应注意这些例子出现的场合。待学习了一段时间的 C++后，再回头细读本章内容，必定受益。已有语言和程序设计基础的读者可仔细阅读本章内容。在学习 C++的历程中，采用这种自顶向下的学习方式，必定会达到事半功倍的效果。

2.1　C++ 语言及程序设计范型

2.1.1　C++ 语言的概念

　　C++ 语言是从 C 语言演化而来的，C 是 C++ 的子集，但 C++ 不是 C，它比 C 更好，表达能力更强。常听到这样一种说法：C++ 是一种面向对象语言。其实，这种说法有失偏颇。准确地说：C++ 是一种通用的、支持多种程序设计范型的混合型语言。

　　所谓通用，是指 C++ 不限于某一特定的应用领域或某类特定的应用/系统程序，它适用于各种应用领域及各种类型软件(系统软件/应用软件)的开发。C++ 之所以不仅仅是一种面向对象语言，而是一种混合型语言，这是因为它不仅支持数据抽象、面向过程、面向模块、面向对象的程序设计范型，而且还支持类属/通用程序设计范型，因此，它是一种支持多范型的混合型语言。

2.1.2　程序设计范型

C++是一种支持多种程序设计范型的混合型语言。为了准确地理解 C++ 语言支持各种程序设计范型的语言机制，我们首先阐述程序设计范型的概念。

所谓**程序设计范型**(Programming Paradigm)，是人们在程序设计时所采用的基本方式模型。程序设计范型决定了程序设计时采用的思维方式、使用的工具，同时又有一定的应用范畴(即受一定的应用领域约束)。过程程序设计、模块化程序设计、函数程序设计、逻辑程序设计、面向对象程序设计等，都是我们常见的、不同的程序设计范型。

每一种程序设计语言都以支持某种/某些程序设计范型为基础，并以此而设计和发明。某一种语言支持某种程序设计范型的真正含义在于：第一，在该语言中具有相应的语言设施(Facilities)，使得用该语言能更容易、不需耗费额外的时空代价或程序员的努力，便能更安全和有效地实施这种范型；第二，该语言的实现(指语言的编译与运行环境)配有编译时和(或)运行时的检查机制，以防止或阻止程序员无意识地背离这种程序设计范型。

值得注意的是，并非一种语言所拥有的机制越多越好，它拥有的机制只需足以支持某种或某些程序范型即可。换句话说，一种语言机制的优劣在于它对所支持的程序设计范型的支持力度。

C++ 语言是一种支持多种程序设计范型的语言，它支持：

◆ 面向过程程序设计范型；
◆ 面向模块程序设计范型；
◆ 面向对象程序设计范型；
◆ 类属/通用程序设计范型。

为了正确地理解与掌握某种程序设计范型，学习时应将关注点集中在以下方面：

◆ 该范型的程序设计或组织理念；
◆ 支持该范型相应的语言机制；
◆ 语言的类型系统对该机制所提供的支持。

只有准确地理解程序设计范型的概念，我们才能准确地理解 C++，进而达到正确、恰当地使用 C++的各种语言机制。

2.1.3　第一个 C++程序及 C++ 程序结构

让我们从一个最简单的 C++ 程序开始，来看看 C++ 语言的一些基本特性及程序结构。例如，在屏幕上打印输出一行字符串的程序如下：

```
#include <iostream>          //包含标准输入输出头文件iostream
using namespace std;         //引入C++ 标准命名空间名std
int main()
{
```

```
        cout << "Welcome to C++!"<<endl;          //屏幕打印输出"Welcome to C++!"
        return 0;                                 //程序成功返回
    }
```

程序运行输出结果：

Welcome to C++!

任何一个 C++ 程序都由一个主函数(main 函数)和若干(或零)个其它函数/类组成。主函数 main()是程序执行的入口点。C++ 程序中其它非标准函数/类的名字由编程者自行命名(须符合 C++ 语言中标识符的语法规则，C++ 标识符的语法规则详见后续章节)。

C++ 中的每个函数都由函数的返回类型(如示例中 main 函数的 int)、函数名、一对圆括号()括起的包含若干函数参数列表(或函数参数列表为空)及函数体构成。

每一对花括号{}表征函数体的开始与结束。另外，一对花括号{}亦可表示一个 C++ 语句块(详细内容见后续章节)。函数体的内容可由零个或多个 C++ 语句构成。

每个 C++ 语句须以分号结束，分号是 C++ 语句不可分割的一部分，如示例中的 cout << "Welcome to C++!"<<endl;和 return 0; 均为 C++语句(输出与函数返回语句)，以//开头的为 C++ 的单行注释语句。

示例中的#include <iostream>为 C++的预处理指令(Preprocessor Directive)，它告诉 C++ 编译器在程序中要包括 C++ 标准输入输出流头文件。有关<iostream>头文件的内容我们将在后续章节中介绍。

标准 C++ 引入了一个可以由程序员命名的作用域，即命名空间(Namespace)。在每一个命名空间中可将一些相关的实体(如变量、函数、对象、类等)放入其中，以解决程序中常见的同名冲突问题。std 为 C++ 标准类库的一个命名空间名，其中存放了 C++ 标准库中所定义的各种实体名。程序中的 using namespace std;语句称为 using 指令，它将 std 命名空间中的实体名的作用域引入到该程序中。

C++ 的输入/输出是用字符流(Stream)对象完成的，cout 即为标准的输出流(Ostream)对象，其默认值为屏幕。cout << "Welcome to C++!"<<endl;语句的功能是将字符串"Welcome to C++!" 打印输出到屏幕上并换行。"endl" 称为流操纵算子，它发送一个换行符并刷新输出缓冲区。"<<"为 C++ 流插入运算符(Stream Insertion Operator)，这是一个二元运算符，它将第二操作数以字符流的形式输出到第一操作数流对象 cout 中。

2.2   过程程序设计范型

2.2.1   过程程序设计范型介绍

每一种程序设计语言都是为支持某种/某些程序设计范型而设计的。支持过程程序设计范型的典型代表是 20 世纪 60 年代诞生的 Pascal 语言。所谓过程程序设计范型，即

◆ 确定程序中所需要的过程；

◆ 采用过程处理中所找到的最好的算法。

在该程序设计范型中，过程程序设计的核心是确定程序设计时所需的过程(Procedure)，

其程序的组件粒度是过程，每个过程是语言中的过程(Procedure)或函数(Function)单元，它完成某一个/类特定的任务。该范型的侧重点在于处理过程——执行预期计算所需要的算法。

通常，程序设计语言支持这种范型的主要语言机制是向函数/过程传递参数及从函数/过程返回值。

该程序设计范型从程序的组织形式看，算法本身用函数/过程的调用来实现程序所要完成的任务。

下面是一个计算平方根的程序片断，从中我们可体会到什么是过程程序设计范型。

```
// 计算某个双精度数平方根函数的定义：
double sqrt(double arg)
{
//计算平方根的程序代码
}

void f()
{
    double root2 = sqrt(2);   //sqrt 函数的调用
// ...
}
```

C++语言支持过程程序设计范型的主要语言机制有：

◆ 函数、向函数传递参数及从函数返回值；
◆ 变量的定义与声明；
◆ 算术运算符与关系运算符；
◆ 条件判断语句与循环语句；
◆ 指针与数组。

C++ 语言的子集 C 语言所提供的各种语言机制即用于支持过程程序设计范型。下面我们对 C++ 支持过程程序设计范型的各语言机制作一概述。

2.2.2　变量和算术运算符

C++ 是一种强类型语言，C++ 中每个名字(例如变量名或函数名)和表达式都须有一个类型，以表明它所能进行的操作。例如，变量定义语句

　　int x;

就表明变量 x 的类型为 int。在 C++ 中遵循变量先定义(或声明)后引用的原则，即在 C++ 程序中，每个变量都必须先定义或声明，之后才能引用。

C++中提供了四大类基本的数据类型，它们是：

```
bool      //布尔类型，其值为 true 或 false
char      //字符类型，例如 'a'、'8' 等
int       //整数类型，例如 1、45 和 1234 等
```

double 　　//双精度浮点数类型，例如 3.14 和 2.45e-3 等

上述 C++ 的基本类型与逻辑运算、字符、整型及浮点型概念相对应。注意：C++ 语言不是一种跨平台的语言，其类型的大小与实现语言的具体平台相关。一般而言，char 通常占用特定机器的一个字节，int 一般对应着机器的一个字，double 通常大于 int 类型，而 bool 类型一般不小于机器的一个字节。

C++ 提供了如下的算术和关系运算。

（1）算术运算符：

+ 　　　　//加，一元正号和二元加
– 　　　　//减，一元负号和二元减
* 　　　　//乘
/ 　　　　//整数除或浮点除
% 　　　　//取模或称求余

（2）关系运算符：

== 　　　//等于，注意和赋值号 = 的区别
!= 　　　//不等于
< 　　　　//小于
> 　　　　//大于
<= 　　　//小于等于
>= 　　　//大于等于

在进行赋值与算术运算时，C++ 能在基本类型之间进行相容/有意义的类型转换。因此，在 C++ 表达式中，各种基本类型的量可自由地混合使用，表达式的最终类型为参与表达式运算量最高的类型（即占有存储字节量最大者）。例：

```
void some_function()//void 类型指函数无返回值
{
    double d=2.2;    //C++ 将一个浮点数字面值默认为 double 类型
    int i=7;
    d=d+i;           //d+i 的类型为 double
    i=d*i;           //将 double 类型 d*i 的值进行隐式类型转换，转换为 int 后赋给 i
}
```

2.2.3　条件判断与循环

C++ 中提供了两种条件判断语句，它们是 if 和 switch 语句。

几乎没有不包含循环的程序。C++ 中提供了三种循环语句，它们是 for、while 和 do 语句。

上述语句的语法及语义详见第 4 章内容。

2.2.4　指针与数组

指针类型是一种特殊的由某种类型构造出来的类型，指针类型变量只能存放特定类型

(即所指)的对象的地址。

　　数组类型是由若干个(个数固定)同质元素构造的一种数据结构。这种类型的变量给批量同类数据的组织与处理提供了便利。指针与数组的详细内容见后续章节。

2.3　模块化程序设计范型

　　随着程序规模的增大和复杂性的提高，程序设计的重点已从过程程序设计转移到对数据的组织，即程序的组织以数据为中心，处理为外围。这样的程序组织方式是顺应需求并有一定道理的。因为应用中数据(结构)的稳定性常常强于对数据操作(用过程表示)的稳定性；另外，这种程序组织方式亦大大提高了程序的可扩充性与可维护性。

　　将一组相关的过程及它们所操作的数据组织在一起，这种组织结构称为**模块(Module)**。模块化程序设计范型是：

◆　确定程序中所需要的模块；

◆　将程序划分成模块，使得数据隐藏在程序的各模块之中。

　　在该范型中，程序组件粒度是模块。这种程序设计范型始于 1972 年 Parnas 提出的"信息隐蔽原理"。其基本思想是：将相关的数据和对此数据操作的过程/函数聚集在某一模块中，模块对外只提供接口/界面，将其实现隐藏起来，其它模块不能随意访问该模块中的内容。

　　支持该范型的典型代表是 Niklaus Wirth 发明的 Modula、Modula-2 语言。

　　下面我们定义一个堆栈模块，以此来展示采用该范型 C++ 中模块的定义与使用方法。

堆栈模块 Stack 的用户界面/接口可按 C++ 提供的名字空间机制进行声明：

```
namespace Stack              //Stack 模块的界面，假设存于 stack.h 文件中
{
    void push(char);         //Stack 对外提供的压栈操作接口/界面
    char pop();              //Stack 对外提供的弹栈操作接口/界面
}
```

Stack 模块的定义(或称实现)如下：

```
#include "stack.h"           //假定存于 stack.cpp 文件中，可实现分别编译
namespace Stack              //Stack 模块的数据表示
{
    const in max_size=200;
    char v[max_size];
    int top=0;
}

void Stack::push(char c)     //Stack 模块 push 操作的实现
{
//检查上溢并压入 c 到堆栈中的代码
```

```
}
char Stack::pop()                    //Stack 模块 pop 操作的实现
{
//检查下溢并弹出栈顶元素的代码
}
```

使用 Stack 模块的用户函数为

```
#include "stack.h"                   //假定存于 user.cpp 文件中
void f()
{
    Stack::push('c');
    if(Stack::pop()!='c') error("impossible");
```

C++中支持模块化程序设计范型的主要机制有：

◆ 名字空间(Namespace)，一种模块化机制(Mechanism)；

◆ 分别编译(Separate Compilation)，模块的接口和实现可分别编译；

◆ 范围解析(::)，如 Stack::push(char c)和 Stack::pop()；

◆ 异常处理(Exception Handling)。

在 C++中通过名字空间 namespace、范围解析、分别编译和异常处理机制，实现了模块接口与实现的分离、模块中数据的表示与对数据操作(如 push 和 pop)的分离、用户代码与Stack 实现的完全分离。

stack.h、stack.cpp 和 user.cpp 三文件之间的关系如图 2.1 所示。

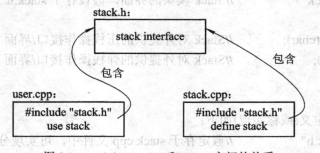

图 2.1　stack.h、stack.c 和 user.c 之间的关系

2.4　数 据 抽 象

　　模块用函数的接口隐蔽了模块中的数据及函数的处理细节(即封装)，使得可以在保持模块接口不变的前提下，改变模块中的数据结构和函数的处理细节不影响使用模块的用户，这对于大系统是很有好处的。

　　一个系统设计与实现的优劣关键在于其抽象程度的高低，封装充分体现了抽象的理念。

　　所谓抽象(Abstract)，是对一种事物或一个系统的简化描述，它使外界集中注意力于该事物或系统的本质方面，而忽略其细节。

　　模块化是一切成功的大型程序的一个最基本的特征。但是，对于清晰地表示复杂的大型系统而言，仅仅模块化是远远不够的。模块虽然实现了信息隐藏，但模块本身不是类型，它缺少语言基本类型的一些能力。例如，模块不具有生成多个模块**实例(Instance)**的能力，它的数据的产生和清除规则与具体的设计相关，而基本类型变量(或数据)的产生和清除有确定的规则，容易理解和使用。

　　应用中，如果我们需要若干个堆栈模块实例，则应该自定义一个堆栈管理器，其界面如下：

```
namespace Stack
{
    struct Rep;                 //堆栈数据结构的定义
    typedef Rep& stack;
    //通过对 Ref 的引用，堆栈由 Stack::stack 表示，将 Ref 的细节对用户隐藏
    stack create( );            //创建一个堆栈实例
    void destroy(stack s);      //删除一个堆栈实例 s
    void push(stack s, char c); //对堆栈 s 进行压栈操作
    void pop(stack s);          //对堆栈 s 进行弹栈操作
}
```

堆栈管理器的实现如下：

```
namespace Stack
{
    const int max_size=200;
    struct Rep
    {
        char v[max_size];
        int top;
    };
    const int max=16;
    Rep stacks[max];
    bool used[max];
    typedef Rep& stack;
    stack create(){ /*...*/ }
    void destroy(stack s) { /*...*/ }
    void push(stack s, char c) { /*...*/ }
    char pop(stack s) { /*...*/ }
}
```

　　有了上述定义，一个 Stack::stack 用起来就像是一个基本类型。下面是用户使用 stack 的一段代码：

```
void f()
{
    Stack::stack s1=Stack::create();        //生成一个 stack 实例 s1
    Stack::stack s2=Stack::create();        //生成另一个 stack 实例 s2
    ...
}
```

上述定义的 Stack::stack 实际上扮演着一个假堆栈类型的角色。这种假堆栈类型的最大问题是：当堆栈模块的数据结构发生变化时，这种堆栈模块实例的生成与赋值等操作亦会随之变化，这偏离于信息隐藏原则；另一方面，这种假类型的实例生成与消除亦表现得不够自然，如在上述示例中，堆栈实例的生成/消除须显式地调用 create()/destroy()；更重要的是这种假类型没有给语言环境提供任何类型信息，使得编译器或运行环境无法进行类型检查。

解决上述问题的思路是把模块与类型结合起来，赋予它与语言基本类型类似的能力，这种概念叫做数据抽象。

这样的体现数据抽象概念的类型叫做**抽象数据类型**(Abstract Data Type，ADT)或用户**自定义类型**(User-Defined Type)。

准确地说，所谓数据抽象，即

◆ 确定所需要的类型；

◆ 为每一种类型提供一组完整的操作集。

C++语言支持抽象数据类型(用户自定义类型)的主要设施有：

◆ Class(一般意义上的类)；

◆ Concrete Type(有实例的类，即可以产生对象的类)；

◆ Abstract Type(抽象类，即无实例的类(只定义了结构和接口的类))；

◆ Virtual Function(虚拟函数)。

下面是利用抽象数据类型定义的 Stack 类的界面：

```
class Stack
{
    char * v;
    int     top;
    int     max_size;
public:
    Stack(int s);
    ~Stack();
    void push(char c);
    char pop();
};
```

以下是用户使用 Stack 类的一段代码：

```
void f()
{
```

```
Stack stack(100);
char    c;
/* … */
stack.push('a');              //将 'a' 压入堆栈
c = stack.pop();              //将栈顶元素 'a' 赋给 c
/* … */
}
```

2.5　面向对象程序设计范型

在一个软件系统中存在着大量的类，在不同的类之间可能存在共性和个性。如果我们把共性集中定义在某个类中，把个性分别定义在其它的类中，再明确表示它们之间的这种共性与个性的关系，就可以：在需要修改共性部分时，这种修改可以自动地传播到所有的类；在需要修改个性部分时，这种修改只影响到一个相关的类。

以层次化形式表示共性和个性关系的方式称为**继承性(Inheritance)**。在一个系统中，表示继承性的一组类形成了**类层次结构(Class Hierarchy)**。

同时支持 ADT 和继承性的程序设计范型，即为面向对象程序设计范型。

准确地说，面向对象程序设计范型中程序设计的理念是：

- ◆ 确定程序中所需要的类；
- ◆ 为每一个类提供一组完整的操作集；
- ◆ 用继承性将类之间的共性显式地表示出来。

C++ 中支持面向对象程序设计范型的主要机制有：

- ◆ Class(一般意义上的类)；
- ◆ Concrete Types(有实例的类，即可以产生对象的类)；
- ◆ Abstract Types(抽象类，即无实例的类(只定义了结构和接口的类))；
- ◆ Virtual Functions(虚拟函数)；
- ◆ Derived Classes(派生类)。

面向对象程序设计范型是当今软件业界公认的主流开发技术。这种范型不仅支持软件的快速开发，而且大大提高了软件的重用(Reuse)，特别是极大地增强了软件的可扩充性和可维护性。

支持该范型的典型语言有 20 世纪 70 年代产生的 smalltalk 语言、当今流行的 Java 语言及 C# 语言等。

下面我们给出一个小型的应用实例，以此说明该范型的精粹。

数据抽象是系统良好设计的基本特征。仅实现数据抽象，即只有用户自定义类型对于一个系统而言往往缺乏其应有的灵活性。

假定在某个图形系统里定义了一个 Shape 类型，它能支持圆、三角形和正方形。又假设我们已定义了 Point(点类)、Color(颜色类)和 Kind(类别)类型：

```
class Point{/*...*/};        //点类
class Color{/*...*/};        //颜色类
enum Kind{circle, triangle, square};     //枚举类型，枚举系统中已有的图形类别
```

Shape 类定义如下：

```
class Shape
{
        Kind k;                    //类型域，以确定是哪种类型的形状
        Point center;
        Color col;
        //...


public:
        void draw();               //画图形
        void rotate(int);          //旋转图形
        //...
};

void Shape::draw()                 //Shape 类 draw()的实现
{
        switch(k)
        {
        case circle:
                //画圆代码
                break;
        case triangle:
                //画三角形代码
                break;
        case square:
                //画正方形代码
                break;
        defaule:
                cout<<"error!\n";
        }
}
```

对于 Shape 类的 draw()方法(Method)而言，必须知道系统中所有图形的种类，一旦增加或删除系统中图形的种类，就必须修改类型域 Kind 的信息及 draw()方法的代码。这样做不仅极易导致程序错误，而且极大地限定了图形系统对特定图形的增加和删除。

出现上述问题的根本症结在于我们没有将图形系统中各种图形的共性抽象出来并加以组织。

　　下面我们给出问题的解决方案：在图形系统中将其共性(每种图形其共性都是一种形状，属于 Shape 类型)抽象出来，并采用面向对象程序设计的思想将这种共性与各自图形的特性表达出来。

　　首先，我们定义一个抽象类(含有纯虚函数的类)Shape，图形系统中所有的图形都属于 Shape。在 Shape 中，我们仅定义了各种图形类进行 draw() 和 rotate() 操作的调用接口，而没有定义其实现，这可用 C++ 提供的纯虚函数机制实现：

```
class Shape
{
    Point center;
    Color col;
public:
    Point where() {return center;}
    virtual void draw()=0;            //C++纯虚函数
    virtual void rotate(int angle)=0; //C++纯虚函数
    //...
};
```

有了 Shape，对图形系统中具有特性的各种图形，如 Circle 类，我们可定义如下：

```
class Circle:public Shape            //Circle 类的定义，它自 Shape 类派生而来
{
    int radius;
public:
    void draw(){/*...*/}             //对应 Circle 类图形的画图代码
    void rotate(int) {/*...*/}        //对应 Circle 类图形的旋转代码
};
```

此时，类型 Circle 被称为自 Shape 派生而来，它是 Shape 类的**子类/派生类(Subclass/Derived Class)**，Shape 称为**基类/超类(Base Class/Super Class)**。Circle 类继承了 Shape 类的所有特征，并具有它自己的特性。

　　在一个系统中，若将其中的类以层次化的方式组织起来，将使我们受益匪浅！在上例的图形系统中，当我们需要增加一种新的图形类时，我们不需要修改已有的 Shape 类代码，仅需从 Shape 类派生出一个新类即可。

　　C++中抽象类、继承机制、纯虚函数等都是进行面向对象程序设计极为重要的、相辅相成的语言机制。在进行大型复杂系统的设计时，关键是寻找系统中类的共性及将系统中的类以层次化的方式加以组织。

2.6　类属/通用程序设计范型

　　通常，在应用中我们可能需要其它类型的堆栈，例如 int/float 等类型的堆栈，而不仅仅是上节定义的字符类型堆栈。如何满足用户的这种需求呢？

堆栈是一种通用的概念，它与 char、int 及 float 类型等无关。如果能抽取堆栈这一共性概念，用参数机制表达各类堆栈(char 型堆栈、int 型堆栈等)的特性，我们就达到了更高一级的抽象。这种抽象正是类属/通用程序设计范型的理念。这种程序设计范型是指：

◆ 确定程序中所需要的算法；

◆ 将它们参数化，使之能适用于各种类型和数据结构。

上述所谓的算法即表达共性概念的方法或手段。

C++ 中支持类属/通用程序设计范型的主要机制是**模板(Template)**。

以下是用 C++ 的类模板机制定义的一个 Stack 类模板：

```
template<class T> class Stack        //类模板 Stack 的定义
{
    T* v;
    int max_size;
    int top;
public:
    class Underflow{ };
    class Overflow{ };
    Stack(int s);          //constructor
    ~Stack();              //destructor
    void push(T);
    T pop();
};

template<class T> void Stack<T>::push(T c)        //类模板 push 方法的实现
{
    if(top==max_size) throw Overflow();      //抛出上溢异常对象
    v[top++]=c;
}

template<class T> T Stack<T>::pop()               //类模板 pop 方法的实现
{
    if(top==0) throw Underflow();                //抛出下溢异常对象
    return v[top--];
}
```

有了上述 Stack 类模板，利用参数机制就可实例化如下特定的堆栈类：

```
Stack<char>    sc(200);        //可容纳 200 个字符的字符型堆栈
Stack<int>     si(100);        //可容纳 100 个整型量的整数型堆栈
Stack<float>   sf(300);        //可容纳 300 个浮点型量的浮点型堆栈
...
```

C++中支持类属/通用程序设计的语言机制是类模板与函数模板，它们定义了一簇具有共性的类/函数。C++中的标准模板库 STL(Standard Template Library)中的类与算法就是用模板机制实现的。

小　结

C++是一种支持面向过程、面向模块、面向对象和类属程序设计范型的混合型语言，并为支持这些范型提供了大量相应的语言机制。

程序设计范型即程序设计中的基本方式模型，它受应用领域的约束。不同的程序设计范型其程序设计理念不同，要求的语言支持机制亦不同。

过程程序设计范型其程序由过程组成，过程的组织手段是过程调用。模块程序设计范型其程序由模块构成，每一个模块是一个逻辑相关实体的集合，它是一个封装体，对外只暴露接口而隐藏细节。一个设计优良的程序必是模块化的。面向对象程序设计范型其程序由一组类构成，每一个类是应用领域中一个概念的具体表示和抽象，程序的任务是由这些类的对象(Object)/实例(Instance)共同承担并相互协同完成的。在该范型中类之间的共性与个性关系应以层次化的形式加以组织。面向对象程序设计是当今软件业界公认的主流开发技术，它不仅支持软件重用、快速开发，而且极大地增强了软件的可扩充性和可维护性。类属/通用程序设计范型的核心思想是将一簇相关的类/函数抽象成类模板/函数模板，然后再以参数化机制产生相应的具体类/函数，这种范型对通用程序设计和语言类库的实现提供了强有力的支持。

上述四种范型既相互区别，又相互联系。在学习与应用中，应注意各种范型的内涵、适用的场合及 C++ 对各种程序设计范型所提供的相应语言支持机制。一个优秀的程序员，应能恰到好处地采用一种或多种程序设计范型并选取相应的语言机制进行系统的程序设计，并使其相得益彰，而不是乱用和滥用各种范型和语言机制。

练习题

1. 编写一个输出字符串"Welcome to C++!"的程序(参照 2.1.3 节程序)。
2. 什么是程序设计范型？
3. 什么是面向过程、面向模块、面向对象及类属程序设计范型？它们各自的特点是什么？
4. C++语言支持哪几种程序设计范型？相应的语言支持机制是什么？

第 3 章　类型与声明

本章要点：

- 类型的基本概念；
- C++支持的数据类型；
- C++中的基本数据类型；
- void 类型；
- 枚举类型；
- 类型的定义与声明。

3.1　类　　型

类型是 C++ 语言的核心概念之一。掌握一种语言的关键在于准确、深刻地理解语言的类型(Type/Class)。本章通过介绍 C++几种典型的类型，来建立类型和声明这两个基本概念。

在程序设计语言中，一个**数据类型(Data Type)**被定义为：

(1) 一个值的集合，即类型的值域。每一种类型的量只能在其值域内取值。

(2) 一个作用于值集上的操作集，即每一种类型都有其相应的操作集，并且该操作集封闭于值集。

C++是一种强类型语言，因此在用 C++语言书写的任何一个程序中，所出现的每一个**标识符(Identifier)**，如**变量(Variable)**、**常量(Constant)**、**函数(Function)**、**字面值(Literal)**、**运算符/操作符(Operator)**以及以上元素的合法组合，如**表达式(Expression)**等，都具有特定的类型。

在一个程序中，每种类型都有着相互不同的类型名。

一个类型具有如下的作用：

(1) 决定变量/对象/常量的合法取值范围(一个类型表征了一个值集(A Set of Values))；

(2) 决定合法的(一般是用运算符或函数表示的)操作的范围(一个类型表征了一个操作集(A Set of Operations))；

(3) 决定变量的存储空间的大小；

(4) 区分名字相同、类型不同的符号(如变量、函数、运算符等)；

(5) 决定将一种类型的值能否及如何转换成另一种类型的值；

(6) 为编译程序提供依据，令其检查出程序中的一部分错误。

考虑如下的 C++代码：

//符号的定义(声明):

float x;

int   y = 7;

float f(int);

//符号的使用:

x = y + f(2);

上述代码片断中,int、float 为类型名,x、y 为变量名,f 为函数名,7 和 2 为字面值常量,y+f(2)为表达式,+、=、()为操作符。

上述元素(变量、函数名、字面值、操作符、表达式)都具有特定的类型。

C++语言内置了一组基本类型,它们对应着机器的基本存储单元和使用这些单元保存数据的常用方式。C++语言内置的基本类型如下:

◆ bool,布尔类型;

◆ char,字符类型;

◆ int,整数类型;

◆ float,浮点类型;

◆ void,空类型。

除此之外,C++允许用户自定义枚举(enum)类型。

另外,C++还允许用户利用已有的类型构造出:

◆ 指针类型,如 int*;

◆ 数组类型,如 float[];

◆ 引用类型,如 double&;

◆ 结构和类(用户自定义)类型,如 struct A 和 class B。

在 C++中,布尔、字符和整数类型统称为**整数类型(Integral Type)**,因为它们的机内表示一致,都为整数。整型和浮点型统称为**算术类型(Arithmetic Type)**,因为该类型的量一般用于算术运算。枚举、结构和类统称为用户**自定义类型(User-Defined Type)**,因为这些类型须由用户自行定义,之后才能在程序中使用。

C++所支持的数据类型如图 3.1 所示。

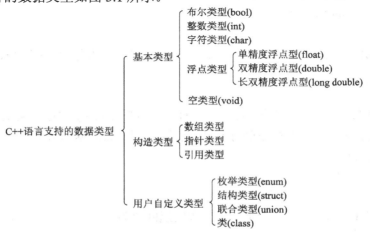

图 3.1   C++语言支持的数据类型

在 C++语言中，对整型和浮点类型又提供了若干子类型。如在 C++中整型又可分为一般的整型，如 int；长整型，如 long int；无符号整型，如 unsigned int 等。浮点类型亦分为单精度浮点型，如 float；双精度浮点型，如 double。之所以将类型又细分为若干子类，其目的是在存储空间的大小、表示精度和取值范围等方面给 C++程序员提供一种选择的机会。

事实上，当我们构造一个程序时，首先就是利用该语言所提供的各种基本类型或用户自定义类型(基本类型的量使用的频度最高)将问题域中的概念在程序中描述出来，进而再利用这些类型量对其进行相应的操作，最终求得问题域中的解。因此，当我们把问题域中的概念描述得非常精确时，其结果势必精确；反之，其结果将大大偏离我们的期望。从类型的角度出发构建程序的过程，其实就是构造与完善程序中类型系统的过程。因此，深刻地理解与掌握类型的概念及 C++中的类型机制，对我们编写优秀的 C++程序将起到至关重要的作用。

本章将详细叙述 C++中的各种基本数据类型，用户自定义类型的内容将在后续章节中叙述。

3.2　C++中的基本数据类型

C++语言提供了以下类别的基本类型：bool(布尔类型)、char(字符类型)、int(整数类型)、float(浮点类型)和 void(空类型)。

3.2.1　布尔类型

C++中布尔类型的类型名为 bool，其值集为{true, false}。

一个布尔类型的量可以进行算术运算和逻辑运算。在进行算术和逻辑运算时，布尔类型的字面值 true 和 false 将分别被转换成(机器中)整数类型的值 1 和 0，程序中的非零值代表 true，0 为 false。

在程序中，布尔类型主要有以下用途：

(1) 定义那些表达逻辑运算(Logical Operation)结果的变量，如：

```
void f(int a,    int b)
{
     bool b1=a==b;              //测试 a 是否等于 b，若相等，则 b1=true
     // ...
}
```

(2) 作为函数(用于测试某些条件——一种谓词(a Predicate))的返回类型，如：

```
/* 用于测试文件是否能被正确打开，若打开，则函数的返回值为 true;
    否则为 false */
bool is_open(File*);

//用于测试 a 是否大于 b，若是，则函数的返回值为 true，否则为 false
bool greater(int a,    int b)
```

```
    {
        return a>b;
    }
```

如上所述，C++规定：布尔类型的量在参加算术或逻辑运算时，其值自动转换成整型量参加运算，true 转换成 1，false 转换为 0。例：

```
    void f()
    {
        bool a=true;
        bool b=7;           //整数 7 转换为 bool 类型，并赋给 b，故 b 的值为 true
        int i=true;         //i 的值为 1

        bool x=a+b;         //a+b=2，所以 x 为 true
        bool y=a1i;         //a1i=1，所以 y 为 true
    }
```

值得注意的是，在 C++中，指针类型亦可隐式地转换为布尔类型，非空指针转换为 true，空指针转换为 false。

3.2.2 字符类型

C++中字符类型共有三类，它们是：

◆ char(unsigned char)，无符号的字符类型；

◆ signed char，有符号字符类型，表示字符的最高位为符号位；

◆ wchar_t，宽字符类型，用以支持 Unicode 字符集。

char 类型和 signed char 类型的值集为 ASCII 字符集(ISO 646 标准)，共有 256 个字符。wchar_t 类型的值集为 Unicode 字符集(ISO 10646 标准)，共有 65 536 个字符。

char 类型量的存储空间一般是一个字节(1 byte，8 bits)。

字符类型的量可以进行算术运算和逻辑运算。此时，字符类型的每个值被转换成对应的一个整数，即对应字符集的码值(char 类型为 0～255，signed char 类型为−128～127)。

字符字面值的类型为 char，它是用单引号括起来的单个字符，或者是用单引号括起来、前加转义符 \ 的单个字符，如 '\t'，'\n' 等，或为 '\ddd' (ddd 为 3 位八进制数，如 '\263' 表示字符 |)及 '\xhh' (hh 为两位十六进制数，如\xfb 表示字符√)。C++的转义字符常用来表示一些不可打印的特殊字符，表 3.1 列出了 C++中常用的一些转义字符。

表中的双引号、单引号和反斜线本来是可打印字符，但由于它们在 C++语言中具有特定的含意，所以当把它们作为字符使用时，须用转义字符的形式表示。另外，用转义字符形式可表示任意的可输出字符、专用字符、图形字符和控制字符等。

由于历史的原因，C++中保留了 C 中的有符号字符类型，但建议一般情况下不要采用这种字符类型，因为若使用不当，它们在程序中将会有十分奇异的表现。如 '\263' 若为 signed char 类型，当按整型输出时，其值为−77。

宽字符 wchar_t 类型的字面值由一对单引号括起来的双字符后加 L 构成，如 'cd' L。若 char(unsigned char)或 signed char 存储空间的大小为一个字节，则 wchar_t 类型就为两个字节。

表 3.1　常用的 C++ 转义字符

字符形式	ASCII 码值 (十进制)	说　明
\0	000	空字符
\a	007	警告，发出系统警告声音
\b	008	回退一格
\t	009	水平制表符，跳到下一个输出区(一般为 8 个字符位置)
\n	010	换行
\v	011	纵向制表符，即竖向跳格
\f	012	走纸换页
\r	013	回车
\"	034	双引号字符
\'	039	单引号字符
\\	092	反斜线字符

下面的代码片断说明了字符类型量的一般使用方法。

```
char  c;
unsigned char tab = '\t';
bool b;

c = 'A';
b = c = = 'A';          //true
b = c = = tab;          //false
b = (c + 1) = = 'B';    //true
b = c > 'a';            //false
```

3.2.3　整数类型

C++的整数类型(整型)共分为三类，即：

◆ int(signed int)、unsigned int，一般的有符号/无符号整型；

◆ short(signed short)、unsigned short，有符号/无符号短整型；

◆ long(signed long)、unsigned long，有符号/无符号长整型。

整数类型的值集为整数集合的子集。

整数类型值的存储空间大小与具体的平台(Platform，通常指特定的机器和操作系统)相关，典型的存储空间分配量是 short：2 字节；int：4 字节；long：8 字节。

整数类型的量可以进行算术运算和逻辑运算。

整数类型字面值是由+/−号和数字组成的串。其字面值共分三类：十进制，仅由+/−号、数字 0～9 构成；八进制，仅由+/−号、前导符 0、数字 0～7 构成；十六进制，仅由+/−号、前导符 0x/0X 及数字 0～9、字符 a～f/A～F 构成。字面值前加 0 为八进制数，前加 0x/0X 为十六进制数；后加 U 为无符号整数字面值，后加 L(l)为长整型字面值。一个整型量的字面值默认为十进制。例如：

十进制整型数	0	2	83
八进制整型数	00	02	0123(分别对应于上述三个十进制数)
十六进制整型数	0x0	0x2	0x53(分别对应于上述三个十进制数)

下面的代码片断说明了各类整型量的一般使用方法。

```
int    i, j,  k;
long   n = 123456789L;
unsigned short s;

i = 0x53;           //i 的值为十进制 83
j = i – 010;        //j 的值为 83–8=75
n = n – i + j;
s = 1;              //s 的值为 0000000000000001(二进制)
s = s << 3;         //左移三位后 s 为 0000000000001000
k = s;              //k 的值为 8
```

如上所述，在 C++ 中提供了各种类别的整型，但在应用中一定要注意恰当地选取与使用它们。无符号整型较理想的情况是用于表示位数组(Bit Array，如一组由 0、1 表示的开关量)，试图用无符号整型表示具有更大值域的整型量(较有符号整型量而言)往往是得不偿失的。另外，在实际的程序代码中，常常采用八进制/十六进制字面值表示与机器相关的位模式(Bit Pattern，如某一内存地址值等)，若用它们表示一般的整数值，则不仅易导致程序错误，而且使得代码的可读性大大降低。

3.2.4 浮点类型

C++中浮点类型共分为三个子类，它们是：

- float，单精度浮点型；
- double，双精度浮点型；
- long double，长双精度浮点型。

浮点数类型的值集为实数集合的子集。

浮点数类型的变量/值的存储空间与平台相关。单精度、双精度和长双精度浮点型的值域和精度由具体的实现确定，但每一种具体的实现都要保证：

单精度浮点型的值域＜双精度浮点型的值域≤长双精度浮点型的值域

单精度浮点型的精度＜双精度浮点型的精度≤长双精度浮点型的精度

例如，在 VC 6.0 环境下三种类别的浮点型量的值域与精度如表 3.2 所示。

表 3.2　VC 6.0 环境下浮点类型量的值域与精度

类　　型	存储空间大小	值　　　　域	精　　　　度
float	4 字节	−3.4E−38～3.4E+38	小数点后精确到第 7 位
double	8 字节	−1.7E−308～1.7E+308	小数点后精确到第 15 位
long double	8 字节	−1.7E−308～1.7E+308	小数点后精确到第 15 位

C++为程序员进行精确的数字计算提供了上述三种类别的浮点类型。在编程时应根据

应用要求，在值域与精度上注意正确、适当地选取合适的浮点类型。对于一般的数字计算而言，double 类型足矣。

浮点类型的量可以进行算术运算和逻辑运算。

浮点数字面值是由+/−、小数点、数字和 e(表示指数)组成的串，后加 f 或 F 为 float 类型，后加 l 或 L 为 long double 类型，后面什么也不加默认(Default)为 double 类型。下面就是一些浮点型字面值：

$$1.34，.78，1.2e10，5.78E−14，2.7f，2.0L，3.4e−3L$$

计算机发明的初衷就是用于计算，力图将人们从繁重的计算中解脱出来。今天，计算仍是计算机应用的一个重要领域，所以应用中仍然存在着大量的计算问题。在采用浮点型量进行计算时必须注意以下三个问题：

(1) 精度与误差的问题。计算时，为了保证计算的精度与误差满足需求，首先必须恰当地选取 C++ 提供的浮点类型。另外，根据浮点数的存储原理，应用中应牢记：浮点型量其值愈大，机内表示的精度会愈低；反之，值愈小，精度会愈高。故在进行一批浮点量的求和运算时(如在银行系统中求用户利息的总和)，我们应将浮点数自小向大求和，而不是进行反序操作，以免精度的损失与误差的增大。

(2) 判相等问题。浮点数在机内是近似表示的，故永远不要对浮点型量进行判相等操作！因为两个"相等的"浮点型量永远也不可能相等，所以判相等将导致程序的死循环。正确的做法是：判两者的差是否满足误差要求。假定我们欲判断 a 和 b 是否相等，可采取如下的方式：

```
bool is_equal(float a，　float b)
{
    if(abs(a−b)<=1.0e−6) return true;
    else false;
}
```

(3) 整数与浮点数、各类浮点数之间进行转换时的问题。C++允许各种基本类型的量进行混合运算(如算术和赋值运算)，并在运算时系统会自动进行隐式类型转换。因此在进行整数与浮点数、各类浮点数之间的混合运算时，要注意精度与值的损失问题。例：

```
long   n = 123456789L;
float f，a，b;
double d;
long double d2;

f = 1234567.89f;
d2 = f /1.23e5L;          //1234567.89/123000.0
d = n + 1000000L;         //d 的小数部分未必为 0
f = f + 0.0000001;        //精度的限制可能使 f 的值不变
a=1.0e49;                 //值与精度损失
b=3.1415926535897896;     //3.1415926535897896 为 double 类型，精度损失
```

3.2.5　C++数据类型存储量的大小

类型的作用之一是决定应当为变量分配的存储空间，而存储空间对于某些类型(如整数类型、浮点数类型等)来说又决定了它的值集。

C++是一种与平台相关的语言，每种数据类型存储量的大小与具体的实现相关。

不论在具体平台上各类型实际分配量是多少，C++都把分配给一个 char 类型值的存储空间量作为存储空间分配的基本单位量，其它类型值的存储空间分配量都是这个基本单位量的整数倍。

为了程序的可移植性，C++提供了 sizeof 运算符(sizeof(类型名))来求得某一特定类型在给定平台上存储空间的大小(所占内存字节数)。例如在 VC 6.0 环境下：

sizeof(int)=4

sizeof(float)=4

sizeof(double)=8

我们在写程序时，要注重程序的**可移植性(Portability)**，避免与特定平台的存储空间分配规则密切相关。

一种有效的做法是：用操作符 sizeof 来获得特定类型的存储空间分配量，而不是用整数类型字面值直接表示。例：

/*定义一个 10 KB 的通信缓冲区。在这个缓冲区中，前半部分用来存储 10 个 int 值，

　　使用前需要进行初始化，预先置为全空格(ASCII 码值为 32)

*/

char　　buffer[10 * 1024];　　　　　　　　//定义一 buffer

/*　　正确的做法！

　　　用 sizeof 来确定这一部分的长度将与平台无关

*/

memset(buffer，　32，　sizeof(int) * 10);　　//memset 为内存初始化库函数

//上述语句的功能是：将 buffer 中连续 sizeof(int)*10 字节的内容置为空格

/* 错误的做法！

　　如果用整数类型字面值来指明长度，可能会发生可移植性问题

*/

memset(buffer，　32，　20);　　　　　　　　//对于 Unix 系统其长度是不够的!

虽然具体的存储空间分配量与平台相关，但 C++ 标准规定，C++中各种基本类型的大小应始终满足如下关系：

$1 \equiv sizeof(char) \leq sizeof(short) \leq sizeof(int) \leq sizeof(long)$

$1 \leq sizeof(bool) \leq sizeof(long)$

$sizeof(char) \leq sizeof(wchar\_t) \leq sizeof(long)$

$sizeof(float) \leq sizeof(double) \leq sizeof(long\ double)$

sizeof(N) ≡ sizeof(signed N) ≡ sizeof(unsigned N)

其中，N 为整型或字符类型名。

3.3　void 类型

空类型名为 void。void 类型的值集为 ∅(空集)。

C++中的 void 类型一般只用于两个目的：一是用来表示不返回值的函数/过程，其返回类型为 void 类型，称为假/伪返回类型(Pseudo Return Type)；二是构造出不限制所指对象类型的指针类型(void *)，用来指向类型不限或类型不可预知的对象。

注意：没有 void 类型的对象。例：

void x;　　　　　　　　//错误! 没有 void 类型的变量

void f();　　　　　　　　//函数 f 不返回值

void* pv;　　　　　　　//pv 用于指向类型不限或不可预知的对象

采用 void 类型，我们可写出弹性较大、抽象程度较高的函数或程序。void 类型的高级应用我们将在后续章节中叙述与展示。

3.4　枚 举 类 型

枚举(Enumeration)类型是用户以枚举(即一一列举)值集的方式定义的一种类型。

枚举值集表中的每个元素都是一个已命名的整数常量(Named Integer Constant)，该整数常量就是枚举类型的一个字面值，亦称枚举符(Enumerator)。

例如，下面定义了两个枚举类型 keyword 与 summer_month：

//枚举符若不指明对应的整数值，则从 0 开始递增，即 ASM=0，AUTO=1，BREAK=2

enum keyword {ASM，AUTO，BREAK};

//枚举符也可指明对应的整数值，注意：值不能重复!

enum summer_month {Jun = 6，Jul = 7，Aug = 8};

一个枚举类型变量的取值范围为 0(或 -2^n-1)～$+2^n-1$。因此，

enum e1{dark，light};　　　　　　//取值范围：0～1

enum e2{a=3，b=9};　　　　　　　//取值范围：0～2^4-1

enum e3{min=-10，max=10 000 00}　//取值范围：$-2^{20}-1$～$2^{20}-1$，

　　　　　　　　　　　　　　　　//即-1 048 576～1 048 575

枚举类型可进行赋值和关系运算。例：

enum flag{x=1，y=2，z=4，e=8};　　//取值范围：0～15

flag f1=5;　　　　　　　　　　　//错误! 5 为整型，类型不相容不能赋值

flag f2=flag(5);　　　　　　　　　//正确! 将 5 进行显式的类型转换后赋值

bool b=x<y;	//b=true
flag f3=flag(z|e);	//正确！z|e=12，未超出 flag 的值域
flag f4=flag(99);	//错误！99 超出了 flag 的值域

值得注意的是：

(1) 定义的每一种枚举类型都是不同的类型，如上述定义的 e1、e2 和 e3 分别为三个不同的类型。

(2) 同一程序中不同枚举类型的枚举表中不能含有同样的枚举符，下述定义就是不相容的：

```
enum color{white，black};
enum flag {red，white，green};        //两种枚举类型中有相同的枚举符 white
```

枚举类型的主要用途是以易于理解、易于控制的方式表示程序中需要区分的状态。程序中采用枚举量而非直接采用一些整数字面值(如 0，1 等)表示一些条件判断开关量，不仅减少了程序发生错误的可能性，而且给代码维护人员和编译器提供了了解程序员意图的线索。

例如，假定我们有一段处理程序员求职的程序代码，下述实现方式就是既不容易理解、也不容易控制的状态表示：

```
void getAJob( int p )
{
    switch (p)
    {
        case 0:          //0 代表程序员，此时 0 的确切含义只有编程者知道
            //程序员求职处理代码
            break;
        case 1:          //1 代表软件工程师，此时 1 的确切含义只有编程者知道
            //软件工程师求职处理代码
            break;
    }
}
```

良好的编程方式如下：

```
enum Position {Programmer，Software_Engineer};
void getAJob(Position p )
{
    switch (p)
    {        //求职人员的类别用枚举类型的量表示
        case Programmer:
            //程序员求职处理代码
            break;
        case Software_Engineer:
            //软件工程师求职处理代码
```

```
        break;
    }
}
```

3.5　类型的声明与定义

　　C++规定：一个名字(或称标识符)能够在一个 C++程序中使用之前，必须先声明这个名字。这就是说，必须指明这个名字的类型等信息，以通知编译程序这个名字所指的是哪一种类型的实体。

　　C++中，声明分为定义声明和非定义声明两种。

　　定义声明为所定义的名字进行的动作是：

◆ 确定类型；

◆ 分配存储空间；

◆ 绑定(Binding，由编译程序将一个名字与和它对应的存储空间关联在一起的动作)；

◆ 按照语言既定的缺省值(Default Value)或者声明中给出的初始化值(如果有的话)设置对应变量的初值(Initial Value)。

　　以上这些动作统称为对应类型的一次实例(Instance)生成。定义声明也可以用来定义新的类型或者新的类型名。

　　非定义声明是为那些还没有定义声明(或者在其它地方已定义声明)却需要在这里使用的名字进行"先承认再核实"(提交编译器核实)的声明。

　　在 C++中，用户定义的所有名字都必须有对应的定义声明。例：

```
//定义声明
//定义新的类型：
struct Date{int d，m，y;};
enum Beer{Tsingtao，Hans，Baoji};

//定义新的类型名：
typedef void* ent;

//定义变量、常量和函数
char    ch，  *chp;
int     i，   count = 1;
const   double   PI = 3.1415926;
int Day(Date* p) { return p->d; }

//非定义声明
//需超前引用
double sqrt( double );
```

```
struct User;
```

```
//外部变量
extern int error_number;
```

```
//外部函数
extern double getBeerPrice( Beer );
```

3.5.1 声明的语法规则

C++中的一个声明由四部分组成：可选的"描述符"、类型名、标识符(变量/对象/函数/模块名(表列))和一个可选的初始化表达式。除了函数和名字空间(Namespace)外，声明都应以分号结束。

声明结构中的可选描述符，如 virtual、extern、static、typedef 等用以说明被声明对象(标识符)的某些非类型的属性(virtual、static 和 typedef 的含义见后续章节内容)。

声明结构中还可使用若干个声明运算符，这些声明运算符可放置在类型名后或标识符前。声明运算符用于进一步表征所声明对象的类别，C++中常用的声明运算符见表 3.3。

表 3.3　C++常用的声明运算符

声明符运算	含　义	前缀/后缀操作符
*	指针	前缀
*const	常量指针	前缀
&	引用	前缀
[ ]	数组	后缀
( )	函数	后缀

一个声明中，类型名及标识符是两个必需的部分。声明语句的正确使用如下例所示：

int i=0;　　　　　//定义声明一个整型变量并初始化

int& xi=i;　　　　//定义声明一个整型变量 i 的引用

float* pf;　　　　//定义声明一个指向浮点类型对象的指针变量

int *const pi;　　 //定义声明一个指向整型对象的常量指针

char* color[]={"red"，"green"，"blue"};　　//定义声明一个字符指针数组并初始化

int gt(int a，int b){return a>b?a:b;}　　　//定义声明一个整型函数

const c=13;　　　　//错误！声明中没有类型名

C++规定：一条定义声明语句可同时声明多个变量/对象，它们以逗号相隔，但注意声明运算符只作用于一个变量/对象名。例如：

int* pi，y;　　　　//等价于 int *pi; int y;

int v[20]，*pv;　　//等价于 int v[20]; int *pv;

在一条声明语句中同时声明多个变量/对象，易导致程序错误而且使其代码的可读性大大降低，除非在一条声明语句中同时声明多个同类别的变量/对象时才不妨一试这种结构。

另外，在定义声明一个变量/对象时，应注意立即对其进行初始化。局部变量/对象若不进行初始化，则其值为一"随机数"(不可预知的值)。采用未初始化的变量/对象常常是导致程序发生错误的罪魁祸首。

3.5.2 C++中的标识符

C++中的标识符必须符合如下命名规则：

◆ 一个标识符必须是一个字母/下划线(_)/数字的串，其首字符必须是字母，下划线在C++中被认为是一个字母；

◆ C++标准中对标识符的长度不限，但具体的机器对标识符的长度有限制；

◆ C++中的关键字(如类型名、语句名等，C++的关键字见表3.4)不能用作用户标识符，标准库函数名、类名亦不能用作用户标识符；

◆ 从语法角度讲，用户标识符可以下划线开头，但一般的C++实现中，把以下划线开头的标识符保留为系统专用，故在程序中不宜起以下划线开头的标识符名。

除了遵循C++所规定的语法规则外，在命名标识符时建议遵循如下规则，它将使程序的可读性和可维护性大大提高。这些规则包括：

◆ 程序中避免起形式上只有细微差别的标识符名，如l0(数字0)与lo(字母o)；

◆ 让标识符名反映其含义，使读者能见名知义；

◆ 在一个应用程序中，注意标识符命名风格的一致性；

◆ 对于符号常量名或宏名，全部采用大写，多个单词之间用下划线分隔；

◆ 对于作用域较大的标识符而言，其名字最好起得长一些，而小范围的标识符为了方便应尽可能短一些；

◆ 利用C++提供的自由的变量声明机制，变量用时方声明并立即初始化，并尽可能地缩小其作用域，以免程序中标识符重名或程序发生错误。

其他规则不一一叙述。

标识符的命名是一种艺术，更体现了编程者的风格与品位！

表3.4 标准C++的关键字

C 与 C++关键字					
auto	break	case	char	const	continue
default	do	double	else	enum	extern
float	for	goto	if	int	long
register	return	short	signed	sizeof	static
struct	switch	typedef	union	unsigned	void
volatile	while				
C++关键字					
asm	bool	catch	class	const_cast	delete
dynamic_cast	explicit	false	friend	inline	mutable
namespace	new	operator	private	protected	public
reinterpret_cast	static_cast	template	this	throw	true
try	typeid	typename	unsing	virtual	wchar_t
C++运算符关键字					
and (&&)	bitand (&)	and_eq(&=)			
or (‖)	bitor (|)	or_eq(|=)			
not (!)	xor (^)	xor_eq(^=)			
not_eq (!=)	compl (~)				

ANSI/ISO C++草案标准提供了运算符关键字,见表 3.4 中第三类 C++运算符关键字,它们可以代替一些 C++运算符。这些运算符关键字可在不支持 !、&、^、~、| 等字符的键盘编程时使用。使用上述运算符关键字必须包含头文件<ciso646>。

3.5.3 标识符的作用域

C++为提高资源的利用率,允许在不同的、确定的区域使用相同的名字。顾名思义,一个名字的**作用域(Scope)**即为该名字起作用的区域。

名字的作用域与函数和块(Block)的结构相关。C++用一对花括号{ }来标识函数体的边界和块边界。块允许嵌套(Nesting)。

在函数内、函数的参数表内及块内定义的名字称为局部(Local)量,即它们的作用域分别局限于函数或定义的块内。在函数之外定义的名字称为全局(Global)量。

变量的生命期/有效期(Life Cycle)由它的作用域来决定。

作用域规则:如果在一个函数或一个块中定义了在其外已经定义过的名字,则外部定义的名字在内部被屏蔽(通常称为名字隐藏机制);否则,外部定义的名字"透入"内部。

在 C++中,名字具有从外部"透入"内部的机制,但注意:名字没有从内部"透出"到外部的机制。

还应注意:C++的名字隐藏机制应尽量避免使用,因为使用不当极易导致程序错误,并使程序的可读性大大降低。

标识符作用域及生命期的示例如下:

```
int    x;        //全局量,假定为 x1,作用域为整个程序,生命期为程序的一次运行
void f(int x)    //局部量,假定为 x2,作用域为函数,生命期为函数的一次调用
{
   int x;        //局部量定义冲突,与函数形参同名
   x = 1;        //x2 的值为 1
   {
      int x;     //局部量,假定为 x3,作用域为块内,生命期为函数调用的块内,并
                 //隐藏了 x1,x2
      x = 2;     //x3 的值为 2
      ::x = 3;   //通过作用域解析符使全局变量可见,x1 的值为 3
   }
}
```

对于全局量,若用户定义时未初始化,则系统自动初始化为 0。

正如上一节所提到的,对于全局量的命名应尽可能长一些。如果将一些全局量命名为 x、y 之类,经验证明是自找麻烦!

3.5.4 typedef

声明语句中的前缀描述符 typedef 的功能是为一个已存在的类型名起一个别名。其语法规则为

　　typedef 老类型名　新类型名；
　　下面展示 typedef 的用法，例：
　　typedef char* Pchar;　　　　　　　//为类型 char*起别名为 Pchar
　　Pchar p1，p2;　　　　　　　　　　//p1 和 p2 为 char*类型
　　typedef unsigned char uchar;　　　　//将 unsigned char 类型起别名为 uchar
　　C++中所提供的产生新的类型名(注意：不是产生新的类型！)的机制 typedef 主要用于两个目的：
　　(1) 将繁长的类型名缩写为较短的类型名以便于使用，如上例中的第三条语句。
　　(2) 将对某一类型的直接引用限制到一个地方，使程序参数化，以利于程序的跨平台移植。
　　如我们有如下定义语句：
　　typedef int int32;
　　假定在某一特定的平台上，sizeof(int)=4，有了上述的声明语句，程序中我们直接用 int32编码，用其表示整数类型 int。当程序向另一平台移植时，假定该平台 sizeof(int)=2，sizeof(long)=4，则为了程序正确、可靠地移植，我们只需将原程序中的 typedef int int32; 一条语句改为 typedef long int32;即可，其它的程序源码不变。这是软件工程中提倡的编程风格，否则将很难保证程序的正确移植。

3.6　类型转换

　　C++允许不同基本类型的量混合参加运算，因此，编程中我们常常需要进行类型之间的相互转换。类型转换分为隐式的类型转换和显式的类型转换两种。隐式的类型转换是由编译器自动完成的，无需手工编码。在进行赋值运算、函数调用时参数的虚实结合及函数的返回时，都可能进行必需的隐式的类型转换。例如：

```
#include "iostream"
using namespace std;

double gt(float x，float y)      //参数虚实结合时自动进行隐式的类型转换
{
return x>y?x:y;                //将表达式值结果的类型进行隐式的类型转换
}

int main()
{
    int i=23，j=45，result;
    double d;
    d=i;                       //进行隐式的类型转换，i 转换为 double 类型后赋给 d
```

```
/* i，j 转换成 float 类型进行参数传递，gt(i, j)结果类型为 double，隐式类型转换后
    赋给 result
*/
result=gt(i，j);
cout<<"result= "<<result<<endl;
return 0;
}
```

程序运行结果：

result= 45

我们可用 C++提供的类型转换运算符(类型)(C 风格的类型转换)以及 static_cast、const_cast、reinterpret_cast 和 dynamic_cast 算符进行显式的类型转换。所谓显式，就是在编程时，我们需手工利用这些操作符进行类型转换。采用 C++的 static_cast、const_cast、reinterpret_cast 和 dynamic_cast 类型转换运算符将会比 C 风格的类型转换更安全、便利(详见 4.1.7 节的内容)。例如，假设我们欲将一个整型量转换为一个浮点型的量，可采用如下的显式类型转换方式：

```
int i=23;
double d;
d=(double)i;                //i 显式转换为 double 类型后赋值，C 风格
d=static_cast<double>i;     //i 显式转换为 double 类型后赋值，C++风格
```

在进行类型转换时，应尽量使用显式的类型转换。采用系统隐式的类型转换，不仅易导致程序错误，而且使代码的可读性下降。另外，C++是一种强类型语言，类型由低向高的转换一般是安全的、无副作用的，反之可能导致不期望的结果或错误。总之，类型转换在编程时应慎用。

小　　结

C++内置了五大类基本类型，它们是布尔、字符、整型、浮点型和空类型。其中字符、整型和浮点型又分为若干子类，以供程序员在编程时进行选择。

准确地理解与掌握类型的概念及 C++的基本类型，是书写优秀程序的起点与关键。

程序中的类型机制好比一"法律体系"，它分门别类地规定了各种类别社会成员的范围(作用域)、生存空间、生命期、所享有的权利(能执行的操作)、应当遵守的规则(包括允许变通的规则)、违法以后应当受到的惩罚(编译器报错或程序无法正确运行)，而执法者则是编译程序。

C++的基本类型好比这个"法律体系"的"宪法/基本法"。

这个"法律体系"的"法理"是：先声明所涉及的法条与作用对象(标识符的声明)，再由执法者依次进行检查，最后由对象进行法律允许的活动。

这个"法律体系"允许程序员自己在已有法律的基础上继续定义新的法律(自定义类型)，但执法者不变。

练习题

1. 定义声明一个月(month)枚举类型。
2. 定义一些基本类型的变量，并打印输出其存储空间大小。
3. 打印输出各种基本类型的最大值和最小值。
4. 定义各种整数类型的变量并赋初值，然后分别用八进制、十进制和十六进制打印输出其值。

第 4 章 运算符与语句

本章要点:

- C++运算符;
- C++语句;
- 结构化编程思想;
- 程序注释的意义与作用。

4.1 C++运算符概述

C 语言是 C++语言的子集,C++语言继承了 C 语言语句简洁、运算符丰富等优良特性。在高级语言中,除了 APL 语言及当今流行的 Java 和 C#语言外(Java 和 C#是从 C++发展而来的),再没有比 C++(当然包括 C)语言中的运算符更丰富的语言了。C++中的操作符不仅操作范围广,而且程序中的基本操作都可以用运算符实现。

根据参加运算对象的个数分类,C++语言中的运算符可分为

- 一元运算符(Unary Operator),或称"单目算符",即参加运算对象的数目为一个;
- 二元运算符(Binary Operator),或称"双目算符",即参加运算对象的数目为两个;
- 三元运算符(Ternary Operator),或称"三目算符",即参加运算对象的数目为三个。

根据运算符的功能划分,C++中的运算符又分为

- 算术运算符和自增、自减运算符;
- 关系和逻辑运算符;
- 位运算符;
- 赋值运算符;
- 类型转换符;
- 下标运算符([]);
- 三元条件运算符(? :);
- 逗号运算符;
- 指针运算符(&和*);
- 求字节运算符(sizeof);
- 取成员运算符(. 和 ->);
- 函数调用运算符(());
- 作用域解析运算符(::);

◆ 动态内存分配与释放运算符(new 和 delete)；

◆ 类型转换运算符。

值得注意的是，C++中的某些运算符具有**多态**(Polymorphism)现象，即同一运算符在不同的上下文环境中具有不同的语义。如 "－" 运算符，既可以是一元负号，又可以是二元减；"**&**" 既可以是位与运算符，又可以是取地址运算符。因此，在学习与使用 C++运算符时，一定要注意它们的上下文环境，以明确其确切的含义。

本节只对 C++中的一些基本运算符作简要的介绍，因部分运算符与后续章节的内容相关(如指针运算符 & 和 * 等)，所以对这些运算符在此不作讨论，留至后续章节中与其相关内容一起讲述。

4.1.1　算术运算符和自增、自减运算符

1. 算术运算符

C++的算术运算符共有五种，它们是：

```
+        //一元正号或二元加
-        //一元负号或二元减
*        //二元乘法
/        //二元除法
%        //二元整型运算符，求余或称取模
```

上述运算符的使用方法及语义与数学中规定的一致。它们的优先级是：一元 +、－ 最高，其次是 *、/、%，最后是二元 + 和 －。

值得注意的是，在运用算术运算符进行算术运算时，因 C++允许基本类型的量可混合运算，因此，若二元算术操作符的两个操作数类型不同，则其结果类型(也就是算术表达式的类型)取值集(存储空间)较大者(此规则亦适用于其它的二元运算)。算术运算符的应用见下例：

```cpp
#include <iostream>
using namespace std;

int main()
{
    int x=10;
    float y=2.3f;
    double z=450.23;
    char c='a';                          // 'a' 的 ASCII 码值为 97
    cout<<"result1= "<<(z/y-12)<<endl;   //z/y-12 的结果类型为 double
    cout<<"result2= "<<c%x<<endl;        //c 转换为整型参加运算
    return 0;
}
```

程序运行结果：

result1=183.752

result2=7

2．自增、自减运算符

自增和自减(++/−−)运算符用于直接表示整型变量的增 1 和减 1 操作，它使人们不必通过加/减再赋值的组合方式间接地表示这种增/减 1 操作。如++i 的语义为 i=i+1；−−i 的语义为 i=i−1。这种整型变量的增 / 减 1 操作不仅简洁，而且使得变量的求值快速而无副作用，即在变量的求增 / 减 1 过程中，不仅无需存加/减表达式(如 i+1)值的临时内存单元，而且省去了赋值动作。

自增(++)和自减(−−)运算符既可作为前缀运算符，亦可作为后缀运算符。如++i 和 i++，其语义均为使 i 自增 1。

C++规定：++和−−运算符只能用于整型变量、char 型变量及在本书后续章节中要讨论的指针类型变量，该运算符不能用于表达式。

++和−−运算符对循环中的循环变量的自增、自减特别有用。例如：

```cpp
#include <iostream>
using namespace std;

int main()
{
    //定义一个一维整型数组 a(元素个数为 10，a[0]~a[9])，并赋初值
    int a[10]={0,1,2,3,4,5,6,7,8,9};
    for(int i=0;i<10;i++)          //数组元素自增操作后，顺序输出
    {
        ++a[i];
        cout<<"a["<<i<<"]= "<<a[i]<<', ';
    }
    cout<<endl;
    for(int j=9;j>-1;--j)          //数组元素逆序输出
    {
        cout<<"a["<<j<<"]= "<<a[j]<<', ';
    }
    cout<<endl;
    return 0;
}
```

程序运行结果：

a[0]= 1,a[1]= 2,a[2]= 3,a[3]= 4,a[4]=5,a[5]= 6,a[6]= 7, a[7]= 8,a[8]= 9,a[9]= 10,
a[9]= 10,a[8]= 9,a[7]= 8,a[6]= 7,a[5]=6,a[4]= 5,a[3]= 4, a[2]= 3,a[1]= 2,a[0]= 1,

注意：当++和−−运算符单独作用于变量时，其前缀++(−−)与后缀++(−−)的语义相同，均为使变量自增(减)1(即++i==i++,−−i==i−−)。但当++(−−)和赋值"="运算符相结合时，其前缀++(−−)与后缀++(−−)的语义不同。请看下面的代码片断：

int a=0;
int b=1;

```
int x,y;
x=a++;          //a 先赋值给 x，然后自增 1，故 x=0，a=1
y=++b;          //b 先自增 1，然后赋给 y，故 y=2，b=2
```

4.1.2   关系和逻辑运算符

C++提供了六种关系运算符用于关系运算，它们是：

  <、<=、>、>=、==、!=

上述关系运算符均为二元运算符，操作数为任意类型的表达式，运算结果为一逻辑值 (true 或 false)。

上述关系运算符中，==、!= 运算符的优先级同级且低于关系运算符的前四个运算符。关系运算符的优先级低于算术运算符的优先级。

C++的逻辑运算符有：

  !(非)、&&(与)、∥(或)

C++的逻辑运算符的语义和用法与数学中规定的一致，它们的优先级：! 最高，&& 次之，∥ 最低。

! 的优先级不仅高于 && 和 ∥，而且高于算术运算符。逻辑运算符(除 ! 外)低于关系运算符，其运算符的运算结果为一逻辑值(true 或 false)。

一般而言，编程中我们常常采用关系或逻辑运算符来表达某种判定条件的真假。

在进行关系和逻辑运算时，需注意以下两点：

(1) 数学中的条件表达式 $1 \leqslant x \leqslant h$，正确的 C++表达式应为

  1<=x && x<=h

若写成：1<=x<=h，则其语法在 C++中是合法的，但其语义不对。C++在计算 1<=x<=h(假定 h=10)时，采用自左向右求值的顺序，故当 x>=1 时，结果为 true(转换为 1 再参与后续的运算)，因为 1 一定小于 h，所以，条件表达式的结果为 true。这种计算结果将大大偏离我们的期望。

(2) 在 C++中，&& 和 ∥ 采用短路的方式进行计算，即：若 && 的第一操作数的计算结果为 false，&& 运算将停止第二操作数运算，并直接返回 && 的结果 false，因为 false 和任何值(true/false)相与的结果均为 false。只有 && 的第一操作数的结果为 true 时，它才进行第二操作数的计算，继而进行&&运算。

∥运算与&&相反。当参加 ∥ 运算的第一操作数为 true 时，∥停止第二操作数的计算，并直接返回 ∥ 的结果 true，因为 true 和任何值(true/false)相或的结果都是 true。只有第一操作数为 false 时，∥运算才计算第二操作数的值，继而进行 ∥ 运算。

下面为一关系与逻辑运算符的简单应用实例：

```
#include <cstring>            //C 库字符串函数
#include <cstddef>            //引用系统的无符号整数类型 size_t 定义
using namespace std;

// 程序功能：打印输出字符串中的数字 0～9
```

```
int main()
{
    char astring[ ]="The sum 34+78 is 112.";
    const size_t    Length=strlen(astring);        //将 Length 定义为常量
    for(size_t i=0;i< Length;i++)
    {
        if(astring[i]>='0' && astring[i]<='9')
            cout<<astring[i]<< ' ';
        else
            continue;                              //继续下一次循环
    }
    cout<<endl;
    return 0;
}
```

程序运行结果：
3 4 7 8 1 1 2

4.1.3　位运算符

C++提供了六种按位进行的逻辑运算符(以下简称位运算符)，它们分别是：

&(按位与)；

|(按位或)；

^ (按位异或)；

~ (按位取反)；

<< (左移)；

>> (右移)。

位运算符的优先级从高到低的次序是：~ 最高，其次是 &、|、^，最后是 << 和 >>。

"<<"运算的语义是将第一操作数向左移动第二操作数所指定的位数，右边空出位补0；">>"运算的语义是将第一操作数向右移第二操作数所指定的位数，填补左边的空出位的方法与具体的实现相关。

C++的位运算符均为二元运算符。参加位运算的操作数类型必须为整型或枚举型，即应为 bool、char、short、int、long 的无符号形式或 enum。

C++的位运算可实现"直接与硬件通信"的功能。位运算的典型应用是实现一个较小的位集合概念(位向量)。此时，无符号整数的每一位表示集合中的一个元素，位集合元素的个数为操作数的二进制位数的个数。

下面是取自系统输出流 ostream 的某个实现的代码片断，以展示位运算的典型应用。

```
//用枚举类型定义二进制流在输出时的四种状态
enum ios_base::iostate{goodbit=0,eofbit=1,failbit=2,badbit=4};


//流输出时检测它的状态
```

```
state=goodbit;
//...
if(state&(badbit|failbit))            //流有问题，进行处理
//...
```

下面的程序展现了各种位运算符的基本用法。

```
#include <iostream>
#include <iomanip>                    //包含C++的格式输出控制符
using namespace std;

void displayBits(unsigned);           //函数原型声明

int main()
{
    unsigned number1, number2, mask, setBits;

    number1 = 65535;
    mask = 1;
    cout << "The result of combining the following\n";
    displayBits(number1);
    displayBits(mask);
    cout << "using the bitwise AND operator & is\n";
    displayBits(number1 & mask);

    number1 = 15;
    setBits = 241;
    cout << "\nThe result of combining the following\n";
    displayBits(number1);
    displayBits(setBits);
    cout << "using the bitwise inclusive OR operator | is\n";
    displayBits(number1 | setBits);

    number1 = 139;
    number2 = 199;
    cout << "\nThe result of combining the following\n";
    displayBits(number1);
    displayBits(number2);
    cout << "using the bitwise exclusive OR operator ^ is\n";
    displayBits(number1 ^ number2);
```

```
    number1 = 21845;
    cout << "\nThe one's complement of\n";
    displayBits(number1);
    cout << "is" << endl;
    displayBits(~number1);

    number1 =345;
    cout << "The result of left shifting\n";
    displayBits(number1);
    cout << "8 bit positions using the left "
        << "shift operator is\n";
    displayBits(number1 << 8);
    cout << "\nThe result of right shifting\n";
    displayBits(number1);
    cout << "8 bit positions using the right "
        << "shift operator is\n";
    displayBits(number1 >> 8);

    return 0;
}

void displayBits(unsigned value)              //将一无符号数按二进制位显示
{
    unsigned c, displayMask = 1 << 15;
    cout << setw(7) << value << " = ";        //setw(7)设置输出值的域宽为7
    for (c = 1; c <= 16; c++)
    {
        cout << (value & displayMask ? '1' : '0');
        value <<= 1;
        if (c % 8 == 0)
            cout << ' ';
    }
    cout << endl;
}
```

程序运行结果：
The result of combining the following
　　65535 = 11111111 11111111
　　　　1 = 00000000 00000001
using the bitwise AND operator & is

```
            1 = 00000000 00000001

    The result of combining the following
        15 = 00000000 00001111
       241 = 00000000 11110001
using the bitwise inclusive OR operator | is
       255 = 00000000 11111111

    The result of combining the following
       139 = 00000000 10001011
       199 = 00000000 11000111
using the bitwise exclusive OR operator ^ is
        76 = 00000000 01001100

    The one's complement of
     21845 = 01010101 01010101
is
4294945450 = 10101010 10101010
    The result of left shifting
       345 = 00000001 01011001
8 bit positions using the left shift operator is
     88320 = 01011001 00000000

    The result of right shifting
       345 = 00000001 01011001
8 bit positions using the right shift operator is
         1 = 00000000 00000001
```

4.1.4　内存申请与释放运算符 new 和 delete

C++中的 new、new[]、delete 和 delete[]操作符用于动态地在堆中申请/释放内存。操作符 new 分配一个内存单元(某一特定类型)，new[]用于分配一批内存单元；与之相应，delete 释放已动态分配的一个内存单元，delete[]释放已动态分配的一批内存单元。

new、new[]、delete 和 delete[]的功能与 C 语言标准库函数 malloc、calloc 和 free 类似，但 new、new[]、delete 和 delete[]是 C++中内置的操作符，而非库函数；另外，new、new[]、delete 和 delete[]在使用上比 malloc、calloc 和 free 更方便，因为 new 和 new[]在动态分配内存时无须用 sizeof 运算符计算所需分配类型的存储量大小，它自动计算某类型的存储量并予以分配。

new、new[]、delete 和 delete[]的语法及语义示例如下：

new int　　　　//在堆中动态分配一个整型量的空间

new int[10]　　//在堆中动态分配 10 个整型量的空间

new 和 new[]的操作结果是返回所分配内存空间的首地址，所以这两个操作符的正确使用方法是：

int* int_ptr1=new int;　　　　//int_ptr1 中存放动态分配的内存首地址

int* int_ptr2=new int[10];　　//int_ptr2 中存放动态分配的一批内存的首地址

若要释放已动态申请的内存空间，可进行如下操作：

delete int_ptr1;

delete[] int_ptr2;　　　　　　//注意[]不可省，否则只释放申请的第一个单元内存

应用中，我们还可对 new、new[]、delete 和 delete[]操作符进行重载(Overloading，即重新定义其语义)。关于 new、new[]、delete 和 delete[]的重载问题及具体的应用实例详见本书第二部分第 10 章中的内容。

4.1.5　赋值运算符

C++的赋值运算符的语法及语义为

变量=表达式　　　　　　　　//计算表达式的值，并将其值赋给第一(左)操作数

"="是二元运算符，采用右结合律(即计算自右向左进行)。C++规定：参加赋值运算的两个操作数的类型必须是相容的。基本类型之间是彼此相容的类型，子类和其父类是相容的类型(类的概念详见第二部分的内容)。完全不同的两个类型的量不能进行赋值运算。

值得注意的是：

(1) C++在作赋值运算时，会自动地进行隐式的类型转换，即第二操作数表达式的值在赋值时会自动进行类型转换，其值的类型自动转换成第一操作数的类型后再进行赋值。故在应用中，若将一个浮点量赋给一个整型量，系统会自动舍弃浮点数的小数位，仅取其整数部分进行赋值，这常常导致计算精度的损失。

(2) 赋值运算符可和 C++中的大部分二元运算符(如+、−、*、/、%、&、|、^、<<、>>等)组合而形成复合赋值运算符，如+=、<<=等。假定我们用@表示上述的 C++二元运算符，则 x @= y(y 为表达式)的语义为 x = x@(y)。例：

　　　　x+=y+2　　　等价于 x=x+(y+2)

(3) 注意赋值运算符"="和关系运算符"=="的区别。应用中，程序员常常会将关系运算符"=="误写成赋值运算符"="，结果导致灾难性的后果。假设应用中我们需要判定 a 是否等于 b，若误写为

　　　　if(a=b)

假定 b 非零，无论 a 是否等于 b，则判定结果将永为 true。因为一个非零的 b 赋给 a 后，使得 a 非零，故结果为 true。

4.1.6　类型转换运算符

C++提供了四种用于类型转换的操作符，它们是：

◆ static_cast；

◆ const_cast;

◆ dynamic_cast;

◆ reinterpret_cast。

static_cast 是最常用的一种类型转换操作符，它用于将一种类型的数据转换成另一种类型的数据，并且其类型转换是在编译期进行的。例：

```
//将 x, y 转换为 float 后再进行计算
int x=45, y=4;
float average;
average =(float)x/(float)y;                              //C 形式的类型转换
average =static_cast<float>(x)/static_cast<float>(y);    //C++形式的类型转换
```

const_cast 用于将一个指向常量对象的指针转换成一个指向变量对象的指针。其用法如下例所示：

```
#include <iostream>
using namespace std;

//find 函数的功能：在数组中查找 val，若找到，返回存放 val 的地址，否则返回 0
const int* find(int val, const int* t, int n);   //函数声明语句

int main()
{
    int a[]={2,4,6,8};
    int* ptr;        //整型变量指针
    ptr=const_cast<int*>(find(4,a,4));
    //因 find 函数的类型为 const int*，而 ptr 为 int*，故需类型转换
    if(ptr==0)
        cout<<"not found"<<endl;
    else
        cout<<"found value= "<<*ptr<<endl;     //返回找到的(指针所指)值
    return 0;
}

const int* find(int val, const int* t, int n)
{
    for(int i=0;i<n;i++)
        if(t[i]==val)    return &t[i];         //找到，返回存放 val 的地址
    return 0;                                  //未找到，返回 0
}
```

程序运行结果：

found value= 4

reinterpret_cast 用于将一种类型的指针转换成另一种类型的指针。例：

double d=3.1.4159;

char* p=reinterpret_cast<char*>(&d);　　　　　//将&d 的类型 double*转换为 char*

应用中 reinterpret_cast 操作应慎用。一是因为它的实现与具体的平台相关，二是因为指针类型的相互转换极易导致程序发生错误。只有对 void*类型的指针进行转换时，此操作符才值得一用。

dynamic_cast 用于在类的继承层次中动态地进行类型转换，因它的语法和语义与类、类的继承等知识相关，所以我们将此内容留待本书第二部分再作叙述。

4.1.7　C++运算符概览及其优先级次序

下面，我们对 C++的运算符作一概述，C++的所有运算符的语法与语义见表 4.1 所示。表中同一栏中运算符的优先级相同，各运算符的优先级自高而低向下排序。

表 4.1　C++运算符一览表

运算符	语 法	结合律	语 义
::	类名 :: 成员名	左	解析成员属于哪个类
	名字空间名 :: 成员名		解析成员属于哪个名字空间
	:: 全局变量名		使全局变量透入到局部区域可见
()	(表达式)	左	表达式加括号
	函数名(表达式列表)		函数调用
[]	数组名/对象名[表达式]	左	下标运算符
.	.成员名	左	取成员
->	指针 -> 成员名	左	通过指针取成员
++	变量 ++	左	一元后自增(加 1)
−−	变量 −−	左	一元后自减
typeid	typeid(类型名)	右	类型识别
	typeid(表达式)		运行时表达式类型的识别
dynamic_cast	dynamic_cast<类型>	右	运行时带类型检查的强制类型转换
static_cast	static_cast<类型>	右	编译时的强制类型转换
reinterpret_cast	reinterret_cast<类型>	右	将一种类型的指针转换成另一种类型的指针
const_cast	const_cast<类型>	右	将常量指针转换成变量指针
++	++变量	右	一元前增
−−	−−变量	右	一元前减
+	+表达式	右	一元正号
−	−表达式	右	一元负号
!	!整型表达式	右	逻辑非
~	~ 整型表达式	右	按位取反
(类型名)	(类型名)表达式	右	C 风格的强制类型转换
sizeof	sizeof(类型)/sizeof(表达式)	右	求类型的存储量或表达式对象的大小
&	&左值(即只有内存空间的对象)	右	取地址
*	*指针	右	取指针所指的内容
new	new 类型名	右	动态申请内存
new[]	new 类型名[Size]	右	动态申请 Size 个单元的内存
delete	delete 指针	右	释放动态申请的内存
delete[]	delete[] 指针	右	释放动态申请的一块内存

操作符	语 法	结合律	语 义
.*	对象名.* 指向成员的指针	左	成员选择
->*	指针->指向成员的指针	左	成员选择
*	表达式 * 表达式	左	二元乘
/	表达式 / 表达式	左	二元整除或实除
%	整型表达式 % 整型表达式	左	求余
+	表达式 + 表达式	左	二元加
−	表达式 − 表达式	左	二元减
<<	整型表达式 << 整型表达式	左	按位左移
>>	整型表达式 >> 整型表达式	左	按位右移
<	表达式 < 表达式	左	小于
<=	表达式 <= 表达式	左	小于等于
>	表达式 > 表达式	左	大于
>=	表达式 >= 表达式	左	大于等于
==	表达式 == 表达式	左	等于
!=	表达式 != 表达式	左	不等于
&	整型表达式 & 整型表达式	左	二元按位与
^	整型表达式 ^ 整型表达式	左	二元按位异或
|	整型表达式|整型表达式	左	二元按位或
&&	表达式 && 表达式	左	逻辑与
||	表达式 | 表达式	左	逻辑或
?:	表达式 1 ? 表达式 2：表达式 3	右	三元条件运算符，若表达式 1 为 true，则值等于表达式 2 的值，否则等于表达式 3 的值
=	左值 = 表达式	右	赋值
@=	左值 @= 表达式	右	复合的赋值运算符
,	表达式，表达式	左	逗号运算符

　　由上表可看出，C++运算符异常丰富，随之而来的是运算符的优先级亦变得复杂、难记。计算时，不了解运算符的优先级，容易导致错误的计算结果。那么如何才能不需要记忆这些繁杂的运算符优先级，又能保证其计算结果的正确性及代码的可读性呢？有效的做法是多用括号运算符来明确地表示运算的优先次序。

4.2   C++ 语句

C++语句按功能共分为如下几类：

◆ 表达式语句和空语句；

◆ 注释语句；

◆ 复合语句；

◆ 选择语句，包括 if 语句和 switch 语句；

◆ 循环语句，包括 while 语句、do-while 语句和 for 语句；

◆ 带标号语句；

◆ 跳转语句，包括 goto 语句、continue 语句、break 语句和 return 语句。

下面逐一阐明以上语句的语法、语义，同时列举一些应用实例以说明各语句的基本用法，并从程序流程控制的观点来讨论程序的结构。

4.2.1　表达式语句和空语句

各类表达式后加分号即构成了表达式语句。因为在 C++中，赋值运算符"="为操作符，所以，赋值语句亦归为此类。例如：

i++;

y=12;

等都是表达式语句。

仅由分号构成的语句为空语句。空语句有时仅出于语法上的需要。当遇到空语句时，机器实际上并不执行任何动作。

4.2.2　注释语句及意义

C++中有两种形式的注释语句。

一种是从 C 语言继承下来的单/多行注释语句，它们以 /* 开头，以 */ 结尾，在 /* 和 */ 之间的一切(文字、数字、符号等)均视为该注释语句的内容。上述章节中我们已从多处见到了这类注释语句。

另一种是 C++从 BCPL 语言中引入的单行注释。它们以 // 开头，注释的内容可至语句行的末尾。

C++编译器在进行编译时会忽略掉程序中的注释，编译器将每一个注释语句处理成一个空格。因此，应明确：写注释的目的不是为了机器，而是为了增强程序的可读性和可理解性。

编程时我们应养成良好的编程习惯。一是应采用逐层缩进的方式来排版代码，缩进代表了一个程序员思维能力的层次化水平(不要把这仅看成是程序的美化工作)，提倡每一层次双空格或以一个 tab 缩进；二是在程序中，若语言本身不能明确表达其语义，就一定要写注释。注释代表了一个程序员对程序的认识程度，对别人(包括对今后的自己)的尊重。因此，一定要有注释；一定要写含义明确的注释；一定要随时修改已经不正确的注释。

程序中没有注释不行，但糟糕的注释(多余的、有歧义的或根本就是错误的注释)还不如没有注释！

C++的发明者 Bjarne Strustrup 博士建议我们：

(1) 为每一个源文件写一个注释，一般性地陈述源文件中有哪些声明、对有关手册的引用、为维护提供一般性的提示，等等。

(2) 为每个类、模板和名字空间写一个注释。

(3) 为每一个非平凡函数写一个注释，陈述其用途、所用的算法(除非算法非常明显)，以及可能有的关于它对于环境所做的假设。

(4) 为每一个全局变量、名字空间和常量写一个注释。

(5) 在非明显的和/或不可移植的代码处写一些注释。

在本书的所有示例程序中，都努力书写具有良好风格与注释的代码，以作为示范，望读者细心体会、学习。

4.2.3　复合语句

将若干条语句用一对花括号括起来，就构成了复合语句，有时亦称其为"分程序"或"块"。

复合语句语法上等同于一条语句。其中可包含任意的 C++语句。在复合语句中定义的变量，其作用域与生存期为定义于它的块(static 变量例外)。下面是一复合语句示例：

```
//若 a<b，则交换 a, b，之后输出
#include <iostream>
using namespace std;

int main()
{
    int a,b;
    cin>>a>>b;                      //用标准输入流对象 cin 输入 a, b
    if(a<b)
    {                               //复合语句
        int temp;
        temp=a;
        a=b;
        b=temp;
    }
    cout<<"a= "<<a<<'\t'<<"b= "<<b<<endl;
    return 0;
}
```

程序运行结果：
```
23 56          //输入数据
a=56        b=23
```

4.2.4　选择判断语句

C++中实现选择结构的语句共分两类，它们是 if 语句和 switch 语句。其中，if 语句又分为两种形式，即简单的 if 语句和能实现多分支结构的 if-else 语句。

1．if 语句

if 语句有两种形式，即 if 语句和 if-else 语句。

if 语句的语法为

if(表达式)　语句;

语义：若表达式(可为任意表达式)的值为 true，则执行语句(可为简单语句或复合语句)；否则，执行 if 语句后的下一条语句。

实现多分支结构的 if-else 语句的语法为

```
if(表达式)
    语句 1;
else
    语句 2;
```

语义：若表达式的值为 true，则执行语句 1，否则执行语句 2。表达式与语句的语法要求同上。

if 语句及 if-else 语句的处理流程如图 4.1 和图 4.2 所示。

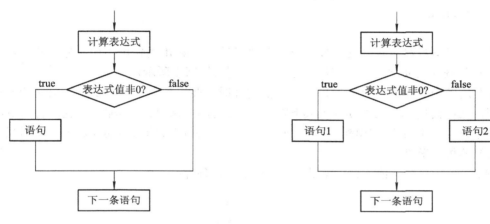

图 4.1　if 语句处理流程　　　　　　　　图 4.2　if-else 语句处理流程

下面的程序展示了 if 语句的基本用法。

例 1　用户从键盘上输入任意一个四则运算符，即+、-、*、/中的任意一个字符，屏幕显示对应的英文单词 plus、minus、multiply、divide。若输入其它字符，屏幕将显示 stop!

程序如下：

```cpp
#include <iostream>
using namespace std;

int main()
{
    char c;
    cin>>c;
    if(c=='+'|| c=='-' || c=='*'|| c=='/')          //对输入字符进行合法性判断
    {
        if(c=='+')
            cout<<"plus"<<endl;
        else if(c=='-')
            cout<<"minus"<<endl;
        else if(c=='*')
            cout<<"multiply"<<endl;
        else if(c=='/')
```

```
                cout<<"divide"<<endl;
        }
        else
        {
                cout<<"stop!"<<endl;
        }

        return 0;
}
```

　　if 语句是编程时进行分支选择的一种有效工具。一条 if 语句可实现二分支的选择，多个 if 语句的嵌套可实现多个不同层次上的分支选择(如例 1 所示)。

　　在利用多个 if 语句的嵌套实现多分支的选择时，要注意：一般不要使 if 语句的嵌套层次过深，这样会使代码的可读性大大下降；注意嵌套中 else 与 if 的配对问题，切记 else 总是和它最近的一个 if 语句相配对! 书写嵌套的 if 语句时应采用适当的缩进形式以增强代码的可读性和可理解性。

　　例 2　输入一个 x 值，计算 y 的值，y 满足下述条件：

$$y = \begin{cases} -1 & x < 0 \\ 0 & x = 0 \\ 1 & x > 0 \end{cases}$$

正确的 if 语句嵌套及程序书写格式应为

```
if(x>=0)
        if(x>0)
        {
                y=1;
        }
        else
        {
                y=0;
        }
else
{
        y=-1;
}
```

下面的代码片断：

```
y=0;
if(x>=0)
        if(x>0)
        {
```

```
        y=1;
    }
else            //注意：else 与 if(x>0)配对！
{
    y=-1;
}
```
在书写形式与逻辑上都是错误的。

值得一提的是，C++ 继承了 C 语言中的一个三元条件运算符 ?:(C++中唯一的一个三元运算符)。当 if-else 语句中语句 1 和语句 2 为非复合语句时，三元算符便可模拟一条 if-else 语句，并且其表现形式更为简洁。

三元条件操作符的语法为

表达式 1 ? 表达式 2：表达式 3

其语义为：计算表达式 1 的值，若为 true，则整个表达式的值等于表达式 2 的值，否则，等于表达式 3 的值。

例如：语句 x=a<b?a:b; 等价于

if(a<b) x=a;

else x=b;

2．switch 语句

switch 语句用于实现同一层次的多分支选择。其语法形式如下：

switch(表达式)

```
{
    case 常量 1：语句 1
    case 常量 2：语句 2
    ⋮
    default：语句
}
```

在 switch 语句中，要求表达式的类型为整型(字符类型、整型、枚举)和具有偏序关系的类型(如布尔类型)。

switch 语句的语义是：计算表达式的值，将其值与各 case 的常量进行比较，若相等，则执行常量后相应的语句；若与各常量都不相等，则执行 default 语句。语法中，default 语句为可选项。

注意：switch 语句中多个 case 可以复选，但每个 case 不是互斥的，当执行完某一个 case 后的语句时，须用 break 语句或 return 语句跳出 switch 语句，否则在执行完相应的 case 后的语句后将继续执行其后 case 中的语句。

虽然从语法的角度讲 switch 语句中的 default 不是必需的，但我们应养成书写 default 语句的习惯。default 语句表征着程序在遇到一种不可预见的情况时，应对该种情况所进行的一种默认处理。这种良好的编程习惯对于书写真正的应用/系统程序是十分必要的。否则，当我们用 switch 语句实现分情况处理时，无 default 意味着程序在执行中遇到不可预见的情况时不去处理，这极可能导致灾难性的后果。

　　当然，我们亦可以用一组嵌套的 if 语句实现同一层次的多分支选择，但用 switch 语句实现将使代码更清晰，更易于理解与阅读。例如下面嵌套的 if 语句：

```
if(val==1)
        f();
else if(val==2)
        g();
    else
            h();
```

我们可用以下更为清晰的 switch 版本代替：

```
switch(val)
{
case 1:
    f();
    break;
case 2:
    g();
    break;
default:
    h();
    break;
}
```

　　下例展示 switch 语句的基本用法。

　　例 3　对键盘输入的字符进行分类统计。对于数字(0～9)，分类统计其出现的次数；对空白符、换行符、横向制表符统归为空白字符类进行统计计数；对其它字符，纳入另一类进行统计计数。

　　程序如下：

```
#include <iostream>
using namespace std;

int main()
{
    char c;
    int white_char=0,
        nother_char=0,
        digit_char[10]={0,0,0,0,0,0,0,0,0,0};
    while((c=cin.get())!=EOF)            //若键盘输入非结束字符^Z
    {
        switch(c)
        {
```

```cpp
        case '0':
        case '1':
        case '2':
        case '3':
        case '4':
        case '5':
        case '6':
        case '7':
        case '8':
        case '9':
            digit_char[c-'0']++;
            break;
        case ' ':
        case '\n':
        case '\t':
            white_char++;
            break;
        default:
            nother_char++;
            break;
        }
    }
    cout<<"The number of   0--9' are: ";
    for(int i=0;i<10;i++)
        cout<<digit_char[i]<<"        ";
    cout<<endl;
    cout<<"The number of white char is: "<<white_char<<endl;
    cout<<"The number of nother char is: "<<nother_char<<endl;
    return 0;
}
```

输入：

2 4 9 56 11 tydf @

^Z

程序运行输出结果：

The number of   0--9' are: 0   2   1   0   1   1   1   0   0   1

The number of white char is: 7

The number of nother char is: 5

4.2.5　循环语句

C++为实现循环迭代提供了三种语句，它们是：

- ◆ while 语句；
- ◆ do-while 语句；
- ◆ for 语句。

下面逐一进行介绍。

1. while 语句

语句形式为

while(表达式)　语句 S

其中，表达式可为任意类型；语句既可为简单语句，亦可为复合语句。

while 语句的处理流程如图 4.3 所示。

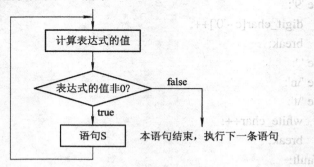

图 4.3　while 语句流程图

while 语句常用于两种情况：一是用于循环迭代次数不详(当然这只是通常的情况)，根据给定条件进行循环迭代的情况；二是对循环变量的更新自然地出现在循环体中时。例如：

while(cin>>ch) //...

就属于上述第一种用法。

下面的程序展示了 while 语句的基本用法。

例 4　提示用户对从屏幕上输入的内容是否进行了错误处理，允许用户试 3 次。

```cpp
#include <iostream>
using namespace std;

void error();            //错误处理函数声明

int main()
{
    int tries=1;
    int flag=0;          //用户是否正确输入(y/n)标志位
    cout<<"Notice that you can only try three times!"<<endl;   //向用户显示提示信息
    while(tries<4)
    {
        cout<<"Do you want to error handling(y or n)? ";
        char answer=0;
```

```
        cin>>answer;
        switch(answer)
        {
        case 'y':
            error();          //error()为一错误处理函数
            flag=1;
            break;
        case 'n':
            flag=1;
            break;
        default:
            cout<<"Sorry, I don't understand that."<<endl;
            cout<<"Notice that you have tried "<<tries
                <<" times!"<<endl;
            tries++;
        }
        if(flag)
            break;
        else
            continue;
    }
    return 0;
}

void error()
{
    //...
    cout<<"The error has been handled."<<endl;
}
```

2．do-while 语句

do-while 语句的形式为

do 循环体语句　 while(表达式);

do-while 语句的语义是：首先执行循环体
语句，再判断表达式的值是否为 true，若是，
则进入下一次循环，否则，结束循环。

do-while 语句的处理流程如图 4.4 所示。

注意：do-while 语句不管循环条件是否满
足，它至少执行一次循环体。由于历史的原因，

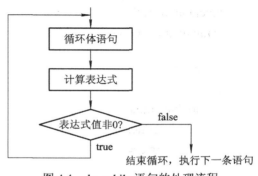

图 4.4　do-while 语句的处理流程

这条语句从 C 直接继承了下来，建议编程时一般不要使用它。大量的实践经验表明，do-while 语句是错误与混乱的一个根源，缘于它在循环条件判断之前总要执行循环体一次。它完全可被 while/for 语句所取代。

3. for 语句

for 语句的一般形式为

for(表达式 E1；表达式 E2；表达式 E3)　循环体语句 S

for 语句是最灵活的一种循环语句，语法不限定 E1 和 E2 的类型，E3 一般限定为整型、枚举和浮点类型。E1、E2 和 E3 三部分从语法角度上讲任意一部分都可省略(但其中的分隔符(分号)不能省略，例如，for(;;)等价于 while(true))。编程时，我们最好在有明确的循环次数、循环条件、循环变量的递增量的情况下使用 for 语句，并使用如下的形式以清晰地表达其循环语义：

E1—循环的初始条件；

E2—循环终止的条件；

E3—循环变量的递增(递减)。

for 语句的处理流程如图 4.5 所示。

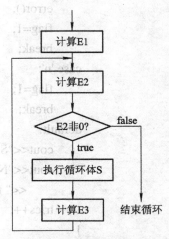

图 4.5　for 语句的循环控制结构

下面程序展示了 for 语句的基本用法。

例 5　假设某用户在银行存了 1000 元人民币，年利率为 2.25%。设用户每年的利息均保留在账号中，打印输出用户账号中共计 10 年的每年的存款余额。用户每年的存款余额按如下公式计算：

$$amount=p*(1+r)^n$$

其中：p——存款本金；

　　　r——存款年利率；

　　　n——存款年数；

　　　amount—每年存款的本息和。

程序如下：

```cpp
#include <iostream>
#include <iomanip>
#include <cmath>
using namespace std;

int main()
{
    double amount,                    //每年本息和
           principal = 1000.0,        //最初存款额
           rate = .025;               //年利率

    cout << "Year" << setw(21)
```

```
                    << "Amount on deposit" << endl;

    for (int year = 1; year <= 10; year++)
    {
        amount = principal * pow(1.0 + rate, year);
        cout << setw(4) << year          //设置输出格式为: year 占 4 个字符宽度
             << setiosflags (ios::fixed | ios::showpoint)
                 //设置 amount 的输出格式为带小数点且精度为 2
             << setw(21) << setprecision(2)
             << amount << endl;
    }
    return 0;
}
```

程序运行结果:

Year	Amount on deposit
1	1025.00
2	1050.63
3	1076.89
4	1103.81
5	1131.41
6	1159.69
7	1188.69
8	1218.40
9	1248.86
10	1280.08

4．while 与 for 语句的比较

从语义上讲，while 和 for 可等价互换。例如，for 语句与下述的 while 语句等价:

```
表达式 E1;
while(表达式 E2)
{
    循环体语句 S
    表达式 E3;
}
```

在程序中我们常常见到的 while(1)(永远循环)就与 for(;;)是等价的。在实现一个循环时，如果它不是简单的"已知循环次数、循环检测条件、更新循环变量"这种类型，最好还是采用 while 循环结构。一般而言，while 语句更易于实现较为复杂的循环情况。

例 6 一篮鸡蛋，不超过 400 个，若每次拿 2 个(或每次拿 3、4、5、6 个)，则篮里总剩下一个鸡蛋，若每次拿 7 个，则刚好拿完，问篮里一共有多少个鸡蛋?

　　题意分析：这个问题和古代"韩信点兵"的问题类似。根据题意，我们可首先推断出鸡蛋的总数目必为奇数，故设鸡蛋的总数 n 的初值为 3，然后用 3 求余，若余数不为 1 则循环加 2，直至余数为 1 时停止；再用 4 求余，若余数非 1，则循环加 6，直至余数为 1 时停止；再用 5 除，若余数不为 1，则循环加 12，直至余数为 1 时停止；再用 6 求余，若余数非 1，则循环加 60，直至余数为 1 时停止，最后用 7 求余，若余数不为零，就循环加 60，直至余数为 0，此时 n 的值就是所求的鸡蛋总数。程序如下：

```cpp
#include <iostream>
using namespace std;

int main()
{
    int n=3;
    while(n%3!=1) n +=2;
    while(n%4!=1) n +=6;
    while(n%5!=1) n +=12;
    while(n%6!=1) n +=60;
    while(n%7!=0) n +=60;
    cout<<"There are "<<n<<" eggs."<<endl;
    return 0;
}
```

程序运行结果：

There are 301 eggs.

　　当然，上述问题我们亦可用 for 语句实现，但确实有些费劲！读者不妨一试。一个好的程序员，应能在恰当的时候，选择适当的语句以实现自己的编程思想。希望大家在今后的学习与实践中能不断地总结、领悟，以提高自己的编程能力。

4.2.6　跳转语句

　　C++提供了四种跳转语句以供程序员在控制结构中进行跳转。它们是：
- goto 语句；
- continue 语句；
- break 语句；
- return 语句。

下面我们简要阐述其语法与语义。

1. goto 语句

goto 语句的形式为

goto 标号语句；

其中，标号语句的形式为：标识符：语句；

　　goto 语句的语义是：跳转到标号语句处。若它用在循环中，可一下跳出多重循环，但 goto 语句的跳转区域只能在一个函数内，即它只能跳转到本函数的某个标号语句处。

　　goto 语句可谓"臭名昭著"，因为它破坏程序的结构性和可读性。早在 20 世纪 60 年代，人们已发现大多数的软件开发项目的困难与失败均由 goto 的使用不当造成。软件工程专家 Bohm 和 Jacopini 通过研究表明：任何包含 goto 语句的程序总可以用不带 goto 语句的办法写出来，并指出所有的程序都可以只用三种控制结构(Control Structure)，即顺序结构(Sequence Structure)、选择结构(Selection Structure)和循环结构(Repetition Structure)实现。只用上述三种结构构造程序称为结构化编程。采用结构化编程，经验证明是许多软件项目开发成功的关键，这种编程风格使得程序更清晰、更易调试与维护。

　　在 C++中，表达式语句用于实现顺序结构，选择类语句用于实现选择结构，循环类语句用于实现循环结构，跳转类语句用于配合程序的控制流程的跳转。

　　在编程中，由于采用 goto 语句会偏离结构化编程，所以我们应尽量不用 goto 语句或尽量少用，除非万不得以。goto 语句一般只用在从多重循环跳出，或在一些罕见的、其优化性能极其重要的程序中。

　　下面给出一个程序的两个实现版本，第一个版本采用 goto 语句，第二版本不用 goto 语句，用以展示 Bohm 和 Jacopini 的论断。

　　例 7　输出打印二维数组中的第一个负数，若未发现负数，则屏幕给出提示。

程序版本 1(采用 goto 语句)

```cpp
#include <iostream>
using namespace std;

int main()
{
    int i,j,k=0;
    int a[2][3]={10,56, -34,88,76, -20};
    for(i=0;i<2;i++)
        for(j=0;j<3;j++)
        {
            if(k%3!=0)
            {
                cout<<"a["<<i<<"]["<<j<<"]= "<<a[i][j]<<"   ";
            }
            else
            {
                cout<<endl;
                cout<<"a["<<i<<"]["<<j<<"]= "<<a[i][j]<<"   ";
            }
            k++;
        }
```

```
        cout<<endl;
    for(i=0;i<2;i++)
        for(j=0;j<3;j++)
        {
            if(a[i][j]<0)
            {
                goto found;
            }
        }
    cout<<"not find"<<endl;
    goto rear;
found:
    cout<<"fond the first one at the position i="<<i<<",j= "<<j<<endl;
rear:
    return 0;
}
```

程序运行结果：

```
a[0][0]= 10    a[0][1]= 56    a[0][2]= -34
a[1][0]= 88    a[1][1]= 76    a[1][2]= -20
fond the first one at the position i=0,j= 2
```

程序版本 2(不用 goto 语句)

```
#include <iostream>
using namespace std;

int main()
{
    int i,j;
    int flag=0;                     //是否第一次找到了负数标识
    int a[2][3]={10,56, -34,88,76,-20};
    for(i=0;i<2;i++)
        for(j=0;j<3;j++)
        {
            cout<<"a["<<i<<"]["<<j<<"]= "<<a[i][j]<<"   ";
            if(!flag)
            {
                if(a[i][j]<0)
                {
                    flag=1;
                    cout<<endl;
```

```
                    cout<<"fond the first one at the position i=";
                    cout<<i<<",j= "<<j<<endl;
                }
            }
            continue;
        }
    cout<<endl;
    if(!flag)
    {
        cout<<"not find"<<endl;
    }
    return 0;
}
```

程序运行结果：

a[0][0]= 10　　a[0][1]= 56　　a[0][2]= −34

fond the first one at the position i=0,j= 2

a[1][0]= 88　　a[1][1]= 76　　a[1][2]= −20

2. Continue 语句和 break 语句

continue 语句的形式为

continue;

continue 一般只用于循环语句中，表示结束本次循环，开始下一次循环。

break 语句的形式为

break;

该语句可用于 switch 语句和循环语句中。若用于循环语句中，表示跳出一层循环；若用于 switch 语句中，则表示跳出 switch 语句。

3. return 语句

return 语句的形式为

return 表达式;

该语句常用于在函数中返回值，但 C++不排斥在循环中亦使用 return 语句。其具体用法详见后续章节的内容。

小　　结

　　C/C++以操作符种类繁多、语句种类较少而著称。编程时，一些基本的操作都可用 C++提供的丰富操作符实现。C++为实现结构化编程提供了两类选择语句(if 和 switch 语句)、三类循环语句(while、do−while 和 for 语句)、四类控制跳转语句(goto、continue、break、return)，以及相应的为实现顺序结构的表达式语句。选择恰当的操作符和语句是我们实现编程思想最基本的元素。

练习题

1. 为下面的各表达式加上适当的括号，然后给表达式中各变量赋以相应的初值，判断各表达式的结果，并用程序验证其结果的正确性。

a=b+c*d<<2&8

a&077!=3

a==b||a==c&&c<5

c=x!=0

0<=i<7

a=–1++b–––5

a=b==c++

x *=*b? c:*d*2

a–b, c=d

2. 编写从键盘输入一个年份，判断其是否为闰年的程序。

3. 编写估算数学常量 e 的值的程序。要求其精度达到小数点后 5 位。e 的计算公式如下：

$$e = \frac{1}{1!} + \frac{1}{2!} + \frac{1}{3!} + \cdots + \frac{1}{n!}$$

4. 编写统计输出输入字符串中英文字母总数、数字总数和其它字符个数的程序。

5. 编写程序打印输出 2～32 767 之间的素数。

6. 编写程序打印输出杨辉三角形$(x+y)^n$的展开式的各项系数。系数 n(亦即打印的行数)由用户从键盘输入。杨辉三角形前几行的值为

```
1
1   1
1   2   1
1   3   3   1
1   4   6   4   1
⋮
```

第5章 指针、数组和结构

本章要点：

- 指针的基本概念和指针变量；
- 数组类型；
- 指针和数组的关系；
- 指向数组的指针；
- 指向函数的指针；
- 指向 void*的指针及用途；
- 常量及定义；
- 引用类型；
- 结构类型。

　　本章先讲述 C++中非常重要且具特色的几种构造类型：指针、数组和结构，之后介绍 C++中新引入的引用类型与常量定义方法。由于在编写一个实用的 C/C++程序时，指针扮演着不可替代的、极为重要的角色，且它与数组密切相关，因此，本章在阐述指针与数组的基本概念的基础上，进一步讨论指针与数组的关系及一些重要类别的指针定义及应用方法。

5.1　指　针

5.1.1　指针与指针变量

　　所谓指针，即一个变量的内存存储地址。假设变量 v 的地址是 0x06AF(十六进制)，我们就说 v 的指针(或称指针值)是 0x06AF。

　　对于类型 T(T 为基本类型或为自定义类型)，指针类型(表示为 T*)是"指向 T 类型对象的指针"，即一个 T* 类型的指针变量只能存放一个类型为 T 的对象的地址。例如：

　　char c='a';

　　char* pv=&c;　　　//取变量 c 的地址，并赋给指针 char*类型的变量 pv

用图 5.1 表示如下。

图 5.1　char*类型的变量 pv 中存放 char 类型变量 c 的地址

引入指针类型的目的是用某个指针变量中的值间接地存/取它所指的对象的内容。

大部分教科书及专业书籍都把指针和指针变量统称为指针，因此，到底是指针还是指针变量，读者在学习与阅读时一定要注意其上下文环境，并根据上下文来进行判断。

5.1.2　为什么要使用指针变量

通常，我们是用某种类型的变量去存储相应类型的值，然后，通过变量名去存/取(注意：计算机的动作是在内存中存/取)其中的值。既然能用变量名(与某块内存绑定)直接存/取内存中的值，那么为什么还要用指针来间接存/取内存中所存储的值呢？

应用中，以下几种情况必须使用指针：

(1) 如果在起始地址为 Av 的存储空间 Sv 中存储的值是在运行时根据运行情况才写入的，不能事先规定所写入的是哪个变量的值，能够保证的只是所写入的一定是类型为 T 的值，这时应该采用指针。例如，多进程之间利用一块共享内存进行通信时，其底层实现采用的就是指针，如图 5.2 所示。

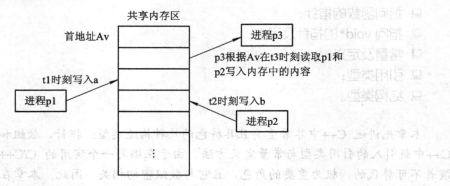

图 5.2　多进程之间的通信

(2) 如果需要同时对一组同类型的数据进行多个侧面或角度的组织，以有效地支持多种不同性质的操作(源数据要求不动)，这时亦应该使用指针。例如，某应用欲实现一批整型数同时进行递增和递减排序，并要求源数据保持不动，这时就需要采用指针，如图 5.3 所示。

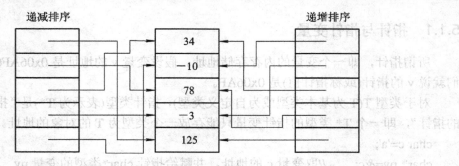

图 5.3　源数据要求不动的一批同类型数据的递增、递减排序

(3) 对于连续存储着类型为 T 的许多个值(例如数组)的情况，当需要依次进行某种处理时，可以在不需要知道数组下标(或数组的界)的情况下，用改变一个指针变量的值的方式来依次进行这一批同类型量的访问，如图 5.4 所示。

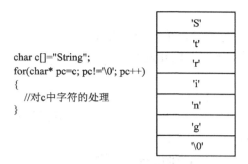

图 5.4 用指针对一批连续存放的同类型值的处理

此外，指针还有其它的一些应用场合，此处不一一介绍。

5.1.3 指针变量的声明与定义

与指针相关的声明共分两类，即定义声明和非定义声明。

1. 定义声明

(1) 定义声明与数据相关的指针，例如：

```
char*   pc;           //pc：指向 char 类型值的指针变量
int*    pi;           //pi：指向 int 类型值的指针变量
char**  ppc;          //ppc：指向"指向 char 类型值的指针"的指针变量
int*    ap[15];       //ap：由 15 个指向 int 类型值的指针变量构成的指针数组
```

(2) 定义声明与函数相关的指针，例如：

```
int    (*fp)(char*);
//fp：指向参数为 char*类型、返回值为 int 类型的函数指针
```

2. 非定义声明

例如：

```
int*   f(char*);        //参数为 char*类型、返回值为 int*类型的函数声明
```

C++的语法并不限定多级指针的定义，例如我们可定义一个二级指针：

```
char**  ppc;
```

则 ppc 指针变量中就可存放指向 char 类型的指针变量的地址，如图 5.5 所示。

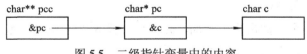

图 5.5 二级指针变量中的内容

我们亦可定义一个三级指针(或更多级的指针)，例如：

```
int***  ppi;
```

但实际应用中，应避免定义复杂的多级指针，二级指针变量足矣！

5.1.4 指针变量的操作

设 T 为任意类型(基本类型或用户自定义类型)，则 T 类型指针变量的类型为 T*。与指针类型相关的操作如下。

1．取地址

操作符：&，一元前缀运算符，采用右结合律。

语义：取某个 T 类型变量的地址并返回之。

例如：

char c = 'a';

char* p = &c;   //取 c 变量的地址并赋给指针变量 p

2．求内容(内容解析)

操作符：*，一元前缀运算符，采用右结合律。

语义：以相应指针变量中的值为地址，求出该地址中存储的值并返回之。

例如：

char   c = 'a';

char* p = &c;

char   c2 = *p;   //c2='a'

注意：& 和 * 二者互为逆操作。若定义

char c;

char* p=&c;

则*(&c)==c，&(*p)==p。

3．指针变量的自增(减)操作

指针变量可进行前缀/后缀的自增(减)操作。例如：

char c='a';

char* pc=&a;

pc++;   //等价于pc+sizeof(char);

--pc;   //等价于 pc-sizeof(char);

简言之，对于一个 T*类型的指针变量 pt：

pt++;   //等价于pt=pt+sizeof(T)

++pt;   //等价于pt=pt+sizeof(T)

pt--;   //等价于pt=pt-sizeof(T)

--pt;   //等价于pt=pt-sizeof(T)

4．指针变量的加(减)操作

指针变量可与一个整数常量进行加、减操作。设 N 为一整型常量，则

pt+N;   //等价于pt=pt+N*sizeof(T)

pt-N;   //等价于 pt=pt-N*sizeof(T)

5．指向同一数组的指针变量的相减操作

当两个同类型的指针变量指向同一数组时，两指针变量可进行相减操作。相加操作没有定义，被认为是非法操作。例如：

int a[]={1,2,3,4,5,6};

int* pa1,pa2;

pa1=a;   //pa1指向数组首元素a[0]

pa2=&a[4];　　　　　　　//pa2指向数组元素a[4]

int n=pa2−pa1;　　　　　//n=4，表示二指针所指元素位置之间的差

n=pa1+pa2;　　　　　　　//错误！没有定义

　　由于指针变量的自增(减)操作、加(减)操作是直接针对内存地址的操作，所以在进行这些操作时，一定要注意指针的越界问题。关于此问题的讨论与处理详见下文。

　　T*类型指针变量的取值范围为 T 类型变量的所有的合法地址。

5.1.5　常量零(0)

　　一般而言，数字字面值 0 的类型为整型。由于 C++中允许各种基本类型的相互转换，因此，数字 0 广义地说，可作为任意整型、浮点型、指针、指向成员的指针变量的字面值常量。因此，在上述情况下，数学 0 的类型就与上下文环境相关，并由其上下文环境所决定。

　　因计算机内存地址为 0 的单元一直保留未用，即没有任何对象会被分配到内存地址为 0 的地方，故 0 可用作一个指针变量的字面值常量。当一个指针变量初始化为 0 时，表示它此刻没有指向任何对象。

　　在 C 中流行用宏 NULL 表示 0。由于 C++不同的实现可能对 NULL 的定义不同，所以，直接采用 0 而非 NULL 会使得指针的初始化更可靠、安全。如果你非常熟悉 C，且习惯于采用 C 的宏 NULL，建议在编写 C++程序时可先定义：

　　const int NULL=0;　　//定义 NULL 是一个表示 0 的字符常量

然后在程序中再采用符号常量 NULL。

5.2　数　　组

　　对于类型 T，一个数组类型 T[size](size 表示数组中元素的个数，一般为整型常量)是类型为 T 的 size 个元素的有序集合，数组中的元素可用下标访问，其下标范围为[0～size−1]。

　　数组类型属于构造类型，即一个数组类型是由两个类型构造而成的：一个是数组元素的类型(如 T 类型)，另一个是索引(或称下标)类型(如{0, 1, …, size−1}，即对应索引类型的值集)。标准 C++规定：数组元素的类型可为任意数据类型(包括另一个数组类型，但必须保证其元素的类型是同质的)，而索引(下标)类型要求其值集上的元素要有偏序(顺序)关系(一般为整型或枚举类型)。

5.2.1　数组的定义与初始化

　　在 C++中，可定义一维数组和多维数组，定义方式如下例所示：

　　int a[10];　　　　//定义一个元素类型为 int，元素个数为 10 的一维整型数组 a

　　int b[2][3];　　　//定义一个元素类型为 int，元素个数(2 行 3 列)为 6 的二维数组 b

　　定义数组时，其数组类型和数组类型的变量(后者通常简称为数组)一般在定义声明中是同时声明的。例：

```
float v[3];                    //float[3] v;
char* a[32];                   //(char*)[32] a;
int     d2[10][7];             //(int[10])[7] d2;
```

上述第一条语句定义了一个元素类型为 float，元素个数为 3 的数组类型，并定义了这种数组类型的一个变量为 v，数组类型与其类型的变量二者在定义时同时声明。

第二条语句定义了一个元素类型为 char*，元素个数为 32 的数组类型(即字符指针数组)，并定义了该数组类型的一个变量 a，数组类型与其类型的变量二者在定义时同时声明。

第三条语句定义了一个元素类型为 int[10](一维整型数组，元素个数为 10)，元素个数为 7 的数组类型(即数组中的数组)，并定义了该数组类型的变量 d2，数组类型与其类型的变量 d2 二者在定义时同时声明。

一旦定义声明了某个数组类型 T[size](size 为常量)的变量 a，编译器在编译时会根据数组的定义给这个变量 a 连续分配一块大小为 sizeof(T)*size 的内存空间，并将这块内存空间的首地址装入数组名中。因此，C++中的数组是静态的并具有固定尺寸的一种数据结构，它常用于对一批同类型量的组织与操作。

C++只允许定义大小固定的静态、矩形的一维或多维数组(注意：数组尺寸不允许在运行时改变)。若需要动态数组(即数组尺寸在运行时可变)，请用 C++标准类库中的 vector 类(vector 类的详细内容见本书第三部分)。

定义数组时，数组类型定义中的 size(数组元素的个数或称数组的尺寸)可以不给出，而交由编译程序推断出来，但此时必须在定义声明中对数组进行初始化，初始值的个数即为数组的 size。例如：

```
int      v1[] = {1, 2, 3, 4};          //int[4] v1;
char     v2[] = {'a', 'b', 'c', 0};    //char[4] v2;

int      i, j, k;
int*     v3[] = {&i, &j, &k, 0};       //int*[4] v3;
```

在定义多维数组时，语法上规定：其第一维的大小可以不给出，但除第一维以外的维数大小在定义时一定要给出。因为 C++对多维数组的内存分配仍然是一块连续的内存空间，但 C++是“按行”进行内存分配的(某些语言是“按列”进行分配的，如 Fortran 语言)。以二维数组为例，若不指定第二维的尺寸，编译器将无法推断和检查所分配的内存。例如：

```
float     f[][3]={{1,2,3},{4,5,6}};     //正确！编译器推断为 2 行 3 列的 float 型数组
int       a[][4]={1,2,3,4,5,6,7,8};     //正确！编译器推断为 2 行 4 列的 int 型数组
double    d[2][]={2,4,6,8,10};          //错误！编译器无法推断内存分配量
```

数组类型定义时可给出 size(整数常量/整型常量表达式)，进而在定义声明中对数组进行初始化；初始化的元素个数不能大于 size，但可以小于 size(C++自动地对未给出初值的元素赋 0)。例如：

```
int     v1[4] = {1, 2, 3, 4};          //正确！int[4] v1;
char    v2[2] = {'a', 'b', 'c', 0};    //错误！初始值的个数 4 大于数组尺寸 2
int     i, j, k;
int*    v3[8] = {&i, &j, &k, 0};       //int*[8] v3;
```

　　//相当于 int*　v3[8] = { &i,&j,&k,0,0,0,0,0 };

　　如前所述，字面值 0 在不同的上下文环境中具有不同的类型，而不同类型的 0 在不同的上下文环境中又有不同的语义。例如，0 对于整型而言，就是 0；对于指针 T*而言，它表示空指针；对于字符串 char*而言，它是串结束符。因此，采用系统默认的 0 赋值，在某些情况下可能偏离编程者的本意，有时是十分危险的！

　　在 C++中，对于全局或静态的(static)数组变量，当用户不赋初值时，系统自动赋初值 0，局部数组系统不赋初值。

5.2.2　字符串字面值

　　由于应用中常常采用 char*的变量或 char[]数组变量存储一字符串常量，故在此引入字符串字面值的概念。

　　一个字符串字面值是由一对双引号括起来的一串字符。例如，"I am a student." 就是一个合法的 C++字符串字面值。

　　一个字符串字面值的长度等于其中所包含的字符个数加 1(串结束符'\0')；每个字符串字面值以字符'\0' (值等于 0)作为串结束符。因此有：

　　sizeof("Teacher")=8 个字节　　　　　//假定某平台上 sizeof(char)=1

　　字符串字面值的类型为具有确定数目的 const 字符数组，即为 const char[]类型(注意：用 const 定义(或称约束)的量只能读而不能写)。

　　为了继承和兼容大量原有的 C/C++代码，C++标准规定：一个字符串字面值可以赋给一个 char*的变量(在原有的 C/C++定义中，字符串字面值的类型为 char*)。由于 C++标准规定字符串字面值是 const char[]类型，所以对字符串字面值只能读而不能写。例如：

　　char* pc="Teacher";

　　*pc='B';　　　　　　　　　　　//错误！试图修改常量的值

欲修改字符串字面值中的字符，可采取如下方式：

　　char c[]="Teacher";　　　　　　//数组的尺寸为 sizeof(Teachar)+1=8

　　//一个常量字符串字面值赋值拷贝到一个字符数组变量中

　　c[0]='B';　　　　　　　　　　//将 "Teacher" 中的首字符 'T' 改为 'B'

　　系统为字符串字面值静态地分配了一块连续的内存空间以存放之。程序中若存在两个或两个以上相同的字符串字面值，系统是在内存中存放该字符串的一个副本还是存放该字符串的多个副本将依具体的实现而定。

　　字符串字面值中可以有带转义符的字符(Escape Character)，如'\n'(换行)。在程序中，一个字符串字面值不能跨行定义。

　　字符串字面值中若有字符 ' " ' 或 ' ' ' 或 '\'，要前加转义符 '\'。

　　在程序中可以将一个字符串字面值写成用 whitespace 分隔开的多个字符串字面值，C++会将它们自动接续成一个字符串字面值，这对在程序中书写较长的字符串字面值提供了方便。whitespace 包括：space(空格)、tab、newline(新行)、formfeed(走纸)、carriage return(回车)。例如：

char a1[] ="This is a \"string\".\n*******************\n";

// 字符串字面值在程序中不允许跨行定义

char a2[] ="This is a \"string\".

　　　　　　*******************";　　　　　　　　//语法错误！

// 用 whitespace 分隔开的字符串字面值将被自动续接

char a3[] = "This is a \"string\".\n"

　　　　　　"*******************\n";　　　　　　//定义效果与 a1 相同

5.3　指向数组的指针

5.3.1　指向一维数组的指针

指针与数组有着密切的关系。数组名本身就是一个指针，它代表数组元素的首地址，因此，我们常常利用指向数组的指针变量操作数组中的元素。

值得注意的是，程序中数组名担当着如下两种角色：

(1) 代表某个数组类型的变量名。因此，我们可用数组名求其数组的存储空间分配量。例如：

```
#include <iostream>
using namespace std;

int main()
{
    int n;
    int a[4]={1,2,3,4};
    n=sizeof(a);
    cout<<"n= "<<n<<endl;
    return 0;
}
```

程序运行结果：

n = 16

上述结果是在 VC.net2005 下运行的，在此平台上，sizeof(int)=4。因 a 数组的元素个数为 4，故其存储分配量为 4×4=16。

(2) 代表着存放该数组元素的首地址，注意：数组名是一个常量。因此，我们可以将数组名赋给一个与其数组元素类型一致的指针变量，之后，用其指针变量操作数组中的元素。语法上数组指针变量不拒绝指向数组以外的元素，但其后果自负。例如：

```
int   v[] = {1, 2, 3, 4};              //int[4]，其元素为 v[0]～v[3]
int* p1 = v;                           //被隐式转换成 int* p1 = &v[0];
int* p2 = &v[0];
int* p3 = &v[4];                       //允许指针指向数组以外的元素，后果自负！
```

在 C++中，char[](字符类型的数组)类型和 char*(指向字符的指针类型)类型不同，但允许 char[]到 char*的转换。对于字符数组而言，将数组名隐式转换成字符指针方便于使用标准库中的库函数。char*到 char[]的转换被认为是违法的。该类型转换规则保证了不允许将一个 char*值赋给数组名(常量)。例如：

```
int strlen(const char*);
// strlen: C 标准库函数，在<cstring>中定义，求 char*所指的字符串的长度


void f()
{
    char   v[] = "Annemarie";
    char* p = v;                   //隐式类型转换，char[]→char*
    int n1=strlen(p);              //函数调用时类型匹配
    int n2=strlen(v);              //隐式类型转换，char[]→char*
    v = p;                         //错误！不允许 char*→char[]以保证数组名常量不被修改
}
```

5.3.2　指向多维数组的指针

C++的多维数组被看成是数组中的数组。以二维数组为例，C++将二维数组定义为其元素类型为一维数组的数组。应用中，一般较少使用二维以上的数组。在此以二维数组示例，指向多维数组的指针概念和用法与二维数组类同。

在二维数组中，数组名仍然代表着数组的首地址，但它是一个行地址。例如：

```
int a[2][3]={1,2,3,4,5,6};
int (*pa)[3];                  //pa 定义为指向一个尺寸为 3 的一维数组的行指针
pa=a+1;
/*
    pa=a+1  等价于 pa=&a[0][0]+3*sizeof(int),
    即 pa 指向 a 数组中第二行首元素
 */
int *pa1
pa1=a[0]+1;
//pa1=&a[0][0], a[0]是数组 a 第一行的首地址，它为一列地址, pa1=a[0]+1=&a[0][1]
```

所谓行指针，即指针加 1 跳一行(所指的)数组元素，列指针加 1 跳一个(所指的)数组元素。

在上例中，数组名为行地址，而 a[0](其地址等于&a[0][0])和 a[1](其地址等于&a[1][0])分别为列地址。行地址的定义形式如下：

数组元素类型 T (*行指针名)[size];

该语句定义声明了一个指向 T[size]类型的指针类型，其中 size 为一维数组的大小。

行、列指针以上例代码为例，其进行增减操作后的结果如图 5.6 所示。

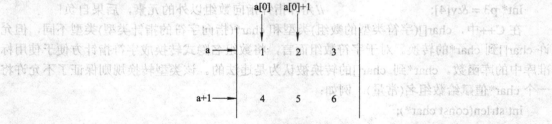

图 5.6　行、列指针示意图

若定义了一个指向二维数组的行指针：

int a[2][3]= {{1,2,3},{4,5,6}};

int (*q)[3]=a;

我们可用如图 5.7 所示的形式来表示上述二维数组中的各元素。

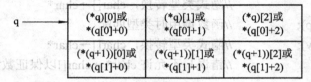

图 5.7　用行指针 q 表示 2 行 3 列数组中的各元素

一个行指针进行 * 运算后(如*pa)即可转换成一个列指针。

5.3.3　取数组元素及数组的遍历

两个同类型的(数组元素类型相同，数组大小相同)数组可进行元素对元素的整体赋值。例如：

```
int a[4]={10,20,30,40},
    b[4];
b=a;                        //a 数组元素对 b 数组元素依次拷贝赋值
```

但除此之外，对数组的所有操作只能针对其元素进行。因此，取数组中的某个元素或在数组中进行遍历是其它一切数组操作的基础。

通常采用数组名和下标运算符及索引(下标)来取数组中的某个元素(如 a[i])或对其进行依次遍历；另一种方式是利用指向数组的指针加索引进行取元素或遍历操作，其具体用法如下例所示。

```
//此函数是对指针使用数组操作
void fi(char* v)
{
    for (int i=0; v[i]!=0; i++)
        use(v[i]);                //use 假定为已定义的操作数组元素的函数
}
```

```
//此函数是对数组使用指针操作
void fp(char v[])
{
    for (char* p=v; *p!=0; p++)
        use(*p);
}
```

在应用中需要注意如下几点：

(1) 在多维数组(包括二维)中进行取元素或遍历操作时要注意是利用行指针还是列指针。

(2) C++的数组不具有自描述性，即数组变量中不存放其实际存放的元素个数的信息。因此，在遍历一个数组时，必须以某种方式提供它的实际元素个数(字符串数组中包含一个串结束符 '\0'，据此可推断出其实际的元素个数)，以供操作数组和进行数组的越界检查。例如：

```
//函数 fp：对传递的数组进行某种操作
void fp(char v[], unsigned int size)          //传递时须同时传递数组其及大小
{
    for(int i=0;i<size;i++)
        use(v[i]);
    //...
}
```

(3) C++语法上允许数组的越界操作，并且编译器忽略此类错误。因此，对数组进行操作时，一定要注意数组的越界问题。一个好的 C/C++程序员，应将对数组的越界检查及处理作为其基本本能。

(4) 用指针和数组形式进行数组的操作,在许多情况下是等效的,但还是应当加以约束,以避免平台不同带来的影响。请看下面一实际应用中的程序片断：

```
const unsigned short ID;
//数据库表的数据项描述
struct TB_col {
    ID      col_id;
    char    col_name[19];
    short   col_type;
    short   col_length;
};

//取指定数据项的物理名
char* TB_GetColName(ID tab_id, ID col_id)
{ static struct TB_col *cp;
    if ( ! TB_GetColInf(tab_id, col_id, &cp))
        //根据表名 tab_id 和列名 col_id 及 cp 指针取列的相应信息
```

```
            return NULL;
        return cp->col_name;
    }
```

上述代码片断中的 retuen cp->col_name; 语句是用指针取 col_name(char*类型)中的字符串(表列名)。在 Windows 平台上，无论 col_name 中的字符串非空/空，return cp->col_name; 语句都将如实地返回 col_name 中的内容；但在 UNIX 平台上，若 col_name 为空串，则语句不返回任何值，这导致了程序错误。因此，上述的 return cp->col_name; 语句应改为

```
        return (cp->col_name[0]== '\0')?0:cp->col_name;
```

这样将会更安全、可靠地实现跨平台使用程序。

下面给出对数组进行取元素或遍历操作的示例程序。

例 1　打印输出数组中的元素值并用直方图的形式表示之(若干*号个数的条形图)。

```cpp
#include <iostream>
#include <iomanip>
using namespace std;

int main()
{
    const int arraySize = 10;
    int n[arraySize] = {19, 3, 15, 7, 11, 9, 13, 5, 17, 1};

    cout << "Element" << setw(13) << "Value"
         << setw(17) << "Histogram" << endl;

    for (int i = 0; i < arraySize ; i++) {
        cout << setw(7) << i << setw(13)
             << n[i] << setw(9);

        for (int j = 0; j < n[i]; j++)          //print one bar
            cout << '*';

        cout << endl;
    }

    return 0;
}
```

程序运行输出结果：

Element	Value	Histogram
0	19	******************
1	3	***

```
        2           15          ***************
        3            7          *******
        4           11          ***********
        5            9          *********
        6           13          *************
        7            5          *****
        8           17          *****************
        9            1          *
```

例2　遍历输出二维数组中的元素。

```cpp
#include <iostream>
#include <iomanip>
using namespace std;

int main()
{
    int z[2][3]={{1,2,3}, {-11, -22, -33}};
    int j,k,*p,(*q)[3];                 //定义 q 为一行指针，p 为一列指针
    for(p=z[0];p<z[0]+6;p++)
    {
        if((p-z[0])%3==0)               //每行输出 3 个元素的控制
            cout<<endl;
        cout<<setw(5)<<*p;
    }
    cout<<endl<<endl;

    q=&z[1];                            //将数组第 1 行首元素地址赋给 q
    for(k=0;k<3;k++)
        cout<<setw(5)<<*(*q+k);         //*q+k=z[1]+k
    cout<<endl<<endl;

    q=&z[0];
    for(j=0;j<2;j++)
    {
        for(k=0;k<3;k++)
            cout<<setw(5)<<*(q[j]+k);   //q[j]+k=(*q+j)+k
        cout<<endl;
    }
    cout<<endl;

    cout<<"(*q)[1] is "<<(*q)[1]<<endl;
```

```
cout<<"(*q+1)[1] is "<<(*q+1)[1]<<endl;
cout<<endl;

cout<<"*(*(z+1)+2) is "<< *(*(z+1)+2)<<endl;
cout<<"*(z[1]+2) is "<<*(z[1]+2) <<endl;
return 0;
}
```

程序运行输出结果：

```
    1       2       3
  -11     -22     -33

  -11     -22     -33

    1       2       3
  -11     -22     -33
```

(*q)[1] is 2
(*q+1)[1] is 3

((z+1)+2) is -33
*(z[1]+2) is -33

5.4 指向函数的指针

C++允许定义指向某种类型函数的指针变量。例如下述语句：

```
int (*fp)(int);
```

即定义了一个指向其函数返回类型为 int、参数为 int 型的该类函数的指针变量 fp。这类指针变量可存放该类函数的地址，即所定义的 fp 中可存放上述类别的函数的地址(或称函数代码的首地址)。

函数指针的定义方式如下：

函数返回类型　(*函数指针名)(函数参数表列);

函数指针的一个主要目的是让用户编写更为灵活、用数据实现控制的程序。假定应用中我们需编写计算如下积分的程序：

$$y1 = \int_0^1 (1 + x^2)\, dx$$

$$y2 = \int_0^2 (1 + x + x^2 + x^3)\, dx$$

$$y3 = \int_0^{3.5} \left(\frac{x}{1 + x^2} \right) dx$$

经过分析可看出：y1、y2 和 y3 的被积函数虽然形式不同，但具有共性，即被积函数都只有一个自变量 x，且被积函数都是 x 的一元某次方程。根据其共性，可编写适合这一类被积函数的积分程序。若用函数实现，则解决方案如下：

float integral (fp,a,b);　　//计算某类函数积分的通用函数接口

//fp 为指向该类被积函数的指针，a、b 为积分的上、下限

上述函数的具体实现请参阅后续函数一章的相应内容。

5.5　指向 void*的指针

若定义了一个 void*的指针变量，就意味着可将一个指向任意类型对象的指针赋给它。一个 void*类型的变量所能进行的操作是：

- ◆ 将一个 void*类型的变量赋给另一个 void*类型的变量；
- ◆ 两个 void*的相等与不相等比较；
- ◆ 一个 void*可以显式地转换成另一个任意类型的指针类型(注意谨慎使用!)。

void*类型的变量不能进行的操作是：

- ◆ 将函数指针赋给 void*；
- ◆ 将指向成员的指针赋给 void*。

void*最重要的用途是需要向函数传递一个指针，而向函数传递时，又不能对指针所指对象的类型做任何假设，即利用 void*可向函数传递任意类型的对象。其另外一个主要用途就是从函数返回一个无类型(Untype，即可为任意类型)的对象。因此，被定义成 void*类型的量所提供的信息是：由于不可能事先约定，所以允许任意的指针类型与之对应(通常是函数的形参或返回值)。这是 C++为程序员提供的一种可传递/处理任何类型对象的机制。

这样做的可行性在于：在同一平台上任何指针类型的存储空间分配量是一致的。

在 C++标准库函数的一些实现中，void*机制的使用使得该函数具有较强的通用性，请看在 C 标准库中的一个典型应用：

//C 标准库函数——快速排序 qsort 函数的接口定义

int qsort(void*, int, int size_t, (int (*fp)(const void*, const void*)));

/*函数中各参数的含义如下：

　　被排序的数组的起始地址，由于是 void* 类型，则可接受任何类型的数组；
　　　(数组中存放欲排序的数据)

　　数组中有效元素个数；

　　数组尺寸的大小；

　　指定的比较函数的指针。由于函数的两个参数的类型为 void* 类型，故函数可进行任何类型的两个量的比较

*/

下面我们利用 C 标准库函数 qsort 高度抽象的接口与实现的定义来实现任意类型量的排序。

假定应用中我们需对一批字符串进行排序，代码如下：

```
const      int TABLE_SIZE = 1000;
char*          ourTable[TABLE_SIZE];
//···向 ourTable 输入欲排序的数据

//两元素的比较函数，与 qsort 中 fp 所指函数的接口吻合
int compare(const void* element1, const void* element2)
{
    return strcmp(static_cast<char*>(*element1), static_cast<char*>(*element2));
}
void mySort()
{
    qsort(ourTable, TABLE_SIZE, sizeof(int), compare ;
        //函数的地址=函数名或&函数名
}
```

5.6　常　　量

　　C++允许用户定义字符常量(也称符号常量)。C++用关键字 const 来定义符号常量，const 用来直接表达"不变化的值"这一概念。例如，我们欲定义 PI 这一符号常量，可写为

const float PI=3.15159;

C++仍兼容 C 的常量定义方式(采用宏)，例如：

#define PI 3.14159   //PI 为一字符常量，代表 3.14159

　　比较 C 和 C++的两种常量定义方法，我们可看到：C++的常量定义方式不仅含义更加明确，最重要的是该常量定义给编译器和运行环境提供了被定义者是常量及所具有的类型这些重要的信息，以供编译器和运行环境进行编译时和运行时的类型检查! 这在应用中是十分重要的。

　　应用中，存在以下场合需要使用常量：

　　(1) 许多对象在它们被初始化后就不再改变其值。例如：

const int   normal = 0, suc = 0, err = −1;
    //表示处理情况的几种状态，这些状态是常量

```
int   f(int *ary, int sz)
{
    for (int i=0; i<sz; i++)
        if (ary[i] < normal)
            return err;
    return suc;
}
```

　　(2) 采用符号常量而不是将常量字面值直接写入代码中，将使得程序更易于扩充、维护

与修改。例如：

```
const int STRL = 40;
char    str[STRL + 1];
void    clear()
{
    for (int i=0; i<STRL; i++)
        str[i] = ' ';
        str[STRL] = '\0';
}
void    strIn()
{
    for (int i=0; i<STRL; i++)
        cin >> str[i];
}
```

若需修改数组的尺寸，只需修改常量 STRL 的定义(一处)即可，以防止大范围地在每一个出现 STRL 的地方修改程序代码(大范围地修改代码很难保证修改的一致性与正确性)。

(3) 通常是用指针读而不是写。例如：

```
const int STRL = 40;
char buf[STRL * 10 + STRL];
char *const str1    = &buf;              //定义 str1 为一常量字符指针
char *const str2 = &buf[STRL + 1];       //定义 str2 为一常量字符指针

void    clear()                          //清 buf
{
    memset(str1, 32, STRL);              //向 str1 和 str2 所指区域置初值
    memset(str2, 32, STRL);
    str1[STRL] = '\0';
    str2[STRL] = '\0';
}
```

(4) 大多数的函数参数在函数体中被用来读而不是写。例如：

```
int    f(const int* ary, const int sz)
{
    const int    normal = 0, suc = 0, err = −1;
    for (int i=0; i<sz; i++)             //ary 和 sz 是用来读而不是写的
        if (ary[i] < normal)
            return err;
    return suc;
}
```

C++的常量分为数值常量和指针常量两类。

(1) 数值常量的定义方式为

　　　　const　类型　常量名 = 初值;　　//注意：定义时必须赋初值

常量一经定义就不能被修改。例如：

```
void   g(const char* p)
{
   const int sz = 40;
   sz = 20;                      //错误! 修改常量
   p[0] = '\0';                  //错误! 修改常量
   //...
}
void   f()
{
   g("This is a test");         //用一个常量字符串对 const char* p 赋初值
}
```

(2) 指针常量的定义方式为

　　　　指针类型 T*　const 常量名 = 初值;

注意：

① 常量若以函数的形参方式出现，则没有初值部分，对应的实参即为常量的初值。

② 当常量的类型是一个 T*时，即为指针常量，不允许修改的是指针常量本身的值，而不是指针常量所指对象的值；若指针所指的对象为 const，即为指向常量的指针，则不允许修改的是*常量名或常量名[下标]对应的值。例如：

```
void f(char* p)
{
   char s[] = "Gorm";
   char *const cp = s;          //cp 是一个常量指针
   const char* pc = s;          //pc 是一个指向常量字符串的指针
   cp[3] = 'a';                 //正确!
   pc[3] = 'a';                 //错误! 试图修改所指的常量
   cp = p;                      //错误! 试图修改 cp 的值
   pc = p;                      //正确!

   //cpc 是一个指向一个常量字符串的常量指针
   const char *const cpc = s;
   *cpc = 'g';                  //错误! 试图修改 cpc 所指的内容
   cpc = p;                     //错误! 试图修改 cpc 的内容
}
```

由于谈到指针时总涉及两个对象——指针变量本身与指针所指的对象，而 C++又允许对这二者都可进行 const 约束，因此，是指针常量(不允许修改指针本身的值)，还是指向常量的指针(指针所指的对象不允许修改)就难以辨别。如何有效地辨别、定义这两种类型的量呢？Bjarne Strostrup 给出了一个有效的方法，即当从右至左读常量定义式时，即可解析其类别。例如：

　　语句：char *const cp = s;

从右至左可读成 cp 是一个指向 char 类型(变量)的 const 指针(*读为指针 pointer)。

　　语句：const char* pc = s;

从右至左可读成 pc 是一个指向常量字符串的指针变量。

　　语句：const char *const cpc = s;

从右至左可读成 cpc 是一个指向常量字符串的常量指针。

C++语法规定：可将一个变量的地址赋给一个常量指针，因为这样做不会造成任何伤害；但不允许将一个常量的地址赋给一个未加限制的指针(即指针变量)，以防止用户不经意/试图通过该指针修改常量的值。例如：

```
void f4()
{
    int a=1;
    const int c=2;
    const int* p1=&c;        //正确! 将常量的地址赋给一个指向常量的指针变量
    const int* p2=&a;        //正确! 将变量的地址赋给一个指向常量的指针变量
    int* p3=&c;              //错误! 将常量的地址赋给指针变量
    *p3=7;                   //错误! 通过 p3 试图修改常量
}
```

5.7　引　　用

引用即为一个变量的别名。引用的主要用途是向函数直接传递变量(C/C++是值传递，称为 Call by Value)或从函数返回变量。特别是在实现大型对象的传递与操作符的重载(Operator Overloading，详见第二部分的内容)时，引用更是扮演着不可或缺的角色。

引用用符号 X&表示，它表示对某个 X 类型变量的引用。

为了保证引用确实是对某个量的引用(即用引用名绑定所引用的对象)，在定义引用时一定要对其进行初始化。

由于一个引用所表示的是一个对象的别名，所以它不能独立存在，必然要关联于某个已定义的名字，它们对应于同一个对象。

关联的方式是：① 在定义该引用时所声明的初始化值；② 对于被定义为函数的形参(或返回值)的引用，由实参(或返回值表达式)给出对应值。例如：

```
void g()
{
    int   ii = 0;
    int& rr = ii;              //rr 为 ii 的引用, rr 即为 ii 的别名
```

```
    rr++;                        //等价于 ii++;
    int* pp = &rr;               //pp == &ii; *pp == ii;
}
```

形象地说，一个引用好比总是用*(取内容)操作的一个指针常量。

应用中，我们有时可能需要向函数传递/从函数返回某个对象(称为 Call by Reference)而非对象的值，这时可采用引用类型。因此，当参数类型为引用类型时，函数体内对形参的修改实际上就是对实参的修改，这类似于 Pascal 函数或过程用 var 声明的形参。例如：

```
void swap(int& a, int& b)    //在函数内部交换 a, b
{
    int temp;
    temp=a;
    a=b;
    b=temp;
}
```

当然，我们亦可用指针的方式完成同样的功能。代码如下：

```
void swap(int* a, int *b)
{
    int* temp=0;
    *temp=*a;
    *a=*b;
    *b=*temp;
}
```

引用最主要的应用场合是：① 传递/返回大型对象；② 实现操作符的重载(本书第二部分将会详细讲述)。其它情况下一般不宜采用引用类型。当需要向函数传递/从函数返回某个对象而非对象的值时，采用指针更易于理解。例如：

```
//使用引用，不易理解的方式
void inc(int& aa)
{aa++;}                          //aa 自增 1

void f()
{
    int x = 1;
    inc(x);
    //aa、x 对应同一对象，用户可能不清楚 x 已改变其值
}


//使用指针，易于理解的方式
void inc(int* p)
{ (*p)++; }
```

```
void f()
{
    int x = 1;
    inc(&x);                //用户非常清楚 x 已改变其值并等于 2
}
```

当一个函数的返回类型为引用时，该函数的调用结果既可作为右值(原意为赋值表达式的右部，即代表一个值)，亦可作为一个左值(原意为赋值表达式的左部，此处代表一个对象的存储空间)。

引用的基本用法及应用示例如下所示。

例 3　用户从键盘上输入若干个 token，每个 token 用空格相隔，统计输出用户输入的 token 及相应的次数。

```
#include <iostream>
#include <vector>
#include <string>
using namespace std;


struct Pair {
    string name;            //token 的名字
    int     val;            //相同 token 的数量
};

/* vector<Pair>是一个元素类型为 Pair、size 可扩张的动态数组类型，vector 为
   标准 C++类库中的类模板*/
vector<Pair> pairs;

int& value(const string& s)     //注意：函数的返回类型为引用&
{
    for (int i=0; i<pairs.size(); i++)
        if (s==pairs[i].name)
            return pairs[i].val;
    pair p = {s, 0};
    pairs.push_back(p);
    return pairs[pairs.size()-1].val;
}

int main()
{
    string buf;         //定义一个存储字符串的 buffer
```

```
/*从标准输入设备每次读入一字符串到 buf 中(以空格分隔),直到读入了回车为止。
  对相同的字符串计数*/
while (cin >> buf)
    value(buf) ++;
/*等价于 value(buf) = value(buf) + 1; 或 value(buf) += 1;
*/
for (vector<Pair>::const_iterator              //取 vector 上的迭代器
        p = pairs.begin();                     //p 是循环变量
        p != pairs.end(); ++p)
        cout << p->name <<":"<<p->val <<endl;
        //从标准输出设备输出重复字符串的个数
}
```

当用户输入"string student string as bc ui as as"时,程序运行输出结果为

string:2
student:1
as:3
bc:1
ui:1

5.8　结　　构

　　一个结构是其元素类型为任意类型的若干个元素的集合,即一个元素类型可以各不相同的数组,我们常称其为异质(Heterogeneous)数组。

　　相比之下,我们称数组为一个同质(Homogeneous)元素的集合。

　　构成一个结构类型的那些元素称为它的**成员(Member)**。

　　结构类型用来定义具有多种不同类型(当然亦可具有相同的类型)的**属性(Attribute)**的客观事物,而这样的事物在现实中是大量存在的。

　　C++中的结构类型实际上是一种特殊的类(详见本书第二部分的内容)。

　　结构类型的定义实例如下:

```
struct Pair {
    string name;           //字符串名
    double val;            //同名字符串的数量
};                         //注意:定义时这里的分号不能缺少


struct address {           //定义某人的地址
    char* name;            //某人的姓名,假定最长为 20 个字符
    long   int number;     //门牌号码,假定 long 为 4 字节
```

```
    char*  street;              //街名，假定最长为 20 个字符
    char*  town;                //城市名，假定最长为 14 个字符
    char   state[2];            //州/省缩写名
    long   zip;                 //邮政编码，假定 long 为 4 字节
};                              //这里的分号不能缺少
```

从上例可看出，在结构类型中，每个成员都有相应的类型，各成员的类型可相同亦可不相同。

一个结构类型看上去只是定义了一种事物的一个实例的各个属性(用成员表示)，但根据各成员类型的值集可以直接构造出这个结构类型的值集，即可根据定义的这种结构类型，定义出(实例化出)具有这种结构的和具有该结构类型值集元素个数的同类事物的实例，这是一种典型的共性抽象。

例如，在上面 address 结构类型的定义中，实际上定义了由如下集合构造的

$$V_{address} = V_{(name)} \times V_{(number)} \times V_{(street)} \times V_{(town)} \times V_{(state)} \times V_{(zip)}$$

$$= V_{char[21]} \times V_{long} \times V_{char[21]} \times V_{char[15]} \times V_{char[2]} \times V_{long}$$

可具有

$$|V_{address}| = 256^{20} \times (2^{31}-1) \times 256^{20} \times 256^{14} \times 256^{2} \times (2^{31}-1) \approx 2^{510} \approx 10^{155}$$

个值的结构类型变量。

用结构类型可以构造对应的数组类型(结构数组，即数组的元素为结构)、指针类型(指向结构的指针)、引用类型(结构的引用)和结构类型(结构嵌套结构)。

结构定义中，其成员类型不能是它自身，否则会使得编译器无法推断该类型量的存储分配量而无法进行内存分配。例如，我们不能进行如下定义：

```
struct No_good {
    No_good member;
};
/* 存在无终止条件的递归，无法确定对应的存储空间的大小*/
```

而可以进行如下的定义：

```
struct Link {
    Link* previous;
    Link* successor;
};
/*指针类型变量的存储空间大小不依赖于对应类型*/
```

C++为任意结构类型提供了一个对象的整体赋值操作(二进制复制)，但不提供与结构类型变量相关的其它整体操作(例如比较操作)，这些操作可由用户自己定义(在本书第二部分会看到，这些操作所使用的操作符可以与基本类型相同)。例如，对结构类型 address 变量可进行如下的整体赋值操作：

```
address current;
address set_current(address next)
{
    static address prev = current;          //结构变量的整体赋值
```

```
        current = next;                  //结构变量的整体赋值
        return prev;
    }
```

C++提供了取结构类型指定成员值的两个操作:

(1) 取结构成员操作符・。

语法: 结构变量名・成员名

语义: 返回第一操作数中成员名字与第二操作数相同的成员的值。

(2) 用指针取结构成员操作符->。

语法: 指向结构变量的指针变量->成员名

语义: 返回第一操作数所指向的那个对象中成员名字与第二操作数相同的成员的值。

定义结构类型变量时可进行初始化, 其方式与数组类似(用初始化表的方式)。例如:

```
struct student              //结构类型 student 的定义
{
        string name;
        unsigned int id;
        char gender;
} s1={"Li Xiaohong", 0304214,'F' };
```

//结构类型与结构变量 s1 同时定义, 并对 s1 进行初始化

C++为结构类型的对象分配一块连续的存储空间, 并按该结构类型各成员的声明顺序和对应类型对该空间进行划分, 但在分配和划分时遵循 "字对准" 原则(即每个成员的起始地址是一个字, 字的大小与平台相关, 常见的是 2 字节或 4 字节), 因此, 对一个结构类型量所实际分配的空间存储量可能大于各成员类型对应空间之和。例如, 对以下的 address 变量 jd 而言, 其内存分配示意图如图 5.8 所示。

```
address jd = {
    "Jim Dandy",              //jd.name 的初始值
    61,                       //jd.number 的初始值
    "South St",               //jd.street 的初始值
    "New Providence",         //jd.town 的初始值
    {'N', 'J'},               //jd.state 的初始值
    7974                      //jd.zip 的初始值
};
```

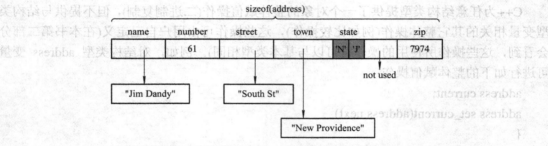

图 5.8　结构类型 address 变量所分配的存储空间

假定在某一平台上，sizeof(char)=1，sizeof(long int)=8，sizeof(char*)=4，根据 adrress 的定义，jd 的实际内存分配量为

$$sizeof(jd)=sizeof(char*)+sizeof(long\ int)+sizeof(char*)$$
$$+sizeof(char*)+2*sizeof(char)+2+sizeof(long)$$
$$=32\ 字节$$

而非成员实际应有的内存量 30 字节。注意上式中的+2 就是采用字对齐原则而对 jd 多分配出的两字节的内存。

虽然在某些情况下，由于对一个结构变量的内存分配采用字对齐原则，可能造成一些浪费的内存空间的"空洞"，但在实际应用中，定义其结构类型时，其成员的排列次序还是应以结构类型事物本身属性自然的/优先级的次序进行排列，而忽略掉"空洞"的浪费这一因素。随着今天计算机硬件的迅猛发展，这点浪费相比程序的可理解性和可维护性而言，已显得微不足道。

C++是一种强类型语言，C++规定：即使两个具有相同成员的结构类型其类型亦是不同的。因此，应注意，每一个结构类型定义实际上都定义了一个不同的结构类型。例如，如下定义的 S1 和 S2 就是两个完全不同的结构类型：

```
struct S1{int a;};
struct S2{int a;};
```

正因为 S1 和 S2 不同，所以，以下操作为非法：

```
S1 x;
S2 y=x;              //错误! 类型不匹配

S1 x;
int ix=x;            //错误! 类型不匹配。x 是结构类型而非 int 类型
```

下面是结构类型变量的应用示例。

例 4　定义一个时间结构类型，对其成员初始化并打印输出。

```
#include <iostream>
using namespace std;

struct Time {          //结构类型定义
    int hour;          //时, 0～23
    int minute;        //分, 0～59
    int second;        //秒, 0～59
};

void printMilitary( const Time & );     //函数原型声明
void printStandard( const Time & );     //函数原型声明

int main()
{
```

```
        Time dinnerTime={18,30,0};        //结构类型变量的定义并初始化

        //或采用如下代码对成员进行初始化
        /*
        dinnerTime.hour = 18;
        dinnerTime.minute = 30;
        dinnerTime.second = 0;
        */
        cout << "Dinner will be held at ";
        printMilitary(dinnerTime);
        cout << " military time,\nwhich is ";
        printStandard(dinnerTime);
        cout << " standard time.\n";

        //set members to invalid values
        dinnerTime.hour = 29;
        dinnerTime.minute = 73;

        cout << "\nTime with invalid values: ";
        printMilitary(dinnerTime);
        cout << endl;
        return 0;
}

//以 24 小时制形式打印时间
void printMilitary(const Time & t)
{
        cout << (t.hour < 10 ? "0" : "") << t.hour << ":"
            << (t.minute < 10 ? "0" : "") << t.minute;
}

//以标准形式打印时间
void printStandard(const Time &t)
{
        cout << ((t.hour == 0 || t.hour == 12) ? 12 : t.hour % 12)
            << ":" << (t.minute < 10 ? "0" : "") << t.minute
            << ":" << (t.second < 10 ? "0" : "") << t.second
            << (t.hour < 12 ? " AM" : " PM");
}
```

程序运行输出结果：

Dinner will be held at 18:30 military time,

which is 6:30:00 PM standard time.

Time with invalid values: 29:73

例 5 定义一个学生结构数组，初始化该数组，并以学生成绩升序的次序输出该结构数组各元素的值。

```cpp
#include <iostream>
#include <iomanip>
using namespace std;

struct Student
{
    char name[20];
    long int numb;
    int score;
    char sex[5];
};

Student stu[3] = {{"li    wei",13051001,95,"boy"},
                  {"Guo yan hui",13051003,79,"boy"},
                  {"Wang hong",13051002,82,"girl"}};

void sort(Student stu[], int n)        //用选择算法进行排序
{
    int k;
    Student temp1;
    for(int i=0;i<n-1;i++)
    {
        k=i;
        for(int j=i+1;j<n;j++)
        {
            if(stu[j].score<stu[k].score)    k=j;
        }
        temp1=stu[k];
        stu[k]=stu[i];
        stu[i]=temp1;
    }
}
```

```
void print(Student stu[], int n)              //打印输出结构各元素的值
{
    for(int ii=0;ii<n;ii++)
    {
        cout <<left<<setw(15)<<stu[ii].name<<left<<setw(12)<<stu[ii].numb;
        cout <<left<<setw(6)<<stu[ii].score<<left<<setw(6)<<stu[ii].sex <<endl;
    }
}

int main()
{
    cout<<"Unordered stu members are: "<<endl;
    print(stu,3);
    cout<<endl;
    sort(stu, 3);
    cout<<"Ordered stu members are: "<<endl;
    print(stu,3);
    return 0;
}
```

程序运行输出结果：

Unordered stu members are:

li　wei	13051001	95	boy
Guo yan hui	13051003	79	boy
Wang hong	13051002	82	girl

Ordered stu members are:

Guo yan hui	13051003	79	boy
Wang hong	13051002	82	girl
li　wei	13051001	95	boy

小　　结

　　所谓指针，即变量的内存地址，指针类型的变量只能存放所指的特定类型变量的地址。一些实用、灵活的 C/C++程序往往离不开指针类型。

　　数组是一个具有相同类型的、元素个数固定的集合，它是 C++支持的另一种用户自定义类型(构造类型)。当需要对同类数据进行组织与操作时，数组类型是一种最佳的数据结构。

　　指针和数组有着天然的联系。一个数组名代表着存储该数组元素的起始地址。在对数组元素进行存取与遍历时，既可以采用指针形式，亦可以采用数组的方式进行。两种方式

虽形式不同，但其效果是等价的。

结构类型是另一种 C++支持的构造类型，它是对一类具有多个不同(亦可相同)属性事物的描述与抽象。不同成员类型的结构类型相当于用成员名作为索引的"异质数组"。

数组和结构这两种构造类型除了整体成员的赋值外，对其类型量的操作都只能针对其成员进行。

C++引入了另一种常量定义方法，即用 const 约束某一对象，使之成为一个常量。常见的自定义常量候选者是：定义数据结构时使用的边界量；有统一涵义的、表示状态的函数返回值(如成功代码、出错代码等)；指针类型的函数形参。C++的常量定义方法较 C 语言的常量定义方法(宏)更安全、可靠。有效的常量定义对于书写正确、具有较高的维护性与可读性的代码起着非常重要的作用。

C++引用类型的实质是为一个对象起"别名"。因此，定义引用类型的量时一定要对其进行初始化；另外对引用变量一定要"追根溯源"，以明确其内涵。

void* 类型是一种特殊的指针类型，它为实现函数接口的通用性与功能的灵活性提供了便利的定义机制支持，但在使用 void*时要求我们有更强的抽象能力，以免滥用、误用。

练习题

1．写出以下定义声明，并对每个声明进行初始化。

(1) 一个字符指针变量；

(2) 一个元素为 10 个整数的一维数组；

(3) 一个整型变量的引用；

(4) 一个字符串指针；

(5) 一个浮点型常量；

(6) 一个指向常量字符串的常量指针；

(7) 一个指向返回类型为 int，参数为空的函数指针。

2．从键盘读入一系列单词，使用 quit 作为输入的结束单词。按照读入的顺序打印出这些单词，但同一个单词不要打印两次。另外，对单词进行排序后输出。

3．定义一个学生结构数组，输入其值，并以学号从小到大的顺序依次输出各学生的信息。

4．将一字符串字面值赋给一个字符数组，用指针操作遍历该字符串，统计输出其中元音及辅音字母的个数。

5．用引用实现二字符串的交换程序。

6．将键盘输入的若干个单词放入一个指针数组中，对它实现以下操作：

(1) 查找某个单词；

(2) 修改某个单词；

(3) 删除某个单词；

(4) 复制某个单词；

(5) 排序这些单词并打印输出。

第6章　函　　数

本章要点:

- 函数的基本概念及定义;
- 函数的参数传递规则;
- 函数的返回值;
- 函数名的重载;
- 缺省的函数参数值;
- 递归函数;
- 参数数目可变的函数;
- 函数指针。

　　函数(Function)是支持面向过程程序设计范型最主要的机制。与函数相关的主要问题是函数的参数传递、函数的返回值和函数的调用规则等。

　　从函数的内涵讲: 函数是具有一定功能的一段代码的封装与抽象(Abstract)。在阐述函数的各种问题细节之前, 让我们首先思考这样一个问题: 为什么要定义和使用函数?

　　如果一段程序代码的功能是相对完整的, 而这段代码在程序的多个地方都可以用到(即使有一些细节上的差别), 就有理由考虑将这段代码抽象成一个函数, 用不同参数(实参)来调用这个函数以体现上述差别。

　　这样做的意义不仅在于减少了程序代码的重复, 还在于对程序进行了功能上的划分, 便于代码的编制、理解和保持一致。

　　程序设计语言的发明与发展史, 实际上亦是人们抽象程度不断提高、发展的历史。计算机发明的早期, 当函数这个概念与机制还没有诞生时, 各种程序即使它们之间存在着许多共性, 也几乎谈不到更无法进行任何重用(Reuse)。20 世纪 60 年代产生的 Fortran 语言第一次引入了函数的概念。在程序中引入函数(有的语言称为过程或子程序(Procedure))是软件技术发展历史上最重要的里程碑之一。它标志着软件模块化与软件重用的真正开始, Fortran 语言也因其贡献而永远载入程序设计语言发展的史册!

　　下面, 我们举例说明函数的功用。假设在一程序某处出现了下述一段代码:

```
int   i, j;
bool swaped = false;
//...
if (k>j)
```

```
    {
        int k = i;
        i = j;
        j = k;
        swaped = true;
    }
    //...
```

在同一程序的另一处出现了这样一段代码：

```
int   ii, jj, kk;
//...
if (ii>jj)
{
    kk = ii;
    ii = jj;
    jj = kk;
}
//...
```

注意两段程序中的阴影部分，它们的代码形式虽然不同，但功能却是一样的，即完成两个整型量的交换。完成该功能的代码在程序中不止一次被用到(虽然存在着细微的差别)，为了减少代码的编写量，亦为了程序的可重用性等，我们有必要将其抽象为一个函数：

```
bool swap(int* p, int* q)
{
    if (*p > *q) {
        int   t = *p;
        *p = *q;
        *q = t;
        return true;
    }
    return false;
}
```

有了这样的函数 swap，程序中原来的两段代码就可分别简写为

```
int   i, j;
bool swaped;
//...
swaped = swap(&i, &j);     //对函数 swap 的调用
//...
```

和

```
int   ii, jj, kk;
//...
swap(&ii, &jj);               //对函数 swap 的调用并丢弃返回值
```

//...

从上述实例可看出，定义并实现的 swap 函数不仅使代码更加简洁，而且 swap 可被重用于其它需要相同功能的程序中。

6.1　函数的声明

一个函数的首部(函数体左花括号之前的东西)包括函数的返回类型、函数名及函数的参数表列，统称为函数的接口或界面，它表征了调用该函数所需的信息。函数声明分为函数的(接口/原型)声明与函数的定义声明两部分。

6.1.1　函数接口/原型声明

在函数接口的声明(以下简称为函数声明)中，必须给出函数的返回类型(如果有的话)、函数名，以及调用这个函数时所必须提供的参数的个数和类型(常称为参数表列)。

注意：在函数声明中，可不给出函数参数(常称为形参，Formal Arguments)的具体名字，因为编译器会忽略掉它，但为了程序的可读性，建议在函数声明时最好给出各参数确切的、有意义的参数名。例如下面一些语句：

```
Elem* next_elem();
char* strcpy(char* to, const char* from);
void exit(int);
```

都是函数声明语句。

6.1.2　函数的定义

一个函数调用就是跳转到函数的代码处而执行之。因此，在程序中调用的每个函数都必须在某个地方定义(且仅能定义一次)。一个函数定义即给出了函数体(以一对花括号为界)的函数声明。例如：

```
bool swap(int* p, int* q);          //函数的接口/原型声明
bool swap(int* p, int* q);          //函数的定义
{
    if (*p > *q) {
        int    t = *p;
        *p = *q;
        *q = t;
        return true;
    }
    return false;
}
```

由于 C++ 对任何用户标识符(函数名亦属于用户标识符)采用"先使用，后核实"的原则，故一个函数若使用在前，定义在后，则在调用该函数前，必须对此函数进行(接口/原型)声

明，且其声明必须与它所引用的函数定义的接口/原型完全相同(形参名可不同)。

为了提高函数调用的效率，C++引入了另一种函数定义，即**内联函数**(inline)。inline 是一个信号，它告诉编译器在编译时将对该在线函数的调用"在线化"，即将该在线函数的调用语句自动置换为该在线函数代码。因此，在执行函数调用时，就免去了函数调用中跳转、压栈与后续的弹栈动作，从而提高了函数调用的效率。

注意：inline 描述符并不影响函数本身的语义。若需定义一个在线函数，仅需在函数定义中的函数返回类型前加关键字 inline 即可。例如：

```
inline int fac(int n)
{
return (n<2)?1:n*fac(n-1);
}
```

即定义了一个在线函数。

6.2　函数的参数传递

用函数调用所给出的**实参**(实际参数，Actual Argument)向函数定义给出的**形参**(形式参数，Formal Argument)设置初始值的过程称为**参数传递**(Argument Passing)。

函数调用时，形参被分配空间，并以相应的实参对形参进行初始化(此过程称为虚实结合或参数传递)。(注意：形参是一个局部于该函数的局部变量，在程序线程执行到此函数调用时，形参才被分配空间。)实参向形参传递的语义与变量/常量初始化的语义相同。在虚实结合过程中，编译器将对实参和形参在个数、次序及类型上做相对应的匹配检查，并进行必要的隐式类型转换。例如：

```
void    f(int val, int& ref)   //函数定义
{
   val++;
   ref++;
}


void g()
{
   int    i = 1;
   int    j = 1;
   f(i, j);        //正确! 虚实结合等价于 int val=i, int& ref=j
   f(2, i);        //正确! 虚实结合等价于 int val=2, int& ref=i
   f(1, 2);        //错误! 虚实结合等价于 int val=1, int& ref=2
}
```

根据形参类型的类别，参数传递可分为以下两类：**值调用**(Call by Value)和**引用调用**(Call by Reference)。

　　所谓值调用，即实参向形参传递的是实参的值；而对于引用调用，实参向形参传递的是实参的引用。在 C++ 中，除了定义成引用类型的形参外，其它类型的形参都对应着值调用。

　　在函数内对值调用的形参的值所进行的修改，不会影响调用方的实参变量；函数中对引用调用的形参的值所进行的修改，会影响调用方的实参变量。例如：

```
void   f(int val, int& ref)            //int val 为值调用, int& ref 为引用调用
{
    val++;                             //形参 val 值的变化与实参无关
    ref++;                             //对形参 ref 的变量值的修改实际就是对实参的修改
}


void g()
{
    int    i = 1;
    int    j = 1;
    f(i,j);                            //调用后, i=1, j=2
    f(i,j);                            //调用后, i=1, j=3
}
```

　　用值调用方式的指针类型形参，可以用参数带回修改后的值，即指针类型的形参在调用时形式上为一值调用，但其内涵是一个引用调用。例如：

```
void   f(int* val, int& ref)           //int* val 为值调用, int& ref 为引用调用
{
    (*val)++;
    ref++;
}


void g()
{
    int    i = 1;
    int    j = 1;
    f(&i,j);                           //调用后, i=2, j=2
    f(&i,j);                           //调用后, i=3, j=3
}
```

　　当形参的类型为数组类型，虚实结合时，数组的首地址将被传递给形参，即此时参数的类型将从 T[]类型转换为 T*类型。例如：

```
int strlen(const char* p);             //C 标准库函数 strlen 的原型声明
void sort(int a[ ], int length );      //用户自定义的排序函数原型声明
void   f()
{
```

```
char v[] ="an array";
int    i = strlen(v);
//虚实结合等价于 const char* p = (char*)&v[0];
int    j = strlen("Nicholas");
/*  虚实结合等价于
    const char* temp = "Nicholas";
const char* p = (char*)&temp[0];
*/
sort(v,strlen(v));                 //等价于 a=v，数组的整体赋初值
}
```

若在调用函数时，不允许在函数体内修改形参的值，如上例所示，应将形参以 const
约束。

6.3　函数的返回值

当一个函数声明其返回类型为非 void 时，函数应返回一个值；相反，当返回类型声明
为 void 类型时，函数应不返回值。

函数的返回值由函数体中的 return 语句实现。在一个函数体内可有多个 return 语句，
但每一次函数调用应保证只有一个 return 语句被执行。利用 "return;" 语句亦可实现函数不
返回值的功能。

函数返回的语义和参数传递的语义类似，它等同于以 return 语句中的表达式向一个未
命名的(匿名的)、一个函数返回类型的变量赋初值。在函数返回时会检查返回语句表达式的
类型与函数的返回类型是否匹配，并自动进行两者必要的类型转换。

正如前面曾提到的那样：形参和函数内定义的变量均属于局部变量或自动(Automatic)
变量。它们的作用域为定义于它的函数，变量的生命期(局部的 static 变量除外)为此函数的
一次调用。因此，一个指向局部变量的指针或引用永远亦不应该从函数中返回，尽管 C++
的语法对此并无限制。例如：

```
int* fp()
{
    int local=1;
    //…
    return &local;            //语义错误! 当函数执行完时，local 空间释放
}

int& fp()
{
    int local=1;
    //…
```

```
    return local;                    //语义错误! 当函数执行完时，local 空间释放
}
```

上述代码中的两个 return 语句虽无语法错误，但语义是错误的。由于 local 是一个局部变量，当函数体执行完时，系统释放其所分配的内存空间，因此，将无法返回其指针或引用。正确的做法是：将 local 定义为一个 static 类型的局部变量。由于一个局部的 static 类型的变量其生命期为程序的一次运行，作用域为定义于它的块或函数，故当函数体执行完时，它仍然存在，所以可返回其地址或引用。

在一个返回值类型为 void 的函数中，可无 return 语句，或出现没有返回值的 return 语句，或出现调用另一个返回值类型为 void 函数的 return 语句。例如：

```
void    g(int* p);              //返回类型为 void 的函数
void    h(int* p)
{
    if (*p > 0)
        return;                 //无返回值的空 return 语句
    return g(p);                //对 g 的调用等价于一个空 retuen 语句
}
```

6.4　函数名的过载/重载

6.4.1　函数名过载/重载的基本概念

通常，我们应该为不同的函数起不同的函数名，以明确表示它们完成的功能。但当某些函数概念上是完成同样的任务(即具有相同的功能)，只是其操作对象(指形参)的类型不同时，那么，为这些函数起一个共同的名字可能更方便于使用。

用同一个名字表示对不同类型对象的操作被称为(名字)重载/过载(Overloading)。实际上，名字重载的概念我们早已接触过。例如，符号(Notation) "+" 根据其所处的上下文，既可以表示两个整型量加，亦可以表示两个浮点型量的加或其它类型量的加，等等。

一组具有重载/过载的函数名(Overloaded Function Names)的函数(简称过载/重载函数)，是指它们在同一区域内有相同的函数名、不同的参数表(参数数目不同，或类型不同，或顺序不同)。但是，仅仅是返回值类型不同的两个过载/重载函数，编译程序不按过载/重载函数对待，而按重复定义了两个函数进行报错处理。例如，我们可定义如下过载函数：

```
int     add(int x, int y);
float   add(float x, float y);
double add(double x, double y);
    ⋮
```

6.4.2　重载函数的匹配规则

如果程序中出现了一组重载的函数，则编译器在进行静态绑定时，根据重载函数参数

表的内容进行唯一的匹配绑定(即静态确定函数调用与函数定义代码的匹配)。

重载函数静态绑定时，按以下原则进行：

(1) 准确匹配，即形参和实参个数、次序相同，类型无须任何转换或者只需做平凡转换(例如数组[]到 char*、函数名到函数指针、T 到 const T 等)的匹配。

(2) 提升的匹配，即形参和实参个数、次序相同，但类型需要提升转换(如 bool 到 int、short 到 int 以及 short 到 unsigned int、float 到 double 等)。

(3) 利用标准转换的匹配，例如 int 到 double、double 到 int、double 到 long double、子类到父类(详见第二部分的内容)、T*到 void*、int 到 unsigned int 等。

(4) 用户自定义的类型转换，详见第二部分的内容。

(5) 函数声明中的省略号(...)的匹配。

例如对一组重载的函数：

```
void print(int);
void print(const char*);
void print(double);
void print(long);
void print(char);

void    h(char c, int i, short s, float f)
{
    print(c);            //准确匹配, 调用 print(char)
    print(i);            //准确匹配, 调用 print(int)
    print(s);            //提升匹配, 调用 print(int)
    print(f);            //提升匹配, 调用 print(double)
    print('a');          //准确匹配, 调用 print(char)
    print("student");    //准确匹配, 调用 print(const char*)
}
```

在函数调用的匹配时，若出现了两个或两个以上可能的匹配，则该函数调用被认为存在歧义性而遭拒绝，此时编译器报错。例如：

```
void print(float);
void print(double);
void print(long);

void    f()
{
    print(1L);           //正确! 匹配 print(long)
    print(1.0);          //正确! 匹配 print(double)
    print(1);            //存在歧义性! 上述三个 print 函数都可匹配
}
```

对于一个函数，定义声明的重载版本过少(或过多)都有可能导致歧义性。例如：

```
//过多的重载函数版本定义
void f1(char);
void f1(long);

void f2(char*);
void f2(int*);

void k(int i)
{
    f1(i);        //存在歧义性! 匹配 f1(char)或 f1(long)?
    f2(0);        //存在歧义性! 匹配 f2(char*)或 f2(int*)?
}
```

对上述问题可采用如下方法进行解决。

(1) 在上述一组重载函数的基础上，再加入一个 inline 重载的函数 f，其定义如下：

```
inline void f2(int n)
{
    f1(long(n));
}                 //此时 f2(0)调用将准确匹配 f2(int n)
```

(2) 将 f2(0)函数调用改为

```
f2(static_cast<int*>(0));   //此时 f2(0)调用将准确匹配 f2(int*)
```

当然，上述办法只是一种就事论事的权宜之计。欲真正避免重载函数的歧义性，编程时，我们应该将函数的重载版本集合作为一个整体来考虑，查看对于函数的语义而言它们是否有意义，从而通过增加或删除重载的函数版本来消除程序中函数重载匹配所产生的歧义性问题。

如果一组重载的函数具有多个参数，函数调用与之匹配时，仍然根据上述匹配规则进行参数的最佳匹配。不过这种情况较之只有一个参数的重载函数的匹配而言，将变得稍复杂一些。对一个函数调用，如果某个参数具有最佳匹配，其它参数的匹配通过提升匹配等又优于其它函数的匹配时，这个函数将被调用；若通过匹配查找，在一组重载的函数中没有这样的函数，则此函数调用被认为具有歧义性而遭拒绝。例如：

```
//一组重载的 pow 函数
int     pow(int, int);
double pow(double, double);
complex pow(double, complex);          //complex 为一用户自定义类型
complex pow(complex,int);
complex pow(complex,double);
complex pow(complex, complex);

void k(complex z)
```

```
{
    int i=pow(2,2);                //匹配 pow(int, int)
    double d1=pow(2.0,2.0);        //匹配 pow(double, double)
    double d2=pow(2.0,2);          //歧义性! pow(int(2.0), 2)或 pow(2.0, double(2))?
    complex z2=pow(2,z);           //匹配 pow(double, complex)
    complex z3=pow(z,2);           //匹配 pow(complex, int)
    complex z4=pow(z,z);           //匹配 pow(complex, complex)
}
```

6.4.3　重载函数与函数的返回类型

在重载函数的解析(指函数调用与重载函数的绑定)时，忽略函数的返回类型(即函数的返回类型不被考虑)，其主要原因是 C++欲保持对重载的解析只针对单独的运算符或函数调用，而与它们所处的上下文环境无关。例如：

```
float    sqrt(float);
double sqrt(double);

void    f(double da, float fla)
{
    float    fl=sqrt(da);          //调用 sqrt(double)
    double d=sqrt(da);             //调用 sqrt(double)
    fl=sqrt(fla);                  //调用 sqrt(float)
    d=sqrt(fla);                   //调用 sqrt(float)
}
```

上述代码片断中，若对 sqrt 函数调用的解析将重载函数的返回类型亦考虑进去，将使得情况变得更加复杂，编译器和运行环境会感到无所适从。

6.4.4　重载与作用域

C++规定：重载函数的作用域只在其"名字空间"内，不同"名字空间"中同名的函数不是重载函数。上述的"名字空间"，其区域范围是比名字空间 namespace 更一般或宽泛意义上的区间，如不同的名字空间，不同的类、类与函数、函数与函数以及函数与全局区间，等等。例如，下面代码中的两个 f 由于处于不同的"名字空间"，所以它们不是重载函数：

```
void f(int);                       //全局 f 函数

void g()
{
    void f(double);                //局部 f 函数原型声明
    f(1);                          //调用 f(double)
}
```

6.5　缺省的函数参数值

通常，一个通用函数(指接口尺寸较宽，可适用于各种不同参数的组合处理)所需要的参数要比一个普通函数(指接口尺寸较窄，只适合于特定参数的处理)所需要的参数要多，例如通用的对象构造函数(Constructor，详见第二部分内容)等。编写通用函数的目的是用更高的抽象进一步表示函数概念，为用户提供更为通用、灵活的函数调用方式。

C++允许在定义函数时声明一些具有缺省值的形参(Default Arguments)。如果在调用时有对应的实参，就与普通的参数传递相同；如果没有给出对应的实参，则将缺省值作为实参传入。

C++语法规定：

(1) 一个函数参数的缺省值只能位于函数参数表的尾部，即缺省值的形参必须位于参数表的后部，而且中间没有插入非缺省值的形参。

(2) 一个具有缺省值的形参在其作用域内不能被重复定义，或者，一经定义后，也不能在后续的代码中对其缺省值进行修改。

我们以下述代码对上述规则做进一步的诠释。

```
int f(int, int=0, char* =0);        //正确!
int g(int=0, int=0, char*);         //错误!缺省值未在尾部
int h(int=0,int, char* =0);         //错误!中间有非缺省值

void f(int x=7);                    //正确!
void f(int =7);                     //错误!缺省值重复定义
void f(int =8);                     //错误!缺省值修改

void g()
{
    void f(int x=9);                //该声明将屏蔽外层 f 的声明
    //正确!因为 f 和外层的 f 不在一个作用域，故可有不同的缺省值
    //...
}

void   print(int value, int base=10);   //通用的打印各进制整数的函数

void   f()
{
    print(31);          //base 采用缺省值 10
    print(31, 10);      //用 10 覆盖 base 的缺省值 10, 表示以十进制打印
    print(31, 16);      //用 16 覆盖 base 的缺省值 10, 表示以十六进制打印
```

　　　print(31, 2);　　　　　　//用 2 覆盖 base 的缺省值 10, 表示以二进制打印
　　}
　　注意：一般而言，函数重载与缺省的参数值这两种机制不宜同时使用，若两者同时使用极易造成二义性(歧义性)。例如，当定义了如下重载函数时：
　　int　　print(int x);　　　　　　　　//重载函数
　　int　　print(int value, int base=10);　//重载函数，并使用缺省的参数值
则调用
　　print(230);　　　　　　　　　　//具有歧义性！调用 print(int)或 print(int,int)?

6.6　递　　归

6.6.1　递归的基本概念

　　有了函数抽象机制后，大多数问题我们可采用严格的、以层次化方式调用函数的形式构造程序(假定程序是按过程化程序设计范型设计的)。但某些问题，却只能用或方便于函数自己调用自己或通过另一个函数间接调用自己的方式解决。

　　一个函数在它的定义中出现了直接或间接地调用自己，这样的函数称为**递归函数**(Recursive Function)。

　　采用递归函数解决问题时，函数将问题分为两个概念性部分：

　　(1) 函数能够处理的部分，称为基本情况；

　　(2) 函数不能处理的部分，称为递归情况。

　　对基本情况的处理，函数调用只是简单地返回一个结果；对不能处理的部分，函数模拟原问题，将问题简化或缩小，启动自己调用自己的最新副本来处理这个较小的问题(原函数调用压栈)，该过程称为递归调用(Recursive Call)或递归步骤(Recursive Step)。递归步骤可能导致更多的递归调用，每一次递归都是将问题一步步地简化缩小，直至递归停止(即达到基本情况)，此时，函数调用识别并处理这个基本情况，并向前一个函数调用(弹出上一层的函数调用)返回结果。以此类推，回溯一系列结果，直至(栈中)最顶层的函数调用能够计算出结果为止。采用递归计算 4!的过程如图 6.1 所示。

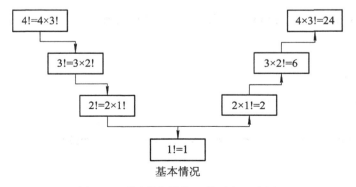

图 6.1　采用递归计算 4!的过程示意图

6.6.2　递归的定义及递归函数的编写模式

递归定义在形式上由两部分组成：

(1) 递归的基本情况，也就是可使递归调用终止的条件，因此不致出现无限递归。

(2) 定义中直接或间接地调用本函数(函数模拟原问题，以简化或缩小原问题)。

我们以计算 n!为例，上述两部分分别为

1! =1　　　　　　　递归的基本情况

n!=n*(n-1)!　　　　自己直接调用自己(以简化和缩小的方式模拟原问题)

递归函数的编写有固定的模式。我们以直接递归为例，其程序框架为

```
if(基本情况)
{
    return  基本情况值;
}
else
{
    return (模拟原问题的)递归调用;
}
```

C 和 C++都是支持递归调用的语言(某些语言不支持递归，如 Fortran 语言等)。应用中很多问题采用递归的方式不仅表达得更自然，而且程序员编写程序的复杂性会降低，所编的程序更易于理解和修改。例如著名的汉诺塔问题、斐波纳契(Fibonacci)数列等问题，采用递归方式将明显大大优于非递归方式。

递归的主要问题是机器的时空开销较大(多层的压栈与弹栈)，但在今天，较程序员的效率和程序的可读性等方面而言此问题已可忽略。

下面我们举例说明递归函数的编写方法。

例 1　使用递归计算 n! (计算 n!的递归公式为 n!=n×(n−1)!)。

```cpp
#include <iostream>
#include <iomanip>
using namespace std;

unsigned long factorial( unsigned long );    //递归函数声明

int main()
{
    for (int i = 0; i <= 10; i++)
    {
        cout << setw(2) << i << "! = "<<factorial(i)<<endl;
    }
    return 0;
}
```

```
// 递归定义函数
unsigned long factorial(unsigned long number)
{
    if (number <= 1)            //基本情况
        return 1;
    else                        //递归情况
        return number * factorial(number−1);
}
```

程序运行输出结果：

```
 0! = 1
 1! = 1
 2! = 2
 3! = 6
 4! = 24
 5! = 120
 6! = 720
 7! = 5040
 8! = 40320
 9! = 362880
10! = 3628800
```

例2　使用递归计算 Fibonacci(斐波纳契数列)0,1,1,2,3,5,8,13,21,…的第 10 项(计算斐波纳契数列第 n 项的递归计算公式为 $f(n)=f(n-1)+f(n-2)$)。

```
# include <iostream>
#include <iomanip>
using namespace std;

long fibonacci(long);

int main()
{
    long result, number;

    cout << "Enter an integer: ";
    cin >> number;
    result = fibonacci( number );
    cout << "Fibonacci(" << number << ") = " << result << endl;
    return 0;
}
```

```
// Fibonacci 数列的递归定义函数
long fibonacci(long n)
{
    if (n == 0 || n == 1)           //基本情况
        return n;
    else                            //递归情况
        return fibonacci(n−1) + fibonacci(n−2);
}
```

程序运行输出结果：

Enter an integer: 10
Fibonacci(10) = 55

6.7   参数数目可变的函数

编写通用函数的另一重要手段是利用 C++提供的可定义参数数目可变的函数这一机制。

对某些函数而言，当它无法确定每次函数调用时所需的参数的个数及其相应的类型时，这样的函数就可定义声明成形参表列具有以省略号(Ellipsis···)结尾形式的函数。省略号的含义为调用时"可能需要更多的参数"。

这类函数最典型的代表就是 C 标准库函数 printf，请看其接口声明：

```
        int printf( const char*, … );
```

因此，下面都是 printf 的合法调用：

```
printf("Hello, world!\n");                          //一个参数
printf("sum(%d, %d) = %d\n", i, j, i+j );           //四个参数
```

在具有四个参数的 printf 函数中，第一个参数为格式串，其中所包含的一些特殊字符称为格式描述符，如%d、%s 等。格式串中的格式描述符使得 printf 能正确地拾取格式串之后的参数个数及其相应的类型并处理之。%s 表示"期待一个 char*型参数"，%d 表示"期待一个 int 型参数"，%f 表示"期待一个 float 型参数"，等等。

对 printf 而言，格式串中的格式描述符可认为是 printf 中的形参表列，格式串之后的参数序列可认为是对应的实参表列。执行 printf 调用所完成的动作是：根据形参表列参数的个数和类型依次进行相应的虚实结合并打印。

因此，上述两个 printf 的调用输出为

"Hello, world! " (回车)
"sum(2, 6) = 8" (回车)   //假定 i=2, j=6

C++规定：

(1) 参数数目可变的函数至少应当有一个确定的形参(char*)，而不能是

        T   f(…);

(2) 这类函数的编写具有固定的模式：

```
#include <cstdarg>

int f(T arg, ...)
{
    va_list ap;                     //定义一个指向格式串的指针变量 ap
    va_start(ap, arg);              //初始化 ap，使 ap 指向格式串
    for (/* <循环条件> */)
    {   //根据 arg 依次解释
        /* 若当前形参类型为 TT：
            TT p = va_arg(ap, TT);
            这时 p 中就得到了对应的实参值
        */
    }
    va_end(arg);                    //释放 ap 等资源
}
```

上述程序模式中的 va_list、va_start 和 va_end 都是<cstdarg>头文件中定义的宏(关于宏的概念详见 C 语言的相关内容)。

下面我们用一实例向读者展示如何编写参数数目可变的函数。

例 3：编写具有 printf 形式的错误处理函数。

```
#include <iostream>
#include <cstdlib>
#include <cstdarg>
#include <cstring>
#include <conio.h>
using namespace std;

int error(const char* format,...)
{
    if(format == NULL)
        return −1;

    int n = 0;
    va_list marker;
    va_start(marker, format);
    for(int i = 0; ; i++)
    {
        char c = format[i];
        if(c == '\0')
            goto end;
```

```cpp
        else if(c == '%')
        {
            i++;
            c = format[i];

            int d,m;
            char* pc;

            switch(c)
            {
            case 's' :
                pc = va_arg(marker, char*);
                if(pc != NULL)
                {
                    for(int j = 0; ; j++)
                    {
                        c = pc[j];
                        if(c == '\0')
                            break;
                        putch(c);
                        n++;
                    }
                }
                else            //如果对于%s 的实参是空串，将打印输出(null)
                {
                    cout<<"(null)"<<endl;
                    n += 6;
                }
                break;
            case 'c' :
                c = va_arg(marker, char);
                putch(c);
                n++;
                break;
            case 'd' :
                d = va_arg(marker, int);
                char buf[32];
                buf[31] = '\0';
                itoa(d, buf, 10);
```

```
                    m = (int)strlen(buf);
                    for(int j = 0; j < m; j++)
                        putch(buf[j]);
                    n += m;
                    break;
                default :
                    putch('%');
                    putch(c);
                    c += 2;
                    break;
                }
            }
            else
            {
                putch(c);
                n++;
            }
        }
end:
    va_end(marker);
    return n;
}

int main()
{
    int n;
    n = error("test");
    cout<<"\t"<<n<<endl;
    n = error("Strin%c", 'g');
    cout<<"\t"<<n<<endl;
    n = error("S%s", "tudent");
    cout<<"\t"<<n<<endl;
    n = error("%d%c%c%d%s", 2, '0','0', 6 ," year");
    cout<<"\t"<<n<<endl;
    return 0;
}
```

程序运行输出结果：

```
test         4
String       6
```

```
Student        7
2006 year      9
```

编写参数数目可变的函数时，应注意以下两点：

(1) 对于参数数目可变的函数而言，由于编译器在编译时无法知道其形参与实参的确切信息(这些信息只有在运行时才能知道)，因此，下面的代码语法上是合法的：

printf("My name is %s %s", 2);　　　//实参个数和类型均与形参不吻合

(2) 一个设计良好的程序，只有在极少的情况下才使用这种参数个数、类型未完全刻画好的函数(针对编译器而言)。因此，参数数目可变的函数是一把"双刃剑"，用不好程序将自受其害。

6.8　函 数 指 针

函数指针的概念、定义及基本使用方法我们在第 5 章作了简要介绍。函数指针与函数有着密不可分的关系，因此我们进一步讨论函数指针的相关问题。

函数名即为函数的指针(即存放函数代码的首地址)。函数指针变量可用以存放某类函数的地址。

对一个函数而言，我们对它只能施加两种操作：取地址和调用。

程序运行过程中，每个函数的可执行代码都被存储在指定的、地址不同的存储区(代码段)中。C++允许用下面的操作取出指定函数的起始地址(称为入口地址)：

&函数名　或　函数名

如果将函数入口地址取出后，赋给对应类型(函数指针类型)的变量，那么这样的变量就称为函数指针变量。

通过函数指针只能调用函数指针所指定的特定类型的函数。

函数指针的用途主要是支持在不需要(或不能够)知道函数名称的情况下，以间接调用的方式来调用函数。例如，Windows 对用户命令的处理函数就是以函数指针的方式进行的(Windows 响应用户命令时，并不知道其相应的命令处理函数名，只知道其函数名与菜单项的相对偏移量)。

采用函数指针 fp 调用函数时，其调用形式为

(*fp)(实参表列)　　　　　　　　//fp 为指向函数的指针

或　fp(实参表列)

Windows 对用户命令(选择菜单项目)进行响应的示意代码如下：

typedef int (*FP)(char*);　　　//函数指针类型 FP

```
//对应菜单项目的各命令处理函数
int     f(char* p);
int     g(char* p);
int     h(char* p);
```

```
const int invalid_fp =-1;        //非法的函数调用标志
// 利用函数指针构成这一类函数的跳转表
const int table_size = 3;
FP     jump_talbe[ ] = { &f, &g, &h };


int   driver(int id, char* arg)   //对用户所选取的菜单项进行处理的函数
{
    if (id >= 0 && id < table_size)
        return jump_table[id](arg);
    return invalid_fp;
}
```

采用函数指针变量的实质就是用数据表示控制(即利用函数指针(数据)，使得每一次函数调用具有不同的结果)，以供程序员编写通用的处理程序。本章 6.9 节将给出解决第 5 章求若干积分问题的程序代码。

6.9 综 合 示 例

本节我们给出一些综合示例，以说明本章所讲述的一些基本概念及相应机制的使用方法。

例 4 编写一函数，该函数能将一整数分别以二进制、八进制、十进制和十六进制的形式输出(注：二进制以原码的形式输出)。

```
#include<iostream>
using namespace std;


const int MAX=255;
void print(const int value, int base=10)
{
    int a[MAX];
    int count=0;
    int temp_value=value;
    if(value<0)
    {
        temp_value=-value;
    }
    if(value<0 && base==2)
    {
        cout<<'1';
    }
    if(value<0 && base!=2)
```

```
        {
            cout<<'-';
        }
        while(temp_value)
        {
            a[count]=temp_value%base;
            temp_value=temp_value/base;
            count++;
        }

        switch(base)
        {
        case 2:
            if(value<0)
            {
                cout<<'1';
            }
            break;
        case 8:    cout<<'0';break;
        case 10:   break;
        case 16:   cout<<"0x";break;
        default:
            cout<<"The base is error!"<<endl;
            goto end;
        }
        for(int i=count-1;i>=0;i--)
        {
            switch(a[i])
            {
            case 10:cout<<"a";break;
            case 11:cout<<"b";break;
            case 12:cout<<"c";break;
            case 13:cout<<"d";break;
            case 14:cout<<"e";break;
            case 15:cout<<"f";break;
            default:cout<<a[i];
            }
        }
        cout<<endl;
    end: ;
```

```cpp
    }

//测试函数
void main(){
    int x;
    char c;
    while(1)
    {
        cout<<"The number is: ";
        cin>>x;
        cout<<x<<endl;

        cout<<"The decimal number is: ";
        print(x);
        cout<<"The decimal number is: ";
        print(x,10);
        cout<<"The hexadecimal number is: ";
        print(x,16);
        cout<<"The octal number is: ";
        print(x,8);
        cout<<"The binary number is: ";
        print(x,2);
        cout<<endl;

        cout<<"Will you continue y/n? ";
        cin>>c;
        if(c=='y')
        {
            continue;
        }
        if(c=='n')
        {
            break;
        }
        if(c!='y'&& c!='n')
        {
            break;
        }
    }
}
```

程序运行输入输出结果：

The number is: 345

345

The decimal number is: 345

The decimal number is: 345

The hexadecimal number is: 0x159

The octal number is: 0531

The binary number is: 101011001

Will you continue y/n? y

The number is: −345

−345

The decimal number is: −345

The decimal number is: −345

The hexadecimal number is: −0x159

The octal number is: −0531

The binary number is: 11101011001

Will you continue y/n? n

例 5　利用函数过载机制实现浮点数和字符串的排序与打印输出。

```cpp
#include<iostream>
#include <cstring>
using namespace std;


//选择排序，对 double 数组中的元素进行排序
void sort(double array[], int n)
{
    double temp=0;
    for(int i=0;i<n−1;i++)
    {
        int k=i;
        for(int j=i+1; j<n; j++)
        {
            if(array[j]<array[k])    k=j;
        }
        temp=array[k];
        array[k]=array[i];
        array[i]=temp;
    }
}
```

```cpp
//选择排序，对 array 数组中所指的字符串进行排序
void sort(char* array[], int n)
{
    char* temp=0;
    for(int i=0;i<n-1; i++)
    {
        int k=i;
        for(int j=i+1; j<n; j++)
        {
            if(strcmp(array[j],array[k])>0)    k=j;
        }
        temp=array[k];
        array[k]=array[i];
        array[i]=temp;
    }
}

void print(double number[], int n)        //打印输出 number 数组中的元素
{
    for(int i=0;i<n;i++)
    {
        cout<<number[i]<<' ';
    }
    cout<<endl;
}

void print(char* number[], int n)        //打印输出 number 数组中的元素
{
    for(int i=0;i<n;i++)
    {
        cout<<number[i]<<' ';
    }
    cout<<endl;
}

int main()                        //测试函数
{
    double d[4]={12.3,-5.4,-99.2,34.78};
    char* s[4]={"Teacher","Student","Worker","Other"};
```

```
        cout<<"Unsort: "<<endl;
        print(d,4);
        cout<<"Sorted: "<<endl;
        sort(d,4);
        print(d,4);
        cout<<endl;

        cout<<"Unsort: "<<endl;
        print(s,4);
        sort(s,4);
        cout<<"Sorted: "<<endl;
        print(s,4);
        cout<<endl;
}
```

程序运行输出结果：

Unsort:

12.3 −5.4 −99.2 34.78

Sorted:

−99.2 −5.4 12.3 34.78

Unsort:

Teacher Student Worker Other

Sorted:

Worker Teacher Student Other

例6　编写一通用积分计算(采用梯形法)函数，使之能计算如下函数的积分：

$$y1 = \int_0^1 (1 + x^2)\,dx$$

$$y2 = \int_0^2 (1 + x + x^2 + x^3)\,dx$$

$$y3 = \int_0^{3.5} \left(\frac{x}{1 + x^2} \right) dx$$

```
#include <iostream>
using namespace std;

//积分计算函数，a、b 为积分上、下限，n 为积分计算步长，pf 为被积函数指针
double integral(double a, double b, int n, double (*pf)(double x))
{
        double d,s;
```

```
        d=(b-a)/n;
        s=((*pf)(a)+(*pf)(b))/2;
        for(int i=1;i<n;i++)
        {
            s=s+(*pf)(a+d*i);
        }
        return s*d;
}

double y1(double x)                 //被积函数 y1 的定义
{
        return (1+x*x);
}

double y2(double x)                 //被积函数 y2 的定义
{
        return (1+x+x*x+x*x*x);
}

double y3(double x)                 //被积函数 y3 的定义
{
        return (x/(1+x*x));
}

int main()                          //测试函数
{
        int n;                      //积分步数
        double (*pf)(double);       //指向被积函数的函数指针变量
        cout<<"Please enter the steps n= ";
        cin>>n;
        cout<<endl;

        cout<<"y1= "<<integral(0,1,n,y1)<<endl;
        cout<<"y2= "<<integral(0,2,n,y2)<<endl;
        cout<<"y3= "<<integral(0,3.5,n,y3)<<endl;
}
```

程序运行输出结果：

Please enter the steps n= 1000

y1= 1.33333

y2= 10.6667

y3= 1.292

函数是支持面向过程程序设计最重要的机制。下面我们给出一小型应用程序的分析、设计与实现过程，以此进一步向读者阐述和展示面向过程的程序设计方法。

例 7　一个简单桌面计算器的设计与实现。

说明：

(1) 小型桌面计算器的功能。桌面计算器实际上是一个小型的某种语言(语言的文法描述见下述内容)的编译器，它能完成：

① 从标准输入设备读入一个(数值计算)表达式，计算它的值后从标准输出设备输出；读入的可以是一个赋值语句：左端是一个符号名，右端是表达式。

② 表达式中可以有四则运算符、括号、整数/实数值、已经赋值的符号名和预定义的符号常量(pi 和 e)，也可以只有单个的整数/实数值。

③ 若发现输入内容与文法不符或将导致非法计算，则从标准输出设备输出出错提示，并计算出错次数。

(2) 程序中关键的数据结构。

```
enum Token_value { NAME, NUMBER, END, PLUS = '+', MINUS = '-', MUL = '*',
                   DIV = '/',PRINT = ';', ASSIGN = '=', LP = '(', RP = ')', };
```

其中，Token_value 为枚举类型，枚举了该语言中的各种终结符标记(token)值。

(3) 语言的文法。语言的文法以递归的方式进行定义，其中终结符(Terminal Symbols)以黑色粗体/大写字符标识。

```
program:
    END
    expr_list END
expr_list:
    expression PRINT
    expression PRINT expr_list
expression:
    expression + term
    expression – term
    term
term:
    term / primary
    term * primary
    primary
primary:
    NUMBER
    NAME
    NAME = expression
```

－primary

(expression)

(4) 程序中的全局变量及其功能。程序中共定义了 5 个全局变量：

Token_value	curr_tok = PRINT;
double	number_value;
string	string_value;
map<string, double>	table;
int	no_of_errors;

① curr_tok：在 get_token 中设置，在 expr、term、prim 中的 switch 中使用。它表示的是当前读入的标记的类别，用来控制分类别的求值及其他处理。

② number_value：在 get_token 中设置，在 prim 中使用。它表示的是当前读入的数值字面值。

③ string_value：在 get_token 中设置，在 prim 中使用。它表示的是当前读入的符号名，用来在 table 中查找对应的数值。

④ table：在 prim 中设置，在 prim 中使用。它表示的是已经读入的符号名与对应数值，符号名可以增加，对应数值通过引用类型隐含地赋值。

⑤ no_of_errors：在 error 中设置，在 main 中使用。它表示的是已经发生的错误数量。

(5) 小型桌面计算器的程序结构图。桌面计算器采用递归下降子程序的方法实现。该计算器主要由以下四部分组成：语法分析器(Parser)、一个输入函数(Input Function)、一个符号表(Symbol Table)和一个程序驱动程序(Driver)。

① 语法分析器：完成语言的语法分析。对于上述语言而言，语法分析器以递归下降的方法，对语言的每个产生器用一个函数实现(如 expr 函数实现表达式 Expression、term 函数实现项 Term、prim 函数实现因子 Primary)。

② 输入函数：由程序中的 get_token 函数实现，它完成程序的输入和词法分析。

③ 符号表：由程序中 map 类型的 table 实现，用以保存程序中的用户标识符的名-值对。

④ 驱动器：由 main 函数完成，将程序的各部分组织在一起，以完成桌面计算器的任务。

程序结构图如图 6.2 所示。

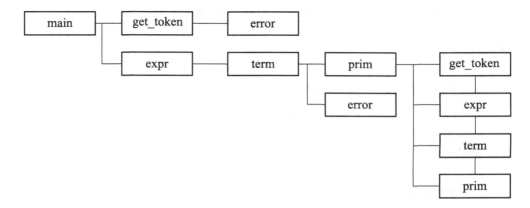

图 6.2　小型桌面计算器的程序结构图

注意：程序结构中存在着直接递归(如 prim 调用 prim)与间接递归(如 expr 调用 prim)调用。

(6) 源程序清单。

```cpp
#include<iostream>
#include<string>
#include<map>
#include<cctype>
using namespace std;

map<string, double> table;

enum Token_value                //枚举类型，枚举了语言中所有的终结符
{
    NAME,      NUMBER,   END,
    PLUS = '+', MINUS = '-', MUL = '*', DIV = '/',
    PRINT = ';', ASSIGN = '=', LP = '(', RP = ')',
};
Token_value curr_tok = PRINT;   //当前读入的 token 值，以 PRINT 置初值

double number_value;            //存储读入的数字
string string_value;            //存储读入的字符串(标识符)
int no_of_errors                //程序出错的个数

double error(const string&);    //出错处理函数
Token_value get_token();        //输入函数
double prim(bool);              //计算 primary 函数
double term(bool);              //计算 term 函数
double expr(bool);              //计算 expression 函数

int main()
{
    table["pi"] = 3.1415926535897932385;
    table["e"] = 2.7182818284590452354;

    while(cin)
    {
        get_token();
        if(curr_tok == END)
            break;
```

```
            if(curr_tok == PRINT)
                   continue;
            cout << expr(false) << endl;
      }
      return no_of_errors;
}

double error(const string& s)            //出错处理函数
{
      no_of_errors++;                    //如果出错，计算器加 1
      cerr<<"error: "<<s<<endl;
      return 1;
}

Token_value get_token()                  //进行输入及词法分析
{
      char ch = 0;
      cin>>ch;
      switch(ch)
      {
      case 0:
            return curr_tok = END;
      case ';':
      case '*':
      case '/':
      case '+':
      case '-':
      case '=':
      case '(':
      case ')':
            return curr_tok = Token_value(ch);
      case '0':    case '1': case '2': case '3': case '4':
      case '5': case '6': case '7': case '8':    case '9':
      case '.':
            cin.putback(ch);
            cin>>number_value;
            return curr_tok = NUMBER;
      default:
            if(isalpha(ch))
```

```cpp
            {
                string_value=ch;
                while(cin.get(ch)&&isalnum(ch))
                    string_value.push_back(ch);
                cin.putback(ch);
                return curr_tok = NAME;
            }
        error("bad token");
        return curr_tok = PRINT;
    }
}

double prim(bool get)            //对语言的终结符进行识别与处理
{
    if(get)
        get_token();
    switch(curr_tok)
    {
    case NUMBER:
        {
            double v = number_value;
            get_token();
            return v;
        }
    case NAME:
        {
            double &v = table[string_value];
            if(get_token() == ASSIGN)
                v = expr(true);
            return v;
        }
    case MINUS:
            return −prim(true);
    case LP:
        {
            double e = expr(true);
            if(curr_tok != RP)
                return error(" ) expected");
            get_token();
```

```
                return e;
            }
        default:
            return error("primary expected");
        }
}


//对 term 进行处理，并规定 * 和 / 运算的优先级高于 + 和 −运算
double term(bool get)
{
    double left = prim(get);
    for( ; ; )
        switch(curr_tok)
        {
        case MUL:
            left *= prim(true);
            break;
        case DIV:
            if(double d = prim(true))
            {
                left /= d;
                break;
            }
            return error("divide by 0");
        default:
            return left;
        }
}


//对 expr 进行处理，并规定 + 和 − 运算的优先级低于*和/运算
double expr(bool get)
{
    double left = term(get);
    for( ; ; )
        switch(curr_tok)
        {
        case PLUS:
            left += term(true);
            break;
```

```
        case MINUS:
            left -= term(true);
            break;
        default:
            return left;
        }
    }
```

小　结

　　本章我们详细讲述了 C++ 支持面向过程程序设计范型所提供的主要语言机制：函数。

　　编程时，当一段代码的功能相对完整，在程序中我们又需要多次使用它时，则应将这段代码抽象成函数。函数的抽象，不仅使程序更加清晰，而且它可重用于其它软件项目中。

　　函数即是一段具有特定功能的代码的抽象。与函数相关的主要问题是函数的参数传递与函数的返回值规则。两者在语义上与变量/常量的初始化规则相同，关键点还在于类型。

　　在 C++ 中，由于参数的类型不同，其参数传递可分为两类：值传递和引用传递。当形参的类型为非引用类型时，实参向形参传递的是值，在函数体内形参的改变不会影响实参；当形参的类型为引用类型时，实参向形参传递的是实参本身，函数体中对形参的改变即是对实参的改变。特别需要注意的是：某些参数传递形式上是值传递，但内涵却是引用传递，例如指针、数组等。与之相应，当函数的返回类型为非引用类型时，返回的是 return 语句中表达式的值；若为引用类型，则返回的是表达式的左值。

　　C++ 为程序员编写灵活、高效的程序提供了若干手段。它们是递归、函数重载、函数参数的缺省值、void*类型的形参、指向函数的指针，等等。采用这些机制，需要我们具有更高的抽象能力和程序表现能力。

练习题

　　1．从键盘输入 10 个浮点数，编写计算求其和及平均值的函数。

　　2．采用递归方式，编写将一输入字符串逆序输出的函数。

　　3．编写一个与 C 标准库 printf 函数功能相同的自己的 My_printf 函数。

　　4．采用函数过载机制，编写能进行两个整数、浮点数的相加及两个字符串连接的一组过载函数。

　　5．采用函数参数缺省值机制，编写能分别打印输出十进制(默认)、八进制和十六进制数的函数。

第 7 章　名字空间与异常处理

本章要点：

- 模块与接口的基本概念；
- Namespace(名字空间)；
- Using 声明语句与 Using 指令；
- 异常处理的基本概念。

7.1　模块与接口的基本概念

任何一个设计、构造良好的实用程序均是由若干模块(Module)/构件(Component)组成的，即使它是一个相对简单的程序。这意味着：

(1) 可以将程序划分成一组部件。

(2) 程序模块的划分可以从多个角度来进行：一是按自己写的程序与它所调用的系统支撑功能(如标准库函数或类库)来划分；二是将自己写的程序本身按某种原则(例如按功能)来进行划分，等等。

程序划分是有目的的。将程序划分成模块，不仅能使其程序结构更加清晰，而且其模块更易于被替换与重用。

C++的名字空间(Namespace)和异常处理机制(Exception Handing)就是支持程序模块化组织的强有力机制。

本章我们首先以小型桌面计算器为例，来具体阐述 C++用于支持模块化程序设计范型的主要机制——名字空间及相关问题。

逻辑上，我们可将小型桌面计算器按功能划分为以下五大模块。

(1) 语法分析器(Parser)：完成语言的语法分析；

(2) 词法分析器(Lexer)：完成语言的词法分析；

(3) 符号表(Symbol Table)：存储用户标识符的名-值对；

(4) 驱动程序(Driver)：main 函数；

(5) 错误处理器(Error Handler)：进行程序的错误处理。

其中，语法分析器、词法分析器和符号表是该程序的三大核心部件。

程序中各模块之间的划分及模块间的相互关系如图 7.1 和图 7.2 所示。图中的箭头表示模块之间的调用关系。

通过前面的学习我们已经知道，仅需了解一个函数接口的具体定义，而无需了解函数的具体实现，我们就能够很好地使用函数。

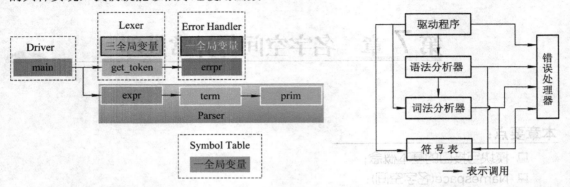

图 7.1　桌面计算器的程序逻辑划分　　　　　　图 7.2　桌面计算器的模块关系图

类似地，即使程序的一个部件是由多个函数组成的，或者其中既有自定义类型也有全局变量、还有函数，我们都可以这样来设想：如果这样的部件也像函数那样有一个起包装作用的接口，也同样可以只需要了解接口而不需要了解实现，就能够很好地使用它，这正是信息隐藏原理的实质与宗旨。

以此理念，图 7.2 中程序各模块之间调用的依赖关系我们可用图 7.3 描述。

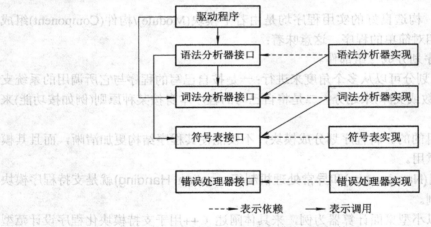

图 7.3　程序各模块调用依赖图

图 7.3 中各个模块均调用错误处理模块，考虑图的清晰性，各模块对错误处理模块接口的调用我们暂未画出。

从图 7.3 可看出，各模块调用时直接依赖的仅仅是所调用模块的接口，而与其调用的实现无关。

确切地说，若程序中的一个部件具有明确的边界，能够实现接口与实现的分离，并对它的用户而言在使用时只需关心其接口而不管其实现，该部件就叫做**模块**(Module)。

实现模块的接口与实现的分离，需要程序设计语言提供相应的支持机制。C++提供的支持机制是 Namespace 和 Class。

模块用接口隐蔽了其中的数据和函数的处理细节(这也称做封装，Encapsulation)，使得模块可以在保持接口不变的前提下，可改变其数据结构和函数的处理细节。

7.2　名 字 空 间

7.2.1　名字空间的基本概念

C++中的名字空间(Namespace)是一种表现逻辑聚集关系的机制。换句话说，如果一些声明(定义声明与非定义声明)在逻辑上都与某个划分准则有关，就可以把这些声明放入一个共同的名字空间中，以表现这一事实。

同一名字空间中的声明在概念上属于同一个逻辑实体。由于程序中的模块就属于这种逻辑实体，因而我们可用 C++的名字空间来封装模块，将程序进行模块化组织。

C++的名字空间的语法形式为

namespace　名字空间名

{

　　　//逻辑相关的数据、函数、类或其它等

}　　//注意：无 ";" 号

参照图 7.1 和第 6 章桌面计算器的代码，若以模块化的组织形式重构桌面计算器，则其语法分析(parser)模块为

namespace Parser

{

　　double expr(bool); // 非定义声明

　　double prim(bool get) { /* …*/ }

　　double term(bool get) { /* …*/ }

　　double expr(bool get) { /* …*/ }

} // 包含了 3 个成员(members)

词法分析模块(Lexer)为

namespace Lexer

{

　enum Token_value

　{

　　　NAME, NUMBER,

　　　END,

　　　PLUS = '+', MINUS = '–',

　　　MUL = '*', DIV = '/',

　　　PRINT = '; ', ASSIGN = '=',

　　　LP = ' (', RP = ') '

　};

　Token_value curr_tok;

　double number_value;

```
        double string_value;

        Token_value get_token() { /* ...*/ }
    } //包含了一个类型和其他 4 个成员
    :
```

上面，我们仅仅是把一些逻辑相关的部分组织到一个名字空间中(模块)，并未实现模块接口与其实现的分离。如何实现这种接口与实现的分离呢？关键是在其模块实现部分中出现的成员被该名字空间的名字所约束(Qualified)，这样的约束通过约束符(Qualifier ::，C++的作用域解析符)来表示。以桌面计算器的 Parser 模块为例，进行界面/接口与实现分离的程序代码如下：

```
    namespace Parser              //Parser的接口。只需给出各成员的接口
    {
        double prim(bool);
        double term(bool);
        double expr(bool);
    }

    //Parser中各成员的实现
    double Parser::prim(bool get)    //注意::的使用
    { /* ...*/ }
    double Parser::term(bool get)
    { /* ...*/ }
    double Parser::expr(bool get)
    { /* ...*/ }
```

从上述代码可看出，接口与实现分离的要点是在每个模块接口中仅需非定义声明其中成员的接口部分，其模块成员的实现(如数据、类的定义、函数的定义等)均应以

```
    名字空间名:: 成员
    {
     //...
    }
```

的形式进行名字空间外的定义声明。C++语法规定，利用此形式只能进行名字空间内成员的定义声明，而不能利用此语法新定义声明一个名字空间成员。

7.2.2　名字空间中的名字解析

名字空间既是一个封装体，也是一种作用域。一个名字空间中的名字(符号名)只能在其所定义的名字空间中可见、可用。

名字空间的另一主要用途是将不同的符号名组织到不同的名字空间中，以避免名字冲突。

　　名字冲突在大型软件的开发过程中是一个突出问题。为了避免这个问题，在 C++软件开发过程中，我们应有效地利用名字空间机制对软件中的名字进行有效的组织与管理。例如，开发中，我们可将自己的代码组织到一个命名的名字空间中，以避免和系统类库、其他程序员编制的程序中的名字发生冲突。

　　下面是两个名字空间的定义：

```
namespace mfc
{
    int inflag;
    //...
}

namespace owl
{
    int inflag;
    //...
}
```

　　在以上两个名字空间 mfc 和 owl 中，虽然都有同名的变量名 inflag，但由于它们属于不同的名字空间，因此不产生名字冲突。

　　在另一个名字空间中解析其他名字空间的名字，可采取

　　名字空间名::名字

的方式进行。例如：

```
mfc::inflag=3;              //mfc 中的 inflag
owl::inflag=−256;          //owl 中的 infalg
```

　　当一个应用程序中有多个模块(或名字空间)时，由于各个 namespace 之间经常会出现互相使用对方成员的情况，如果每次使用就需用名字空间名进行约束，将会导致程序书写既繁琐又容易出错。例如，在 Parser 模块的 term 实现中，就用了一系列的名字解析(约束)：

```
double Parser::term(bool get)          //term的名字约束
{
    double left = prim(get);
    for (;;)
    switch ( Lexer::curr_tok )          //curr_tok的名字约束
    {
        case Lexer::MUL:                //MUL的名字约束
        left *= prim(true);
        // …
    }
    // …
}
```

为了避免这种繁琐易错的名字解析，C++提供了几种"有限的统一"约束机制。

1. using 声明语句

语法：using 名字空间名::名字;

语义：将某一名字空间中的名字引入(Introduce)到一个局部范围内，使其名字在该范围内无需名字空间的约束便可见、可用。

例如，在 Parser 模块中，由于使用了若干 using 声明语句，则在其 namespace 中我们就可直接采用其他 namespace 的名字。示例代码如下：

```cpp
double Parser::prim(bool get)
{
    using Lexer::get_token;      //using声明语句
    using Lexer::curr_tok;       //using声明语句
    using Error::error;          //using声明语句

    if (get) get_token();
    switch (curr_tok)            //curr_tok不用约束直接可见
    {
    case Lexer::NUMBER:
        { get_token();           //get_token不用约束直接可见
          return Lexer::number_value;
        }
    case Lexer::NAME:
        { double& v = table[Lexer::string_value];
          if (get_token() == Lexer::ASSIGN) v = expr(true);
          return v;
        }
    case Lexer::MINUS:                    //一元减
        return -prim(true);
    case LP:
        { double e = expr(true);
          if (curr_tok != Lexer::RP)
    {
        return error(") expected");      //error不用约束直接可见
    }
        get_token();    //吃掉")"
        return e;
        }
    // ...
    }
}
```

需要注意的是，若 using 声明语句处于某一 namespace 的界面/接口中，则其 using 声明语句有效于(作用于)该 namespace 的所有实现。例如，若我们在 Parser 名字空间中采用了如下所示的 using 声明语句：

```
namespace Parser
{
    double prim(bool);
    double term(bool);
    double expr(bool);
    using Lexer::get_token;      //using声明语句
    using Lexer::curr_tok;       //using声明语句
    using Error::error;          //using声明语句
}
```

则在 parser 模块中的所有实现(prim、term 和 expr)中，get_token、curr_tok 和 error 无需名字空间名约束便直接可见。我们还是以上述的 prim 实现为例：

```
double Parser::prim(bool get)
{
    if (get) get_token();        //直接使用get_token
    switch (curr_tok) {          //直接使用curr_tok
    case Lexer::NUMBER:
        { get_token();
          return Lexer::number_value;
        }
    case Lexer::NAME:
        { double& v = table[Lexer::string_value];
          if (get_token() == Lexer::ASSIGN) v = expr(true);
          return v;
        }
    case Lexer::MINUS:           //一元减
        return -prim(true);
    case LP:
        { double e = expr(true);
          if (curr_tok != Lexer::RP) return error(") expected");   //直接使用error
          get_token();   //吃掉")"
          return e;
        }
    // ...
    }
}
```

我们可看出，在上述代码中所出现的其他 namespace 中的名字一律无需约束(解析)，便能直接采用。

2. using 指令语句

语法：using namespace 名字空间名;

语义：将特定名字空间中的所有名字引入到一作用域内。

我们已在前面各章节的示例程序中，多处见到了 using namespace std;语句。该语句的功用即将系统 std 名字空间的所有名字引入(展现)到程序中。

值得注意的是，在一个 namespace 接口中使用 using 指令语句，其作用域为其 namespace 的所有实现中；若 using 指令语句用于某一个 namespace 的实现中，则其作用域为该实现内。若我们在 namespace 的 Parser 中采用了如下 using 指令语句：

```cpp
namespace Parser {
    double prim(bool);
    double term(bool);
    double expr(bool);
    using namespace Lexer;          //using指令语句
    using namespace Error;          //using指令语句
}
```

仍以 Parser::prim 为例，则在 prim 中出现的所有 Lexer、Error 模块中的名字均无需其名字空间名的约束而直接呈现(显露)给 prim。请看其代码：

```cpp
double Parser::prim(bool get)
{
    if (get) get_token();
    switch (curr_tok) {
        case NUMBER:
            { get_token();
                return number_value;
            }
        case NAME:
            { double& v = table[string_value];
                if (get_token() == ASSIGN) v = expr(true);
                return v;
            }
        case MINUS:          //一元减
            return -prim(true);
        case LP:
            { double e = expr(true);
                if (curr_tok != RP) return error(") expected");
                get_token();   //吃掉")"
                return e;
```

```
        }
      // ...
    }
}
```

实际应用中，是采用 using 声明语句只将声明的名字引入另一区域，还是用 using 指令语句将其名字空间中的所有名字引入到另一区域，应具体情况具体分析。

需要切记的是：C++中的 namespace 是一个范围。采用 namespace，我们可以对程序进行逻辑上的组织与划分，程序越大，namespace 的功能将愈强。

理想情况下，一个名字空间应该具有以下特性：

(1) 是一个描述了具有逻辑统一性特征的相关成员的集合；

(2) 实现了接口与实现的分离，对用户隐藏了 namespace 中的细节；

(3) 采用恰当的 using 声明语句或 using 指令语句,让用户免去任何明显的名字描述负担。

7.2.3 模块的多重接口

采用 C++的名字空间机制，我们可将程序以模块化的形式组织起来。每一个模块应向调用者只暴露接口，而隐藏其实现。

一个模块通常有不同类别的用户。对不同的用户而言，一个模块应向他们提供不同的接口。例如，某模块的开发者能够涉及模块的全部成员，而这个模块的普通用户则只应当涉及对应于对外功能的那些成员。因此，如果能够为不同的用户提供不同的接口，则该程序既友好又容易控制。

又由于面向开发者的接口变动的可能性通常会比面向普通用户的接口更大，从这个意义上来讲，为他们提供不同的接口，有利于隔离内部变动对外界的影响。因此，软件开发中，一个模块应为不同的用户提供不同的模块接口。

我们仍以桌面计算器为例来说明此问题。参看 7.1 节的图 7.1，对于 Parser 模块而言，面对开发者，我们应提供该模块内所有成员的接口，而对于 Driver 模块而言，则只需提供 Parser 模块中的 expr 函数的接口即可，因 Driver 只需看到 expr 的接口。

C++语法上允许为一个名字空间定义多个同空间名的接口。例如，对桌面计算器的 Parser 模块而言，为 Driver 可定义如下接口：

```
namespace Parser
{
    double expr(bool);
}
```

对 Parser 的实现者(开发者)而言，亦可定义如下同空间名的接口：

```
namespace Parser
{
    double prim(bool);
    double term(bool);
    double expr(bool);
```

```
    using Lexer::get_token;        //using声明语句
    using Lexer::curr_tok;         //using声明语句
    using Error::error;            //using声明语句
}
```

但实际的软件开发中，若需要一个模块向外提供多个接口，最好的实现方法是为每一个接口起一个 namespace 名，实际上采用这种实现方法，可以减少不必要的依赖和名字冲突。因此，就上述问题而言，为 Driver 和 Parser 的开发者所提供的两个接口定义分别如下：

```
    namespace Parser_interface        //Driver的接口
    {
      double expr(bool);
    }

    double Parser_interface::expr(bool get)        //Driver接口的实现
    {
      return Parser::expr(get);               //注意：expr采用同一实现
    }

    namespace Parser                  //Parser开发者接口
    {
      double prim(bool);
      double term(bool);
      double expr(bool);
      using Lexer::get_token;        //using声明语句
      using Lexer::curr_tok;         //using声明语句
      using Error::error;            //using声明语句
    }
```

C++的名字空间机制还有一些相对复杂、高级的用法，在此我们不作赘述，有兴趣的读者可参阅 C++标准和相关书籍。

7.3　异常处理

对于一个实用的程序而言，没有错误处理是不可能的。实际的(大型)程序是由许多人在不同的时间内开发出来的，许多出错处理任务并不一定能在(或者不应当在)发现出错的地方完成。例如：

```
int grandchild(int i)
{
    // …
    if (出错了)
```

```
        return error_no;          //不知如何处理，返回错误号
    }
    int son(int i)
    {
        // ...
        if (出错了)
            return error_no;      //不知如何处理，返回错误号
        if ((int e = grandchild(i)))
        {
        //...
        }
        else                      //调用时出错
        {
            return e;             //处理不了，上交
        }
    }

    int father(int i)
    {
        // ...
        if ((int e = son(i)))     //调用正确
        {
        //...
        }
        else                      //调用时出错，注意：son 调用 grandchild
        {
                                  //要判明是哪一级出的错才能处理
        }
        // ...
    }
```

上述函数调用中多处出现了函数出错后对其错误不知如何(或不能够)处理的问题。

一个欠缺良好结构的程序(有时也可能是由于没有语言支持机制造成的)，对其错误通常采用判断语句(如 C++中的 if 和 switch 语句)进行判断与处理。这种判断处理方式带来两个问题：

(1) 大量的错误处理代码与程序的功能代码交织在一起，这不仅造成了程序结构的混乱，而且往往错误处理代码远大于程序的功能代码。这使程序不仅很难进行正确的错误处理，而且程序更难以维护与修改。

(2) 对于某些错误而言，程序不知如何处理或不能够处理，因而对此类错误只能丢弃，这又往往使程序的可靠性大大下降，甚至在某些极端的情况下，程序退化成不可用。

欲正确处理一个错误, 亦称其为异常处理(Exception Handling), 需要明确知道如下两类信息:

(1) 错误发生的地点, 何种类型的错误。

(2) 怎样处理错误, 在何处处理错误。

因此, 出错处理任务应当被分解成两部分: 错误处理与错误的报告。

(1) 在某处(更一般地说是在某一模块)若发现错误(该错误可能是本模块中的错误, 亦可能是来自其它模块中的错误), 能处理, 则进行处理。

(2) 不能处理, 则应设置出错报告的条件, 当满足条件时进行报告, 以提供必要的信息, 供可能进行错误处理的模块进行错误处理。

C++用 try-catch 块进行异常处理, 用 throw 语句进行错误的报告。

由于 C++异常处理涉及类和类的层次等概念, 故 C++的详细异常处理机制我们放在第二部分第 13 章讲述。下面我们仅给出一进行异常处理的程序示例。

```cpp
struct Range_error                  //范围错误的类型定义
{
   int   i;
   Range_error(int ii) { i = ii; }
};

char to_char(int i)                 //功能: 将参数提供的整数 i 转换成字符
{
   if (i < muneric_limits<char>::min() ||      //字符范围的合法性判断
        i > muneric_limits<char>::max() )
      throw Range_error(i);
   // 出现了异常, 报告之, 若"有人 catch"则跳出, 否则立刻终止运行
   return i;
}

void    g(int i)
{
   try { //在此期间若出现异常, 由下面的 catch 处理
   char c = to_char(i);              //异常时从 to_char 跳出, 由调用方处理
   // ...
   }
   //当"有人 throw"给 Range_error 时, 激活该异常处理
catch (Range_error) {
   cerr <<"oops\n";
   }
}
```

7.4　综 合 示 例

C++的名字空间和异常处理机制是支持模块化程序设计范型最重要的机制。一个设计良好的软件，必是由若干模块(按某种原则进行划分)组成的，且其界面稳定、清晰。下面我们将第 6 章的桌面计算器以模块化进行重构，以此向读者展示模块化程序设计范型的内涵。

我们将小型桌面计算器按其功能进行模块划分，如图 7.1 所示。

例 1：小型桌面计算器的设计与实现。

```cpp
#include <iostream>
#include <string>
#include <map>
#include <cctype>
using namespace std;

map<string,double> table;          //符号表

namespace Lexer                    //词法分析模块
{
        enum Token_value {
            NAME, NUMBER, END, PLUS='+', MINUS='-', MUL='*', DIV='/',
            PRINT=';', ASSIGN='=', LP='(', RP=')'
    };          //枚举类型，枚举语言中的终结符

        Token_value curr_tok=PRINT;
        double number_value;
        string string_value;
        Token_value get_token();
}

namespace Error          //错误处理模块
{
    struct Zero_divide{};
    struct Syntax_error
    {
        const char* p;
        Syntax_error(const char* q)
        {p=q;}
```

```
        };
    }

    namespace Parser{       //语法分析模块
            double expr(bool get);
            double term(bool get);
            double prim(bool get);
        using namespace Lexer;
        using namespace Error;
    }

    namespace Driver{       //驱动模块
        int no_of_errors;
        std::istream* input;
        void skip();
    }

    Lexer::Token_value Lexer::get_token()    //Lexer 模块的 get_token 实现
    {
        char ch;
        cin>>ch;
        switch(ch){
        case '# ':
            return curr_tok=END;
        case '; ':
        case '*':
        case '/':
        case '+':
        case '-':
        case ' (':
        case ')':
        case '=':
            return curr_tok=Token_value(ch);
        case '0':
        case '1':
        case '2':
        case '3':
        case '4':
        case '5':
```

```
                case '6':
                case '7':
                case '8':
                case '9':
                case '. ':
                    cin.putback(ch);
                    cin>>number_value;
                    return curr_tok=NUMBER;
                default:
                    if(isalpha(ch)){
                        cin.putback(ch);
                        cin>>string_value;
                        return curr_tok=NAME;
                    }
                    throw Error::Syntax_error("bad token");
                    return curr_tok=PRINT;
            }
    }


double Parser::expr(bool get)    //Parser 模块的 expr 实现
{
    using namespace Lexer;
    double left=term(get);
    for(;;)
        switch(curr_tok)
        {
        case PLUS:
            left+=term(true);
            break;
        case MINUS:
            left-=term(true);
            break;
        default:
            return left;
        }
}


double Parser::term(bool get)    //Parser 模块的 term 实现
{
```

```cpp
    using namespace Lexer;
    double left=prim(get);
    for(;;)
        switch(curr_tok)
    {
    case MUL:
        left*=prim(true);
        break;
    case DIV:
        if(double d=prim(true))
        {
            left/=d;
            break;
        }
        throw Error::Zero_divide();
    default :
        return left;
    }
}

double Parser::prim(bool get)   //Parser 模块的 prim 实现
{
    using namespace Lexer;
    if(get) get_token();
    switch(curr_tok)
    {
    case NUMBER:
        {
        double v=number_value;
        get_token();
        return v;
        }
    case NAME:
        {
            double& v=table[string_value];
            if(get_token()==ASSIGN) v=expr(true);
            return v;
        }
    case MINUS:
```

```
                return −prim(true);
        case LP:
            {
                    double e=expr(true);
                    if(curr_tok!=RP)    throw Error::Syntax_error(")expected");
                    get_token();
                    return e;
            }
        case END:
            return 1;
        default:
            throw Error::Syntax_error("primary expected");
    }
}


void Driver::skip()        //Driver 模块的 skip 实现
{
    no_of_errors++;
    while(*input)
    {
        char ch;
        input->get(ch);
        switch(ch)
        {
            case '\n':
            case ';':
                    return ;
        }
    }
}


int main(int argc,char* argv[])
{
    cout<<"      -------欢迎使用桌面计算器------      "<<endl;
    cout<<"注意: 1. 如果输入了一个以字母开头的标识符";
    cout<<"请在标识符的后面加上一个空格，否则程序将会出错"<<endl;
    cout<<"      2. 若输入了一个表达式，切记在后面加上；号"<<endl;
    cout<<"      3. 若想退出程序，请输入#"<<endl;
```

```
Driver::input=&cin;

table["pi"]=3.1415926535897932385;    //符号表赋初值
table["e"]=2.7182818284590452354;

while(*Driver::input)
{
    try
    {
        Lexer::get_token();
        if(Lexer::curr_tok==Lexer::END) break;
        if(Lexer::curr_tok==Lexer::PRINT)     continue;
        cout<<Parser::expr(false)<<endl;
    }
    catch(Error::Zero_divide)
    {
        cerr<<"attempt to divide by zero"<<endl;
        if(Lexer::curr_tok!=Lexer::PRINT)
            Driver::skip();
    }
    catch(Error::Syntax_error e)
    {
        cerr<<"syntax error:"<<e.p<<endl;
        if(Lexer::curr_tok!=Lexer::PRINT)
            Driver::skip();
    }
}

if(Driver::input!=&std::cin)    delete Driver::input;

    cout<<"------谢谢使用！------"<<endl;
return Driver::no_of_errors;
}
```

小　　结

　　本章讲述了 C++用于避免名字冲突和支持模块化程序设计范型的名字空间及结构化错误处理机制。

一个 Namespace 是一个逻辑聚集的范围区间。程序中我们应将逻辑上属于一组的实体(如数据、类、函数等)进行组织并放入到同一 namespace 中。当用 namespace 机制进行程序的模块化组织时，可通过作用域解析符：：进行模块接口与实现的分离，并通过 using 声明语句或 using 指令语句解析各名字空间中的名字。

进行错误(异常)处理是每一个实用程序所必需的。C++为我们提供了结构化的异常处理机制以供程序员进行程序的异常处理。C++结构化异常处理的核心思想就是将错误的处理(采用 try-catch 块)与错误的报告(采用 throw 语句)分离开来。编程中，注意采用这种结构化的错误处理方法以使得程序更加清晰。

练习题

1. 简述 using 声明语句与 using 指令语句的区别。
2. 采用模块化及结构化异常处理机制进行小型桌面计算器的设计与实现。
3. 将堆栈封装成一模块，并对其进行调试与测试。
4. 将队列封装成一模块，并对其进行调试与测试。

第 8 章　源文件和程序

本章要点：

- 程序源文件的分别编译；
- 程序的链接；
- 使用头文件的作用与意义；
- 主程序和命令行参数；
- 程序的结构、初始化和终止。

在详细讲述本章的内容之前，让我们首先看一下一个 C++源程序的处理过程，以此了解程序编译、处理过程中的一些基本概念及术语。

一个 C++源程序的处理过程如图 8.1 所示，步骤如下：

(1) 当用户将一个 C++源程序(C++源程序的后缀名为 .cpp，假定某一源文件名为 myprog.cpp)提交给编译器(Compiler，假定环境为 VC 6.0)时，编译器首先对 C++源程序进行预处理(Preprocess)，即将程序中的#include 指令中的头文件内容全部包含进该源文件中。经预处理后得到的结果(文件名为 myprog.i)称为编译单元(Translation Unit)。每个编译单元才是编译器将要真正施加编译和 C++的各种语法规则所能作用之处。每个编译单元文件是一个临时文件，它只对编译器可见。

(2) 编译器对所产生的编译单元进行编译，产生目标文件(myprog.obj)。

(3) 链接器(Linker，有时亦称为装载器 Loder)将目标文件及源程序所需的库资源(如库中的类)进行链接。

(4) 产生源文件的可执行文件(myprog.exe)。

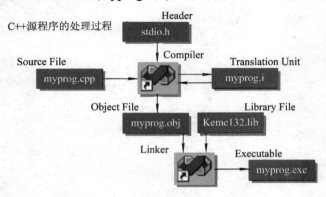

图 8.1　C++源程序的处理过程

如果一个程序由多个源文件构成，则链接器的作用除了链接库外，还将多个分别编译的源文件绑定/链接在一起，并对其中的各种定义(如变量、类、函数等定义)做一致性检查。

链接分为静态链接和动态链接两种。静态链接指在程序运行前便完成了链接任务；动态链接指程序运行时可链接一些新的东西，如动态链接库 DLL 文件等。

8.1　分别编译

在文件系统中，一个文件既是存储的基本单元，亦是传统的编译单元，但将一个实用的 C++源程序存储在一个文件中通常是不可能的。一个实用的程序往往由多个源文件构成。这是因为：

(1) 实用的程序一般需要多个程序员分工合作开发，多个人同时对同一个源程序文件进行编辑是不实际的且易于造成版本的混乱。

(2) 实用程序应利用多个源程序文件(程序的物理结构(Physical Structure))来强调程序的逻辑结构(Logical Structure)。

(3) 编译程序的基本处理单元是源程序文件，其编译开销(即所需的编译时间和所占用的内存空间)与源程序文件的大小相关。因此，为了节省编译开销，常常需要将程序组织成多个源文件。

(4) 对于有一定规模的程序,应当尽量避免小范围的修改引起大范围的重新编译。因此,将程序以多个源文件进行组织可避免此问题。

因此，我们应将一个实用的 C++源程序划分成多个源文件，并分别实施编译。然而，对一个源程序各文件实施分别编译是有条件的，即：

(1) 编译程序应具有分别编译的能力。

(2) 在该源程序各文件中出现的任何符号名，程序员都在程序中给出了定义声明、非定义声明或者声明的来源。

如下段代码 main 函数对 printf 和 prompt 的引用都应预先声明后才能正确进行编译：

```
extern "C" int printf( const char*, ... );    //对 C 库函数 printf 的声明
char* prompt = "Hello world!\n";           //对 prompt 的定义声明

int main ()
{
    printf(prompt);
    return 0;
}
```

8.2　链　　接

8.2.1　链接与一致性的基本概念

所谓链接，即将 C++程序的各个源文件绑定在一起，并进行程序中各源文件的一致性

检查。

若一个 C++程序由多个源文件构成，又各自进行了分别编译，则链接器在链接它们时将对各源文件中声明(定义声明或非定义声明)的每一个标识符(函数名、类名、名字空间名、变量名、模板名、枚举类型名、枚举符等)做跨越整个 C++程序各文件编译单元的一致性检查，除非它们被显式地描述为是局部的。

因此，为了进行一个 C++程序各编译单元的成功链接，程序员的任务是：

(1) 保证在各编译单元中使用的标识符都进行了声明。

(2) 各编译单元的声明(定义声明和非定义声明)具有一致性。

(3) 上述标识符保证在各编译单元中仅定义声明了一次，在各编译单元中可非定义声明多次，但各编译单元中的声明必须保证类型的完全一致。

如果一个名字可以用在并非其定义的编译单元中，则称该名字具有**外部链接(External Linkage)**性，即该名字的作用域在定义的编译单元和其它的编译单元中。与之相反，若一个名字仅能用于它所定义的编译单元中，则称该名字具有**内部链接(Internal Linkage)**性。

具有内部链接性的名字有：

◆ 由 const 和 typedef 所定义的名字；

◆ 未命名的名字空间；

◆ static 变量名；

◆ inline 函数名。

即上述类别的名字具有局部性(局部于特定编译单元)。

若一个源程序由多个文件组成，各文件又进行了分别编译，在链接时保证其各编译单元中所有声明的一致性的具体含义是：

(1) 在不同的编译单元中出现的同一全局名字，其定义声明和非定义声明要有一致的类型。

(2) 在不同的编译单元中出现的同一全局变量或函数，在且仅在一个编译单元中有定义，其它编译单元均应做 "extern" 声明。

例 1　一个源程序由 file1 和 file2 构成，若在 file1 中定义声明了变量名 x 和函数名 f：

file1.cpp:

```
int    x = 1;
int    f() { /* ... */ }
```

则在 file2 中，我们必须对 x 和 f 做非定义声明：

file2.cpp:

```
extern int    x;
extern int    f();
```

例 2　一个源程序由 file3 和 file4 构成，若在两文件中做了以下声明(定义声明或非定义声明)：

file3.cpp:

```
int    x = 1;          //定义声明
int    b = 1;          //定义声明
extern int c;          //非定义声明
```

file4.cpp:

int　x;	//定义声明
extern double b;	//非定义声明
extern int c;	//非定义声明

则程序链接时将报错如下：

① x 在两个编译单元中定义声明了两次；

② b 在定义声明和非定义声明中的类型不一致；

③ c 只有非定义声明而没有定义声明。

(3) 在不同的编译单元中出现的同一自定义类型是一致的。

例 3　下述 C++程序的两个源文件(file1 和 file2)中所声明的两个自定义类型不一致。

```cpp
//file1.cpp
struct type_a                        //有两个成员
{
    int w, h;
};
enum keyword {ASM, AUTO, BREAK};     //有三个枚举符

//file2.cpp
struct type_a                        //有三个成员
{
    int w, h;
    char n[10];
};
enum keyword {ASM, AUTO=3, BREAK, CASE};     //有四个枚举符
```

保证各编译单元自定义类型一致的有效办法是使得每一个类型仅在一个源文件中定义。通常采用头文件(Header Files)机制以实现这一目标，即将各种自定义类型写入到特定的头文件中，然后再利用#include 指令将其包含到使用该自定义类型的各文件中。

8.2.2　头文件

头文件(Header)是一种特殊的文件，它是共享性信息的承载体，以便在不同的物理程序文件之间维护某种一致性的关系(具体示例见后续内容)。

头文件分为两类：标准库头文件和用户自定义头文件。

标准库头文件是标准库提供的一组头文件，标准库的功能亦由这一组标准头文件给出。如 C 标准库头文件 math.h、stdio.h(与之对应的 C++标准头文件是 cmath 和 cstdio)等。

用户自定义头文件就是用户自己定义的头文件，其中用户存放了一些供一个 C++程序各源文件共享的信息等。

8.2.3　#include 指令

#include 指令是一条预处理指令，该指令由运行环境中的预处理器进行识别与处理。
#include 指令具有以下两种形式：

#include <头文件名>

#include "头文件名"

这两种形式的功能是一样的：用查找到的头文件的一份副本取代这条预处理指令，即把查找到的指定的头文件内容包含到源文件中。两者的唯一差别是查找头文件的路径不同。前者在系统指定的路径下查找；而后者首先在该源文件所在的路径下查找，若找不到，则再到系统路径下查找。

因此，我们应采用第一种形式来包含系统标准库头文件，而用第二种形式来包含用户自定义的头文件(假定用户头文件和其源文件放在同一目录下)。

8.2.4　用户头文件内容的设计

从上述的讲述中知，对一个实用的、具有一定规模的程序而言，我们应将其逻辑划分成若干个源文件，并将各源文件中共享的信息存放到一个或多个头文件中，以确保分别编译和正确链接。

例如，为了确保 8.2.1 小节例 3 中文件 file1 和 file2 中自定义类型的一致性，我们应将file1 和 file2 文件中所用到的自定义类型的定义存储在某个自定义头文件中(假设为myheader1.h)，然后在 file1 和 file2 中分别包含它们。示例代码如下：

```
//myheader1.h
struct type_a
{
   int w, h;
   char n[10];
};
enum keyword {ASM, AUTO=3, BREAK, CASE};


//file1.cpp
#include "myheader1.h"
//...


//file2.cpp
#include "myheader1.h"
//...
```

如上所述，为了保证正确链接，必须遵循 8.2.1 节所陈述的各种原则，因此，作为首要原则，我们在设计一个头文件时(库头文件/用户自定义头文件)，其中只应包含表 8.1 所示的内容，只有这样，才能保证在头文件中声明的实体在跨各编译单元中仅定义了一次，并且其定义声明和非定义声明的同一实体的类型保证一致。

表 8.1　头文件中应包括的内容

实　体	示　例　说　明
命名的名字空间	namespace N { /* ... */ }
类型定义	struct Point { int x, y; };
模板声明	template<class T> class Z;
模板定义	template<calss T> class V { /* ... */ };
函数声明	extern int strlen(const char*);
在线函数定义	inline char get(char* p) { return *p++; }
变量声明	extern int a;
常量定义	const float PI = 3.141593;
枚举类型定义	enum Color { red, yellow, green };
类名声明	class Matrix;
#include 指令	#include <algorithm>
宏定义	#define VERSION 12
条件编译指令	#ifdef　_cplusplus
注释	//check for end of file

永远不能将表 8.2 所示的内容放入到头文件中。

表 8.2　不能放入到头文件中的对象

实　体	示　例　说　明
一般的函数定义	char get(char* p) { return *p++; }
变量定义	int a;
聚集类型的定义	short Tbl[ ] = { 1, 2, 3 };
未命名的名字空间	namespace { /* ... */ }
可导出的模板定义	export template<class T> f(T t){/* ... */}

特别重要的是，在各编译单元中一定要保证一次定义原则(One-Definition Rule, ODR)。ODR 的准确含义是：

(1) 每个实体在各编译单元中仅定义了一次；

(2) 每个实体在不同的编译单元中被定义了多次，但它们是单词对单词(token-token)的完全相同；它们所指的是同一实体且含义相同。

因此，下述代码片断中的定义就符合一次定义原则：

```
//file1.cpp
struct S {int a; char b;};
void f(*S);

//file2.cpp
struct S {int a; char b;};
```

```
    void f(*S p) { /* ...*/ };              //编译器忽略形参参数名
```
而下述代码片断中的定义就不符合一次定义原则：

例 4
```
//file1.cpp
struct S1 {int a; char b;};


//file2.c
struct S1 {int a; char bb;};            //两个 S1 非 token-token 一致
```
例 5
```
//file1.cpp
typedef int X;                          //X 是 int 的别名
struct S2 {X a; char b;};


//file2.cpp
typedef char X;                         //X 是 char 的别名
struct S2 {X a; char b;};               //两个 S2 成员的类型不一致
```
　　C++程序与 C 函数(或其它语言)链接是十分常见的。由于 C++函数与 C 函数(或其它语言)的编译处理不同(函数的参数表等处理规则不同)，因此，必须对所链接的 C 函数(或其它语言)进行特别的声明。例如声明：
```
extern "C" char* strcpy(char*, const char*);
extern "C"
{
    int printf(const char*, ...);
    int strlen(const char*);
}
```
中的 extern "C"(在某一平台上)即是通知链接器以 C 的方式进行链接。

8.3　头文件的有效使用

　　为了有效地实现编译(或分别编译)和正确链接，必须使用头文件机制，但头文件内容的组织及其所采用的#include 指令必须恰当，否则，仍然会造成链接失败。

　　一般，一个头文件内容的组织策略有两种：

　　(1) 将应当在头文件中出现的定义放在同一个头文件中。

　　(2) 为程序的每一个逻辑单元设立一个对应的头文件。

　　第一种策略仅适合于程序规模较小并且无分别编译的情况。实际应用中我们常采用第二种策略。

　　采用第二种策略的动力之一是每一个头文件都可以独立地起作用，这样的头文件本身自然被尽可能地完整化。

　　但这样又有可能出现同一个源程序文件多次地包含了同一个头文件，从而造成同一个类型被多次定义的冗余。解决该问题常用的方法是在头文件中使用条件编译指令，使得同一个头文件只会被包含一次。例如，如果我们采用了如下头文件组织与#include 指令：

```
//myheader1.h:
struct type_a
{
    int    w, h;
};
enum keyword { ASM, AUTO=3, BREAK, CASE };


//myprog1.cpp:
#include "myheader1.h"
type_a* func1()
{
    /* ... */
}


//myheader2.h:
#include "myheader1.h"
struct type_b
{
    keyword k;
    double    d;
};


//myprog2.cpp:
#include "myheader1.h"
#include "myheader2.h"    //注意:myheader1.h 的内容被包含了两次
type_a* func2(type_b& r)
{
    /* ... */
}
```

则在 myprog2.cpp 中 myheader1.h 的内容就被包含了两次，致使 myheader1.h 中定义的类型在 myprog2.cpp 中定义了两次。正确的做法是采用合适的条件编译指令(条件编译指令请参见 C/C++手册和相关书籍)，即：

```
//myheader1.h:
#ifndef MYHEADER_1        //条件编译指令
#define MYHEADER_1
struct type_a
```

```
{
    int  w, h;
};
enum keyword { ASM, AUTO=3, BREAK, CASE };
#endif


//myprog1.cpp:
#include "myheader1.h"

type_a* func1()
{
    /* ... */
}


//myheader2.h:
#include "myheader1.h"
#ifndef MYHEADER_2
#define MYHEADER_2
struct type_b
{
    keyword k;
    double   d;
};


//myprog2.cpp:
#include "myheader1.h"
#include "myheader2.h"   //注意：此时 myheader1.h 的内容被包含了一次
type_a* func2(type_b& r)
{
    /* ... */
}
#endif
```

8.4 命令行参数

每个 C++程序总有且仅有一个名叫 main 的函数，并且程序是从 main 开始执行的。这个函数起着 C++主程序的作用。

由于 main 也是一个函数，因此在其函数体内定义的变量仍然是局部变量。

然而，main 又是一个特殊的函数，它可以接受启动这个程序时从外部传入的、用空格分隔的多个实参(称为命令行参数)；它的返回值则回送给调用这个程序的程序(例如操作系统)。

因此，C++的 main 函数可具有如下两种形式：

```
int main()                         //无参的 main 函数
int main(int argc, char* argv[])         //可接受命令行参数的 main 函数
```

其中：argc 用于存放命令行参数的个数；argv 用于存放每个命令行参数(字符串)的首地址。

在 C/C++程序中，argv[0]中存放的是源程序名(不带后缀)，真正的命令行参数从 argv[1]开始存放。

例如，当执行下述程序时，若在命令行中输入：

```
myprog arg1 arg2 arg3          //假定链接后的程序名为 myprog.exe：
```

则系统自动赋给

```
        argc=4
        argv[0]="myprog"
        argv[1]= "arg1"
        argv[2]= "arg2"
        argv[3]= "arg3"
```

例如，打印输出命令行的参数，程序如下：

```cpp
const int MAX_LEN_ARGV = 80;
double x = 2;
double y;
double sqx = sqrt(x + y);

int main(int argc, char* argv[ ])
{
    char arg_value[3][MAX_LEN_ARGV + 1];
    for (int i = 1; i < argc && i <= 3; i++)
        strcpy(arg_value[i−1], argv[i]); //将 argv 中的内容拷贝到 arg_value

    cout<<"The console's input parameters are:"<<endl;
    for(int j=0;j<4;j++)
        cout<<arg_value[j]<<'\t';
     cout<<endl;
    /* ... */
    return 0;
}
```

程序运行输出结果为

The console's input parameters are:

arg1　　　　arg2　　　　arg3

采用带命令行参数的 main 函数，使得我们可以更加灵活的方式启动一个程序的执行。

常见的典型命令行参数如下：

◆ 程序的操作对象。例如：

　　　C> copy　file1　file2

　　　//文件拷贝，参数不同，执行的结果不同

◆ 控制程序执行的参数。例如：

　　　C> dir　*.cpp　/o-d/p

　　　//显示当前目录下后缀为.cpp 的文件，参数不同，显示的方式不同

◆ 允许程序改变的参数。例如：

　　　C> attrib　+r　myprog.h

　　　//设置/显示文件属性，参数不同，文件的属性不同

◆ 其他不宜写死在程序中、用文件读入也不方便的少量参数。

8.5　程　　序

8.5.1　程序的执行

C++的每个程序有且仅有一个 main 函数。

从概念上讲，程序的每一次执行，都始于 main 函数。但实际上在 main 的执行之前系统就可能开始了一些动作，例如，对所有非局部量(全局量)进行实例化等。在如下的代码段中，在执行 main 之前已开始了若干动作。

```
const int MAX_LEN_ARGV = 80;        //常量定义，main 之前进行
double x = 2;                       //全局变量定义并赋初值，main 之前进行
double y;                           //全局变量定义并赋初值，main 之前进行
double sqx = sqrt(x + y);           //执行 sqrt 计算并赋值，main 之前进行

int main(int argc, char* argv[])
{
    char arg_value[3][MAX_LEN_ARGV + 1];
    for (int i = 1; i < argc && i <= 3; i++)
        strcpy(arg_value[i−1], argv[i]);
    /* ... */
    return 0;
}
```

因此，全局量实际上在 main 之前就进行了初始化动作。另外，在同一个编译单元中，非局部量的实例化顺序与定义的顺序相同；在不同的翻译单元之间，实例化顺序则无法规

定，它与平台相关。因此，在由多个源文件构成的程序中，我们不能对非局部量的实例化顺序做任何假定。

8.5.2　程序的终止

　程序的终止有以下几种方式。

♦ 从 main 函数执行语句：

　　return <返回码>；

♦ 从程序的某一函数中调用函数：

　　exit(<返回码>)；　　//清理现场

♦ 从程序的某一函数中调用函数：

　　abort(<返回码>)；　　// 不清理现场

♦ throw 出一个没有 catch 对应的异常；

♦ 其它的非正常程序终止。

注：<返回码>回送给调用该程序的程序(如操作系统)，以标志该程序的终止状态。

一个真正意义上的程序应能正常地终止程序。理解程序终止的方式有助于我们检测和判断程序执行中的错误。

小　　结

一个实用的 C++ 源程序一般都具有一定的规模，由若干个文件(按某种逻辑划分)构成。

每一个源程序文件(有效语句)的行数一般应控制在 50～500 之间，否则应下决心进行拆分，以避免理解、编制困难与编译带来的开销等问题。

为了正确地实施分别编译的多文件的链接，我们应有效地利用头文件机制，将各文件中共享的信息放入其中。头文件的形式有两种：一种是标准库头文件，借此，我们可利用库提供的强大功能；另一种是用户自定义头文件。

用户自定义的头文件的内容应进行合理、适当的组织。一般来说，将常量定义写在同一个头文件中；将类型接口定义写在头文件中，最好不要把多个类型接口定义写在一个头文件中；禁止将全局变量的定义写在头文件中。

main 函数是每一个 C++程序执行的入口点，它亦是一种特殊的函数，可从命令行中接收参数，以供用户灵活地执行程序。

其实，大部分程序在调用 main 之前就开始了若干动作。另外，在同一个编译单元中，非局部量的实例化顺序与定义的顺序相同；在不同的翻译单元之间，实例化顺序则无法规定，它与平台相关。因此，在由多个源文件构成的程序中，我们不能对非局部量的实例化顺序做任何假定。

程序的终止有多种方式，一个正常的程序应能正常地终止。理解程序终止的方式有助于我们检测和判断程序执行中的错误。

练习题

1. 实现如下函数：

int atoi (const char* str)　　//将参数传入的整数字符串转换成一个整数

写一测试程序，对命令行中传入的字符串调用 atoi 函数将其转换成整数并输出。

2. 将第 7 章的小型桌面计算器程序的每一个模块写成一个 C++源文件，然后采用分别编译技术和#include 指令将其组装起来。

3. 有如下代码：

const float PI=3.14159；

double result；

int main() {…}

请问在 main 函数执行之前和之后，系统发生了哪些动作？

4. 编写一程序，该程序从命令行读取两个整数及一个算术操作符，程序根据命令行所读入的信息进行两整数的某种算术操作。

第二部分　　C++ 的抽象机制

这部分主要对 C++语言支持面向对象及类属程序设计范型所提供的语言机制进行了全面、系统的介绍。在本书第一部分已引入了 C++的异常处理机制，由于 C++的异常处理机制与类密切相关，故在本部分对 C++的异常处理机制进行了较为深入的探讨。本部分所涵盖的内容如下：

第 9 章　类与对象

第 10 章　操作符重载

第 11 章　继承与多态

第 12 章　模板

第 13 章　异常处理

第 9 章　类 与 对 象

本章要点：

- 类的基本概念；
- 类成员；
- 如何有效地定义类；
- 对象及其类别；
- 对象的生成与消除。

9.1　类的基本概念

在第 3 章，我们已经阐述了类型的基本概念，即一个类型是一个值集，以及定义在这个值集上的操作值。就类型的内涵而言，一个类型是应用领域中一个概念的具体表示或抽象。例如，C++语言中的基本类型 bool、int、float、char 就是关于布尔量、数值、字符处理等概念的具体表示或抽象。

一般而言，每一种语言都内置了一些基本类型，C++语言亦不例外。按照面向对象(Object-Oriented，OO)的理念，在应用中，当某一个概念和基本类型没有直接对应关系(即无法用基本类型直接表示)时，我们就应当自定义一种新的类型以直接表达这一概念。

问题是：为什么要定义成类型而不是其它形式的程序实体(如数据结构或函数)呢？理由如下：

- 类型比其它程序实体的表示更易于理解；
- 类型比其它程序实体的表示更易于修改；
- 类型可使得程序更为简明、清晰；
- 类型亦使得对代码的多样化分析切实可行，特别是使得编译程序能够根据类型定义与使用之间的关系，检查出程序中的非法使用，而不是直到测试时才能发现。

那么，我们又应如何定义这种自定义类型，以确切地表达应用领域中的概念呢？首先让我们考察一下 C++ 语言基本类型的定义和使用方式，从中得到启示。

对于 C++程序员而言，使用一个基本类型时看到的只是类型名和一组操作的声明(包括操作名、参数、操作涵义、操作使用规则)，而看不到操作的具体实现，也看不到该类型所定义的内部数据结构。

例如，对基本类型 double，程序员看到并能够使用的操作是 +、−、*、/、<、<=、>、

>=、=、+=、-=、*=、/=、() ？：、sizeof，等等，这些操作都只给出了声明而没有给出具体的实现。

程序员看不到(也没有必要看到)double 类型对象的数据结构。

因此，按照面向对象的理念，我们所定义的自定义类型，对于 C++ 程序员而言，使用它时应当与使用一个基本类型没有本质区别，看到的也应当只是类型名和一组操作的声明(包括操作名、参数、操作涵义、操作使用规则)，而不应看到操作的具体实现及该类型所定义的内部数据结构。

我们将具有和语言基本类型特征一样的自定义类型称为**类(Class)**。

一个 C++ 类是一个用户自定义(User-defined)类型。构造这种自定义数据类型的基本思想就是要将所自定义类型的界面与其实现进行分离。

C++的类型定义机制(及相关的一些机制)渗透与贯穿了面向对象的思想，它使得其表现和基本类型十分相似，两者只是在对象生成上有所差异。

9.2 类 中 成 员

9.2.1 类中的成员

如何定义一个自定义类型呢？

我们利用已有的手段(C 语言的结构 struct)来定义或构造一个用户自定义类型。例如，应用中有一个日期(Date)概念，利用 struct 类型定义方法，我们可定义日期类型如下：

```
struct Date
{
    int year;           //year的值集是[1700,…,MAXINT]
    int month;          //month的值集是[1,…,12]
    int day;            //day的值集是[1,…,31]
};
```

和基本类型相比，这种类型定义方法存在两大问题：

(1) 它仅描述了该类实体所具有的特征(年、月、日)，由此可推断出该类型的值集(成员值集的笛卡尔积)，即只定义了该类型的值集，而没有定义该类型量所能进行的操作集。

假定与该自定义类型 Date 相关的操作有：

```
void init_date(Date& d, int dd, int mm, int yy);    //初始化一个日期
void add_year(Date& d, int n);                      //增加年
void add_month(Date& d, int n);                     //增加月
void add_day(Date& d, int n);                       //增加日
```

但 C 的结构定义方法却没有一种明显的绑定机制说明或强制这些操作是 Date 的操作集。

(2) 由于该日期类型的成员在类型外可见，故程序员可在类外任意添加对该类型量的操作，因此，该类型的操作集是开放的，并且不封闭于其值集。

假定 joking 是 Date 类型的一种操作，示例代码如下：

```
void joking(Date& d)
{
    d.m * = 20;      //语法正确，当m>1时语义错误
}

void f()
{
    Date today;
    init_Date(today, 12, 12, 2001);
    // ...
    joking(today);
    // ...
    add_day(today, 1);
}
```

由于 joking 函数中的 d.m * = 20; 等价于

　　d.m=d.m*20;

当 m>1 时，则操作结果将超出 month 的值集。

　　因此，用 C 的结构定义方式所定义的自定义类型是不完备的，所定义的类型自然亦不能称其为真正的类型。

　　解决上述问题的有效做法是像基本类型一样将其**数据成员**(Data Member，struct 中定义的变量)和其上的操作(struct 中的函数，亦称为**成员函数/方法**，Member Function/Method)显式地定义(绑定)在一起(C++对 C 的结构定义进行了扩充，允许将成员函数定义在结构体中)，以显式地定义其值集和操作集，但前提是没有其它函数有权直接访问这个类型的任何数据成员，即：

```
struct Date {
    int    year;
    int    month;       } 数据成员
    int    day;
    void init_Date(int dd, int mm, int yy);
    void add_year(int n);
    void add_month(int n);                      } 成员函数
    void add_day(int n);
};
```

这样，我们从形式上就定义了一个具有类型特征(一个值集和封闭于该值集上的操作集)的自定义类型 —— 类。

　　从上述示例中已经看到，一个类的成员分为两大类：数据成员和成员函数。

　　数据成员即类中各变量/对象的定义部分，它们描述了该类对象所具有的属性，各数据成员值集的笛卡尔积构成了该类型的值集。

　　成员函数即类中所有函数的集合，它描述了对该类对象所能进行的操作，即它们构成了该类的操作集。

　　C++的结构类型是一种特殊的类，其成员的访问控制默认为公有(public)，即成员在类外可见。

9.2.2　类的访问控制

　　前面已经谈到：一个自定义类型的表现形式和使用方法应与基本类型一致，即类应遵循信息隐藏原则，它应为一个封装体，对外只暴露接口(操作的接口)，而隐藏其实现(数据成员及操作的实现)。但我们在 9.2.1 节中用 struct 定义的 Date 类型，由于其数据成员在类外可见，因此，程序员就还有可能写出如下的代码：

```
void joking(Date& d)
{
    d.m * = 20;        //语法正确，当 m>1 时语义错误
}
```

亦即：即使我们在自定义类型时显式地定义了该类型的值集(数据成员值集的笛卡尔积)和操作集(成员函数的集合)，但由于没有对数据成员施加访问控制，用户就有可能在自定义类外无限制地扩张其操作集。因此，用 struct 定义的、没有对其成员施加任何访问控制的自定义类型不是一个真正意义上的类。

　　正确的做法是：在自定义类型时对其成员施加有效的访问控制，使其具有类型的真正内涵。

　　对类的成员施加访问控制主要有以下四个目的：

　　(1) 使得这个类的成员函数(public 函数)确实构成了这个类的操作集。

　　(2) 实施访问控制易于进行出错定位(这是调试程序时首先要解决、也是最难解决的一个问题)。

　　(3) 用成员函数的声明组成这个类的接口，将它的数据成员和成员函数的实现封装起来，以减少程序的修改对外部的影响。

　　(4) 有利于掌握一个类型的使用方式，使得类的用户对类的使用只需了解接口(了解数据结构后才能使用类型，实际上是不得已而为之)。

　　C++用三种访问控制符来限定对类成员的访问，它们是：

　　♦ private(私有)，具有该访问控制的成员的作用域在类内；

　　♦ public(公有)，具有该访问控制的成员的作用域在类内和类外；

　　♦ protectd(保护)，具有该访问控制的成员的作用域在类内和相应的子类中。

　　现在我们采用 C++的类定义方式来重新定义类 Date：

```
//假定类的界面定义存放在 Date.h 头文件中
class Date {        //类的界面定义
    int   year;
    int   month;  ⎫  数据成员
    int   day;    ⎭
```

```
public:
    void init_Date(int dd, int mm, int yy);
    void add_year(int n);
    void add_month(int n);                      成员函数接口
    void add_day(int n);
};                              //注意：类定义结束时须有分号
```

注意：在类 Date 的定义中，class 关键字代替了 struct。用 class 定义的类，类中第一部分默认为 private 访问权限(也可显式地添加 private 访问控制符，struct 默认的访问权限是 public)。各访问控制权限的作用域直至遇到下一个访问控制符为止。

在以上类 Date 的(界面)定义中，由于其数据成员的访问控制权限为 private，因此，这些数据成员对外隐藏；因成员函数的访问控制权限为 public，所以它对外暴露，即在类 Date 的接口/界面定义中，隐藏了数据结构及成员函数的实现，只暴露了类的操作接口(成员函数接口)。

因此，非成员函数 joking 对类 Date 私有数据成员的访问将被禁止：

```
void joking(Date& d)
{
    d.m * = 20;      //编译错误！m为类的私有成员，类外不能访问
}
```

为了实现成员函数接口与实现的分离，C++允许采用类名约束机制(类名：：)，将成员函数的实现(定义)写在类界面定义以外(当然，成员函数的实现亦可写在类内，此时，该成员函数为内联函数，但这种类的定义风格没有遵循接口与实现的分离原则，因此不提倡)。类 Date 各成员函数的实现如下：

```
#include "Date.h"   //包含 Date 类界面定义
void Date::init_Date(int dd, int mm, int yy)
{
    d = dd;
    m = mm;
    y = yy;
}
void Date::add_year(int n)
{
    y +=n;
}

void Date::add_month(int n)
{
    //...
}
```

```
void Date::add_day(int n)
{
     //...
}
```

在上述 Date 类的定义中，其类成员的访问控制程度不同，也称其为"能见度"不同。在自定义一个 C++ 类时，应对其成员施加有效的访问控制。一般而言，应将类的数据成员(和其它的支撑操作)的访问权限设置为 private，而将类对外提供的操作接口设置为 public。

语法上，用访问控制符加"："对类成员进行访问控制约束。在一个类的定义中，访问控制符的个数、次序不限，各访问控制符亦无优先级。例如，以下两个类的接口定义是等价的：

```
class Person {
private:
     unsigned age;
public:
     void          setAge(unsigned n);
     unsigned      getAge();
};


class Person {
public:
     void          setAge(unsigned n);
private:
     unsigned age;
public:
     unsigned getAge();
};
```

但第二种 Person 的定义风格不可取。它将类的 private 段和 public 段混杂在一起，使得类的界面变得模糊不清。我们提倡的风格是：要么将类的 private 段放在开始，要么为了更加突出类对外提供的接口而将 private 段放在类的最后。因此，类 Person 还可以下述风格进行定义：

```
class Person {     //为突出类对外提供的接口
public:
     void          setAge(unsigned n);
     unsigned      getAge();
private:
     unsigned      age;
};
```

9.2.3　类的构造函数

1．构造函数

对于 9.2.2 节所定义的类 Date，我们可通过调用成员函数 init_Date 对类对象进行初始化，但这样做既不优美又很容易出错。因为在程序中没有任何一个地方提示(或采用某种机制强制)一个类的对象在使用前必须初始化。如果程序员生成一个类的对象后，在使用前忘记了对其进行初始化(或对其初始化了两次)，则可能造成灾难性的后果。例如，下述代码：

```
#include "Date.h"
void f()
{
    Date today;
    // today.init(12,12,2001);    程序员忘记了对today对象进行初始化
    Date tomorrow = today;
    tomorrow.add_day(1);
}
```

由于未初始化的 today 对象中的数据成员是随机数，所以后续的基于 today 对象的操作将全部发生错误。程序设计的悲哀往往就是对不确定的(对象/变量)状态，程序员误认为其确定而做了确定的操作。

避免上述问题发生的一个最有效的办法是：在定义类时允许程序员声明一个成员函数，该成员函数的目的就是初始化类的对象，该函数在类的对象生成时由系统自动调用。

由于所声明的函数用于构造一个给定类对象的值，因此，称其为**构造函数(Constructor)**。

类的构造函数名与类名完全相同(注意：C++是大小写敏感的)，并且其构造函数无返回类型。

一个构造函数的任务就是**类实例/对象(Instance/Object)**的生成与初始化。

C++语法规定：在类对象的生成时，其构造函数由系统自动调用，程序员只需根据构造函数接口提供相应的实参(对象初始化值)即可。

因此，在自定义类型时，我们应提供构造函数，以确保类对象的生成和正确初始化。故类 Date 可改进为

```
//Date.h
class Date {        //类的接口定义
private:
    int    year;
    int    month;
    int    day;
public:
    Date(int dd, int mm, int yy);    //构造函数Constructor!
    void add_year(int n);
    void add_month(int n);
```

```
        void add_day(int n);
    };
```

利用类提供的构造函数 Constructor，我们可采用如下方式生成类 Date 的对象并对其初始化：

```
    //显式调用 Constructor 生成一临时对象，并将其值赋给生成的对象 today
    Date today = Date(12,12,2001);
    //this_day 对象名后直接跟对应 Constructor 的实参表
    Date this_day(12,12,2001);
```

而以下的对象生成及初始化方式是错误的：

```
    //my_birthday 对象未给出(调用构造函数)实参表
    Date my_birthday;
    //error_date 对象给出的实参表与构造函数的接口不吻合
    Date error_date(12,12);
```

2．构造函数的重载

在面向对象程序设计中，类是程序的基本构件。由于类的用户不同，导致其对对象的生成方式及初始化方式的需求可能不同。因此，应用中所定义的**实例类(Concrete Class** 可以生成对象的类)应向用户提供多个重载的构造函数，以满足用户不同的需求。由于 Date 类是一个实例类，因此，Date 类对外应提供一组重载的构造函数：

```
    // Date.h
    class Date {
        int    d, m, y;
    public:
        Date(int dd, int mm, int yy);        //以dd, mm, yy初始化生成的对象
        Date(int dd, int mm);                //以缺省的今年，日dd，月mm初始化生成的对象
        Date(int dd);                        //以缺省的今年，今月和日dd初始化生成的对象
        Date();                              //以缺省的今年，今月，今日初始化生成的对象
        Date(const char* p);                 //以字符串形式表示的年，月，日初始化生成的对象
        /* ... */
    };
```

有了这一组重载的构造函数，程序员可以如下方式生成对象：

```
    #include "Date.h"

    void f()
    {
        Date today(12);              //调用Date(int dd)
        Date july4("Junly 4,1983");  //调用Date(const char* p)
        Date now;                    //调用Date()。注意：()可以省略
        /* ...*/
    }
```

当一个类有多个重载的构造函数时，编译程序根据调用构造函数时实参的数目、类型和顺序自动找到与之匹配者。

3. 带省缺值的构造函数(Default Constructor)

在实际程序设计中，有时很难估计用户将来对构造函数形参的组合会有怎样的要求，因此，类中定义过多或过少的重载构造函数，都将成为一个两难问题，即定义的构造函数太少，可能满足不了用户的需求；但定义的过多，又有可能造成用户理解和使用上的困难。一种有效的策略是对构造函数也声明有缺省值的形参(Default Arguments)。例如，利用 C++ 的参数缺省值机制，我们可将类 Date 中的前三个构造函数缩减为一个构造函数：

```
// Date.h
class Date {
    int    d, m, y;
public:
    Date(int dd = 0, int mm = 0, int yy = 0);    //带有缺省值的形参
    /* ... */
};
```

由于有了缺省值形参的构造函数，我们可以如下方式生成对象：

```
void f()
{
    Date today(12);                 //dd=12, mm=yy=0 取默认的缺省值
    Date someDay(12, 12);           //dd=12, mm=12, yy 取默认的缺省值 0
    Date aDay(12, 12, 2001);        //实参取代缺省值, dd=12,mm=12, yy=2001
    Date now;                       //dd, mm, yy 全部取缺省值0。注意：括号可省略
    /* ...*/
}
```

9.2.4 类的静态成员

类中定义的数据成员，是这个类的每个实例(对象)的一个组成部分。每个类对象所分配的存储空间的大小即所有数据成员(静态数据成员除外)按其声明次序所分配的存储空间的大小。

一个类的所有对象都拥有相同的结构特征：同样的数据成员(个数、类型相同)，同样的存储结构，同样的操作接口，同样的操作实现。由于类对象的数据成员值用于存储其对象的状态，因此，不同的对象，其存储空间不同，对象的状态不同(亦可能相同)。

假定我们生成了以下四个对象 today、someDay、aDay 和 now：

```
#include "Date.h"

void f()
{
    Date today(12,12,2001);
```

```
Date someDay(11,11,2000);
Date aDay(1,12,2001);
Date now;
/* ...*/;
}
```

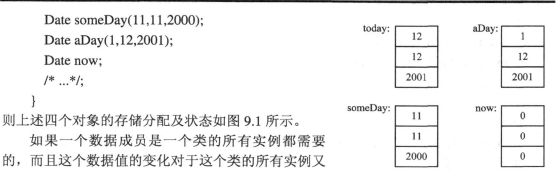

则上述四个对象的存储分配及状态如图 9.1 所示。

如果一个数据成员是一个类的所有实例都需要
的，而且这个数据值的变化对于这个类的所有实例又
始终应当是统一的，就应当把类的这个数据成员定义
成**静态数据成员(Static Data Member)**。

图 9.1 对象存储结构及状态图

例如，应用中的银行系统中有一个账号类，其类的数据成员最小余额(miniBalance，银
行要求每一账户所必须具有的最小余额)是每一个账号类对象所必需的，且其修改对类的所
有对象而言亦应是统一的，因此，我们就应该将其定义为静态数据成员。类的静态成员用
关键字 static 标识。

```
//账号类的界面定义
class Account{
    int number;                    //账号
        float currentBalance;       //当前余额
        static float miniBalance;   //静态数据成员，最小余额

public:
        void deposit(float x);      //存钱操作
        void deduct(float y);       //取钱操作
        //…
};
```

为了实现类中各个对象对静态数据成员信息的共享与修改的一致性，类为静态数据成
员只分配了一块(独立于类中任意一个对象)存储空间，而不管这个类有多少实例。假定在类
Date 中除了 d、m、y 数据成员外，还存在一静态数据成员 default_date：

```
// Date.h
class Date {                    //Date 类界面定义
    int    d, m, y;
    static Date default_date;   //静态数据成员，假定其值为 0,0,0
public:
    Date(int dd = 0, int mm = 0, int yy = 0);
    /* ... */
};

#include "Date.h"
Date::Date(int dd, int mm, int yy)      //Date 类构造函数的实现
```

```
    {
        d = dd ? dd : default_date.d;
        m = mm ? mm : default_date.m;
        y = yy ? yy : default_date.y;
    }
    /* ... */
```

若我们生成四个对象 today、someDay、aDay 和 now 的方式不变，则此时系统的存储分配如图 9.2 所示。

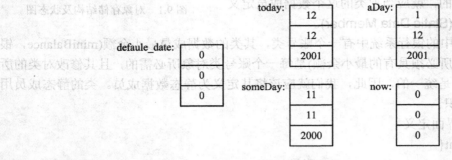

图 9.2　系统存储分配图

从图 9.2 可看出，类 Date 的每个对象中都没有静态数据成员 default_date 的存储分配，系统为静态数据成员 default_date 另外分配了一块存储区域。

只对静态数据成员进行操作的成员函数称为**静态成员函数/方法(Static Member Function/Method)**。例如：

```
// Date.h
class Date {
    int    d, m, y;
    static Date default_date;              //静态数据成员
public:
    Date(int dd = 0, int mm = 0, int yy = 0);
    static void set_default(int, int, int);  //静态成员函数，方法用 static 标识
    /* ... */
};

#include "Date.h"
/* ... */
void Date::set_default(int d, int m, int y)  //静态成员函数的实现
{
    Date::default_date = Date(d,m,y);
}
/* ... */
```

对类中静态成员的访问要用类名而不是对象名来约束。例如：

```
#include "Date.h"
Date Date::default_date(16,12,1770);        //对静态数据成员的访问用类名约束
void f()
{
    Date::set_default(12,12,2001);          //对静态成员函数的访问用类名约束
    Date today;
    Date tomorrow = today;
    tomorrow.add_day(1);                    //对非静态成员函数的访问用对象名约束
}
```

9.2.5 对象的拷贝

第 4 章所讲述的各种 C++ 操作符都只针对(适用于)基本类型的量，它们不能用于类类型，除非在类中对它们进行重新的过载定义(见后续章节内容)。C++只提供了一个缺省的赋值操作符可用于类类型，用以实现同类对象成员对成员的赋值拷贝(Memberwise Copy)。例如：

Date s1(6,8,2006);

Date s2=s1;   //s1 成员对成员地将其值赋值拷贝给 s2

赋值拷贝后，对象 s1 和 s2 的状态如图 9.3 所示。

通常情况下，当系统中已存在了一个类的对象(假定名为 x)，而应用中又需要另一个结构和数据成员值与 x 一模一样的对象 y(另外分配的内存空间)时，我们就可利用系统提供的这个缺省的赋值操作。

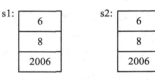

图 9.3　对象的赋值拷贝

但是，当这个类中有指针类型或引用类型的数据成员时，这种赋值操作的语义并不是完全的"复制"，术语上常称为"浅拷贝"。例如，下述代码的操作结果如图 9.4 所示，欲做到真正的对象拷贝(常称为对象的"深拷贝")，见图 9.5 所示。

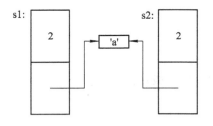

图 9.4　对象的浅拷贝

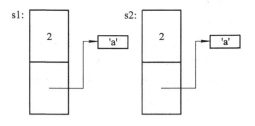

图 9.5　对象的深拷贝

```
//Some_class.h
class Some_class {                          //类界面定义
    int x;
    char* pc;                               //指针类型数据成员
    //...
public:
```

```
        Some_class(int xx=0, int* pc=0);        //pc 赋缺省值空
    //...
};

#include "Some_class.h"
void f()
{
        char c='a';
        Some_class s1(2,&c);
        Some_class s2=s1;                        //缺省的成员对成员的拷贝
        //...
}
```

为避免对象的"浅拷贝",一种做法是在这个类中定义拷贝构造函数(Copy Constructor),另一种做法是在这个类中定义过载的赋值操作符(下一章详细论述)。

拷贝构造函数是一种特殊类型的构造函数,它有两个用途:

(1) 利用一个已存在的对象(从拷贝构造函数的参数表中传来)拷贝构造另一个和它一模一样的对象(但存储地址不同),即实现对象的深拷贝。

(2) C++标准规定,当成员函数的参数或返回类型为该类的类型时,在参数的虚实结合和函数返回时系统需调用该类的拷贝构造函数。

注意:拷贝构造函数的参数类型为引用,类 T 的拷贝构造函数的界面形式为

T(const T&);   //注意:非引用类型将造成无穷递归调用

对对象进行深拷贝的示例代码如下:

```
// Table.h
class Table {                            //Table 类的接口定义
    Name* p;                             //成员为指针类型
    size_t sz;
public:
    Table(size_t s = 15) { p = new Name[sz = s]; }
    Table(const Table& t);               //拷贝构造函数
    Table& operator=(const Table&);      //过载操作符 "=" 成员函数
    ~Table() {delete [] p;}
    /* ... */
};


#include "Table.h"

Table::Table(const Table& t)             //Table 类拷贝构造函数的实现
{
    p = new Table[sz = t .sz];
```

```
      for (int i = 0; i < sz; i++)
         p[i] = t .p[i];
   }

   void h()
   {
      Table t1;
      Table t2(t1);       //拷贝构造函数的调用，用 t1 拷贝构造 t2

      /* ... */
   }
```

注意：拷贝构造函数的参数类型必须为引用类型，否则会发生递归调用而产生错误。

9.2.6　常量(Const 或称只读)成员函数

当需要提供对类数据成员的只读操作时，可以将该类操作定义成**常量成员函数**(Constant Member Function)。当程序员在常量成员函数内对类的数据成员进行写操作时，编译程序会根据该函数的定义自动检测出错误。

注意：在常量成员函数中不允许对数据成员进行修改，即只能对数据成员进行读而不能写，否则编译器报错。

C++语法规定：常量成员函数的定义方法是在成员函数参数表后、成员函数体前加 const 关键字约束。示例如下：

```
// Date.h
class Date {
   int    d, m, y;
   static Date default_date;
public:
   //...
   int day()    const {return d;}    //常量成员函数，对数据成员 d 进行读
   int month() const {return m;}    //常量成员函数，对数据成员 m 进行读
   int year()   const {return y;}    //常量成员函数，对数据成员 y 进行读
   /* ... */
};
```

当常量成员函数的实现定义在类外时，注意后缀 const 约束不可省，否则会出现语法错误，即

```
int Date::day()   const //常量成员函数。注意：const 后缀不可省略
{
      return d;
}
```

当用 const 约束一个对象时，该对象为常量对象(其值在运行中不可变)。

C++语法规定：对于一个常量成员函数，常量对象和非常量对象均可调用之，而非常量成员函数(即不被 const 约束的成员函数，其实现中可能修改类数据成员值)只能被非常量对象调用。示例代码如下：

```
#include "Date.h"
void f(Date& d, const Date& cd)     //d 为非常量对象，cd 为常量对象
{
    int i = d.year();               //正确！非常量对象调用常量成员函数
    d.add_year(1);                  //正确！非常量对象调用非常量成员函数

    int j = cd.year();              //正确！常量对象调用常量成员函数
    cd.add_year(1);                 //错误！常量对象调用非常量成员函数
}
```

9.2.7　对象的自身引用——this

对象的自身引用是面向对象程序设计语言中特有的、十分重要的一种机制。在 C++中，为这种机制设立了专门的表示：this 指针变量。

this 是一个系统指针变量，它总是存放着系统中当前活动对象的地址，且其活动对象的地址由系统自动赋值。若活动对象的类型为 T，则 this 的类型为 T*。

值得注意的是，由于 this 并非一个普通的指针变量，因此，我们既不能对它取地址，亦不能对其进行赋值，我们只能读取其所指的内容，即只能进行*this 操作。

由于不同状态的对象调用同一操作产生的结果可能不同，因此，对成员函数的调用都与具体的对象相关。由于 this 中自动存放当前对象的地址，因此利用 this 机制可实现成员函数在定义时与具体对象无关，在调用时与具体对象相关。示例代码如下：

```
// Date.h
class Date {
    int    d, m, y;
    static Date default_date;
public:
    //...
    int day()    const { return d; }       //只读成员函数
    int month() const { return m; }        //只读成员函数
    int year()   const { return this->y; } //只读成员函数
    /* ... */
};

#include "Date.h"
void f(Date& d, const Date& cd)
```

```
{
    int i = d.year();          //d.this==&d
    d.add_year(1);

    int j = cd.year();         //cd.this==&cd
    /* ... */
}
```

利用 this 机制还可实现对对象的整体引用, 而不是通过访问数据成员进行的部分引用。示例代码如下:

```
// Date.h
class Date {
    int   d, m, y;
    static Date default_date;
public:
    /* ... */
    Date& add_year(int n);            //注意: 函数的返回类型为引用
    Date& add_month(int n);
    Date& add_day(int n);
    /* ... */
};


#include "Date.h"
/* ... */
Date& Date::add_year(int n)
{
    if (d ==29&& m==2 && ! Leapyear(y+n))

        {
            d = 1;
            m = 3;
        }
    y += n;
    return *this;                //对象的整体引用
}
/* ... */
```

有了 this, 我们还可实现对象对方法的连续调用。示例代码如下:

```
#include "Date.h"


void f(Date& d)
```

```
{
    // ...
    d.add_day(1).add_month(1).add_year(1);    //对象对方法的连续调用
    // ...
}
```

9.3　定义有效、高质量的类

到目前为止，我们在定义类 Date 的时候注重的还只是它的结构(成员函数、访问控制、实例生成、静态数据成员、只读成员函数、对象自身引用等)，这代表了面向对象程序设计的思维方式：首先考虑的是类型的结构而不是实现的细节。

在一个类有了合理的结构之后，要使得这个类像 C++基本类型那样简单、明确、健壮，还需要对这个类的每个成员函数进行认真的考虑与设计，以使使用者无后顾之忧。换句话说，如果类的用户出现了使用不当的情况，应当是由这个类(并借助编译器和运行环境)承担检测并加以抑制的责任，而不是由类的使用者对后果负责。

因此，我们定义的每一个自定义类必须是有效的、高质量的。糟糕的、不健壮的类与其有还不如没有！

定义类时，我们可采取如下手段来提高其质量：

(1) 利用合适的数据成员类型以防止出现不恰当的数据成员值。

(2) 对成员函数进行按功能、职责的分工，即在定义类时，首先应对类的功能进行划分，保证类的每一个功能用一个 public 成员函数实现；另外，对成员函数的职责进行划分，以确定其不同的访问权限或成员函数类别。类对外提供的操作定义成 public，类的支撑操作(为高效地实现 public 成员函数而编写的成员函数)定义成 private；只读操作定义成 const 成员函数；若是仅对类数据成员的操作，则将其定义为 static 成员函数。

(3) 从实例生成开始就由成员函数来保证各个数据成员值的合法性，即定义的每一个实例类都应自己编写构造函数，且应提供一组重载的构造函数，而不要采用系统提供的缺省的构造函数(系统提供的缺省构造函数其实现为空，它仅能满足语法上的需要)，同时需要在类中提供相应的拷贝构造函数及重载的赋值操作符。

(4) 类的接口要相对稳定，其接口只应提供类的常用基本操作。为避免外界不断提出新的操作要求而无休止地扩充成员函数(这将因改变类的接口而影响所有的使用者)，应将一些非固有操作与类定义放在同一个头文件中或名字空间中，以兼顾这种类的扩张和用户对这些非固有操作的需求。

(5) 使用过载操作符(下一章将专门介绍)使类用户能更方便、自然地使用类。

在面向对象程序设计中，类是程序中的基本构件，因此，定义一组有独立内涵的、简单且健壮的类，是实现一个应用软件的基础。

下面我们给出类定义的示例性代码，以进一步阐述与展示上述手段的应用：

```
class Date {
    int   d, m, y;
```

```
        static Date default_date;
public:
        enum Month{jan=1, feb, mar, apr, may, jun, jul, aug, sep, oct, nov, dec};
        //采用枚举类型，以防止不合法的 m 值
        class Bad_date{};
        //异常类，用于异常处理
        Data(int dd=0, Month mm=Month(0), int yy=0); //自定义缺省的构造函数

        int day() const;        //定义一组常量成员函数以防止对数据成员的改写
        Month month() const;
        int year() const;
        /* ...*/

        static void set_default(int, Month, int);

        Date& add_year(int n);
        Date& add_month(int n);
        Date& add_day(int n);
        /* ... */
};


Data::Date(int dd, Month mm, int yy)
{
        if(yy==0) yy=default_date.year();    //对接口非法输入的处理
        if(mm==0) mm=default_date.month();
        if(dd==0) dd=default_date.day();
        int max;

        //进一步处理接口输入，保证其数据成员在其值集内
switch(mm) {
        case feb:
            max=28+leapyear(yy);
            break;
        case apr: case jun: case sep: case nov:
            max=30;
            break;
        case jan: case mar: case may: case jul: case aug: case oct: case dec:
            max=31;
            break;
```

```
        default:
            throw Bad_date();
    }
    //进一步处理接口输入，保证其数据成员在其值集内
    if(dd<1 || max<dd) throw Bad_date();
    y=yy;
    m=mm;
    d=dd;
}


Data& Data::add_month(int n)
{
    if(n==0) return *this;           //对非法输入进行处理

    if(n>0) {                        //进一步处理输入，以保证操作的有效性
        int delta_y=n/12;
        int mm=m+n%12;
        if(12<mm) {
            delta_y++;               //进一步处理输入，以保证操作的有效性
            mm-=12;
        }
        y+=delta_y;
        m=Month(mm);
        return *this;
    }
    return *this;
}
```

9.4　对　象

9.4.1　对象是什么

一个 C++类的对象(Object)，是且仅是该类的一个**实例**(Instance)。

同属一个 C++类的对象一定有(即共同特征)：相同的(由数据成员决定的)存储结构、相同的(由成员函数决定的)操作集合、相同的访问控制(能见度)、相同的对象消除操作、相同的静态数据成员值。

同一个 C++类的对象一般有：不同的存储空间、不同的对象自身引用(this)值、不同的初始化操作、不同的非静态数据成员值、不同的(由作用域决定的)生命期。

　　因为类是用户自定义的一种类型，因此，它与基本类型有着相似的特征，其差别仅在于：

　　(1) 由成员函数决定的操作集；

　　(2) 成员具有访问控制；

　　(3) 对象消除操作(析构函数)；

　　(4) 具有静态数据成员与成员函数；

　　(5) 具有 this 指针；

　　(6) 初始化操作不同于基本类型。

　　为了区别，大多数教科书中将基本类型或其它自定义类型(如结构、枚举、数组类型)的实例称为变量(当然亦可以称为对象)，而将类的实例称为对象。

　　对象与一般的数据(其它非类的实例)不同。

　　对象具有主动性，它具有根据外界的请求改变自己状态的能力，不允许由外界直接改变自己的状态。例如：

```
void f()                    //Date 对象的"外界"
{
    Date this_day(17,12,2000);

    this_day.add_year(1);       //this_day 对象根据外界的请求改变其自身状态
    this_day.y += 1;            //错误！this_day 对象不允许外界直接改变其状态
    /* ...*/
}
```

　　数据具有被动性。数据被动地由外界指定的函数来加工(改变状态)，不能有效控制加工的动作是否合法。例如：

```
struct Date {
    int   d, m, y;
};

void add_year(Date& d, int n)
{
    d.y += n;
}

extern void add_year(Date&, int);
void f()                    //Date 数据对象的"外界"
{
    Date this_day={17, 12, 2000};
    add_year(this_day, 1);      //this_day 是一个被动的数据，用于被加工处理
    /* ...*/
}
```

若

```
void add_year(Date& d, int n)
{
    d.y *= n;                    //则 Date 类型对此失控！它无法判断操作的合法性
}
```

因此，对象又被称为"主动的数据"(Active Data)。

外界请求一个对象执行一个操作的描述包含两部分内容：被请求者(对象名)和期望被请求者执行的操作与实参(成员函数调用)。

相对于普通的函数调用，这里出现了质的变化：即：

(1) 被请求者可以是位于其它机器上的对象；

(2) 期望执行的操作可以不是同步执行的(即可以不等待它执行完毕，就接着执行请求方的其它操作)，这更接近于网络化的客观世界。

在网络环境下，如果还是采用函数加工数据的传统方式，则必须：

◆ 确定由哪个函数来进行加工(需要有一个全局管理机构)；

◆ 确定那个函数的所在位置(需要有一个全局管理机构)；

◆ 确定那个函数如何接受数据加工任务(要事先约定好接口)；

◆ 确定那个函数当前能否执行(要事先约定好可用性标志)；

◆ 可靠地将数据传送到函数所在位置(网络要能长时间保持连通，这一般不现实)；

◆ 保持与函数所在位置之间的通信连接，直到返回处理结果或者超时(网络要能长时间连通，要规定合理的超时限制)。

正因为互联网环境下无法提供全局管理机构，无法事先约定所有函数的调用规则，很难按照需要始终保持网络的畅通，所以不能把函数调用作为互联网环境下的基本支撑技术。

1993 年，美国政府提出的信息高速公路计划确认了三个基本支撑技术：

◆ 微电子技术，用于对网络环境硬件的支持；

◆ 光电子技术，用于对网络环境通信的支持；

◆ 面向对象技术，用于对网络环境软件的支持。

由此可见在当今互联网时代面向对象技术的重要性。本章所讲述的类与对象正是面向对象技术最基础和根本的内容。

9.4.2　C++中对象的类别

C++中的对象具有多种类别，根据其重要性进行排序，它们分别是：

◆ 命名的自动对象(即局部对象)；

◆ 堆中的对象(即动态申请的对象)；

◆ 非静态成员对象(即某个类的对象作为另一个类的非静态数据成员)；

◆ 作为数据元素的对象；

◆ 局部 static 对象；

◆ 全局的或名字空间中的或类的 static 对象；

◆ 临时对象；

◆ 放在某一存储区中的对象；

◆ 联合类型的成员对象。

由于对象的类别不同，因而其作用域、使用规则、初始化、消除等都不尽相同。下面，我们针对上述类别对象的构造、消除(析构)、作用域、使用规则等问题进行较为详细的讲述。

9.4.3 对象的析构——析构函数

系统为每个类的对象都分配了相应的存储空间，一个对象在其生命期结束后应释放其所占有的系统内存资源。

析构函数(Destructor) 是类的一种特殊成员函数。它的功用与类的构造函数相反，用于析构(消除)对象。当一个对象的生命期结束时，系统会自动调用析构函数，以实现对象的析构。

析构函数的形式为

~<类名> ();   //析构函数的界面

注意：析构函数不允许有形参，因此不允许过载。

定义类时,若定义者未定义析构函数,系统会自动提供一个缺省的析构函数(实现为空)。但系统中还有另外一些有限的资源,如动态申请分配的存储空间、文件描述符、信号量等,如果在包括 Constructor 在内的成员函数中动态地获取了上述资源,就必须在对象生存期结束时释放它们,否则,这样的资源可能在程序运行过程中耗尽。因为是动态申请,故系统无法自动释放上述资源,这些资源的释放必须手工进行,C++没有自动垃圾回收机制,亦即我们必须自定义析构函数,在其中描述如何释放所动态申请的资源。

析构函数的定义见如下示例代码。

例 1

```cpp
class Name {
    const char* s;
    /* ... */
};

class Table {                 //元素个数为 sz 的数组，空间是动态申请的
    Name*   p;
    size_t sz;
public:
    Table(size_t s = 15) { p = new Name[sz = s]; } //动态申请内存空间
    ~Table() {delete [ ] p;}                    //析构函数
    Name* lookup(const char*);
    bool    insert(Name*);
};
```

例 2

```cpp
class LogFile {
```

```
    FILE*    fp;                                //文件描述符
public:
    LogFile(char* fileName)
        { fp = fopen(fileName, "w"); }          //动态申请文件句柄资源
    ~LogFile() { fclose(fp); }                  //析构函数
    printLog(const char*, ...);
};
```

9.4.4　默认构造函数

所谓默认构造函数(Default Constructor)，即在调用时不必提供参数的构造函数。

默认构造函数分为两类：

(1) 用户自定义的无参或全部参数带缺省值的构造函数；

(2) 系统提供的默认构造函数(无参，函数体为空。当用户未定义构造函数时，编译器为类自动生成一个)。

对象在调用默认构造函数时，可不提供参数，并可省略一对括号。示例见下述内容。

9.4.5　几种主要类别对象的构造与析构

1．全局对象

所谓全局对象，即定义在所有函数、类、名字空间以外的对象。全局对象的构造是在任何其它函数(包括 main)执行之前进行的。当 main 结束或程序调用 exit 函数时，系统调用类的析构函数对其进行析构。

2．局部对象

定义于某一函数或块内的对象称为局部对象。局部对象当执行函数或块的线程到达局部对象的定义点时，构造该局部对象；局部对象的作用域结束时，系统调用类的析构函数对其进行析构。

3．静态局部对象

在执行线程首次到达其定义点时，调用构造函数构造之，在 main 终止时或调用 exit 函数时调用析构函数对其进行析构。

4．对象数组

元素为对象的数组称为对象数组。对象数组在执行线程到达其定义点时，数组中的每个元素(对象)逐一调用对象所属类的默认构造函数进行构造；当对象数组的作用域结束时，系统调用析构函数对数组中的所有对象进行一次性析构。对象数组的构造见下述示例代码：

```
class Name {
    const char* s;
    /* ... */
};
```

```
class Table {                   //元素个数为 sz 的数组，空间是动态申请的
```

```
      Name* p;
      size_t sz;
public:
      Table(size_t s = 15)          //默认构造函数
      {
          p = new Name[sz = s];
      }
      ~Table()                      //析构函数
      {
          delete [] p;
      }
      Name* lookup(const char*);
      bool    insert(Name*);
};


struct Tables{
      int     i;          //没有初始化
      int     vi[10];     //每个元素都没有初始化
      Table t1;           //调用默认构造函数，t1 被自动初始化
      Table vt[10];       //调用默认构造函数，数组中的每个元素被自动初始化
};
```

5．临时对象

当进行对象的赋值或函数返回一个对象时，调用相应的构造函数生成临时对象；当临时对象的作用域结束时(赋值/函数返回动作完成)，系统自动调用析构函数析构之。

6．含有常量、引用及对象数据成员的对象

当类的数据成员为常量或引用类型时，如前所述，两者语法上要求定义时必须初始化，因此，它们不能被缺省构造(即调用默认的构造函数进行构造)。但 C++的语法规定：在定义类时，不允许对数据成员直接赋初值。那么对常量和引用类型的数据成员而言，如何满足上述这两方面的语法要求呢？C++采用初始化表的方式对这两类成员进行初始化。一个初始化表是在构造函数的参数表后、构造函数的函数体之前，以冒号开始、逗号分隔的初始式(赋初值)表，它先于构造函数的执行。初始化表及常量、引用类型数据成员的初始化见如下示例代码：

```
struct X {
      const int    a;          //常量数据成员
      const int& r;            //常量引用数据成员
};
/* ... */
X x;                           //错误！x 不能被默认构造
class X {
```

```
    const int i;              //常量数据成员
    Club& pc;                 //引用数据成员
    // ...
    X(int ii, Club& b):i(ii),pc(b) //初始化表，等价于 i=ii,pc=b
    {}
};
```

一个类的成员亦可以是另一个类的对象，这类数据成员称为**对象成员(Object Member)**。对对象成员的初始化亦只能用初始化表的方式进行，但初始化表中可省略默认构造的对象。例如：

```
class Club {
    string name;
    Table    members;
    Table    officers;
    Date     founded;
    // ...
    Club(const string& n, Date fd);
};

Club::Club(const string& n, Date fd)
    : name(n), founded(fd)      //可省略默认构造的对象 members 和 officers
{
    // ...
}
```

因此，含有常量/引用/对象数据成员的对象在构造时，要首先构造出这些类别的数据成员(采用初始化表，它先于构造函数之前执行)，然后再调用类的构造函数进行该类对象的构造。当对象作用域结束时，系统自动调用析构函数进行析构，其中所包含的对象成员自动析构。

还需指出的是，类的静态数据成员的初始化只能在类外进行。例如：

```
class A{         //类的界面
    static int x;
    //...
public:
    A();
    ~A();
    //...
};

int A::x=0;          //注意：类外进行初始化，初始化时省略 static
//...类的实现部分
```

9.4.6 对象的构造与析构次序

对象的构造以其类别及定义次序进行，但对象析构的次序总是与构造的次序相反。下面的示例程序展示了对象的构造与析构次序。

例 3

```
//create.h
#ifndef CREATE_H
#define CREATE_H

class CreateAndDestroy {          //类的界面定义
public:
    CreateAndDestroy( int );      //构造函数
    ~CreateAndDestroy();          //析构函数
private:
    int data;
};

#endif

//creat.cpp
#include <iostream>
#include "create.h"

CreateAndDestroy::CreateAndDestroy( int value )
{
    data = value;
    cout << "Object " <<data<<" constructor";
}

CreateAndDestroy:: ~CreateAndDestroy()
    { cout << "Object " << data<<"destructor "<<endl;}

//example.cpp
#include <iostream.h>
#include "create.h"

void create(void);                //函数原型声明

CreateAndDestroy first(1);     //first 全局对象
```

```
int main()
{
    cout << "    (global created before main)" << endl;

    CreateAndDestroy second(2);            //second 局部对象
    cout << "    (local automatic in main)" << endl;

    static CreateAndDestroy third(3);      //third 静态局部对象
    cout << "    (local static in main)" << endl;

    create();    //call function to create objects

    CreateAndDestroy fourth(4);            //fourth 局部对象
    cout << "    (local automatic in main)" << endl;
    return 0;
}

//生成对象的函数
void create(void)
{
    CreateAndDestroy fifth(5);             //fifth 局部对象
    cout << "    (local automatic in create)" << endl;

    static CreateAndDestroy sixth(6);      //sixth 局部对象
    cout << "    (local static in create)" << endl;

    CreateAndDestroy seventh(7);           //seventh 局部对象
    cout << "    (local automatic in create)" << endl;
}
```

程序运行输出结果：

```
Object 1    constructor    (global created before main)
Object 2    constructor    (local automatic in main)
Object 3    constructor    (local static in main)
Object 5    constructor    (local automatic in create)
Object 6    constructor    (local static in create)
Object 7    constructor    (local automatic in create)
Object 7    destructor
Object 5    destructor
Object 4    constructor    (local automatic in main)
```

```
Object 4      destructor
Object 2      destructor
Object 6      destructor
Object 3      destructor
Object 1      destructor
```

9.5 综 合 示 例

前面曾多次谈到在面向对象程序设计中，定义一组有内涵的、简单且健壮的类是面向对象程序设计的基础和关键。本节给出两个类的定义实现代码，以进一步说明和展示如何有效地定义实例类。

例 4 定义一个日期类 Date。

```cpp
class Date        //类的界面
{
    int d, m, y;
    static Date default_date;
public:
    enum Month{jan=1, feb, mar, apr, may, jun, jul, aug, sep, oct, nov, dec};
    class Bad_date{ };
    Date(int dd=0, Month mm=Month(0), int yy=0);
    int day( ) const;
    Month month( ) const;
    int year( ) const;
    /* ... */
    static void set_default(int, Month, int);
    Date& add_year(int n);
    Date& add_month(int n);
    Date& add_day(int n);
    /* ... */
    int leapyear(int);
};


Date::Date(int dd, Month mm, int yy)      //类的实现
{
    if(yy==0) yy=default_date.year();
    if(mm==0) mm=default_date.month();
    if(dd==0) dd=default_date.day();
```

```cpp
    int max;
    switch(mm)
    {
    case feb:
        max=28+leapyear(yy);
        break;
    case apr: case jun: case sep: case nov:
        max=30;
        break;
    case jan: case mar: case may: case jul: case aug: case oct: case dec:
        max=31;
        break;
    default:
        throw Bad_date();
    }
    if(dd<1 || max<dd) throw Bad_date();
    y=yy;
    m=mm;
    d=dd;
}

Date Date::default_date(1,Month(1),1970);    //类静态成员的初始化

int Date::day() const
{
    return d;
}

Date::Month Date::month() const
{
    return (Month)m;
}

int Date::year( ) const
{
    return y;
}

void Date::set_default(int yy, Month mm, int dd)
```

```
{
    int max;
    switch(mm)
    {
    case feb:
        max=28+default_date.leapyear(yy);
        break;
    case apr: case jun: case sep: case nov:
        max=30;
        break;
    case jan: case mar: case may: case jul: case aug: case oct: case dec:
        max=31;
        break;
    default:
        throw Bad_date();
    }
    if(dd<1 || max<dd) throw Bad_date();
    default_date.y=yy;
    default_date.m=mm;
    default_date.d=dd;
}


Date& Date::add_year(int n)
{
    y+=n;
    return *this;
}


Date& Date::add_month(int n)
{
    if(n==0) return *this;
    if(n>0)
    {
        int delta_y=n/12;
        int mm=m+n%12;
        if(12<mm)
        {
            delta_y++;
            mm-=12;
```

```
        }
        y+=delta_y;
        m=Month(mm);
        return *this;
    }
    return *this;
}

Date& Date::add_day(int n)
{
    while(n>365)
    {
        if(d<=28&&m<=2&&leapyear(y)||leapyear(y+1))
        {
            y++;
            n-=366;
        }
        n-=365;
    }
    while(n)
    {
        switch(m)
        {
        case jan:
        case mar:
        case may:
        case jul:
        case aug:
        case oct:
        case dec:
            if(d+n>31)
            {
                m++;
                if(m>12)
                { m=1; y++;}
                n-=(32-d);
                d=1;
            }
            else
```

```
            {
                d+=n;
                n=0;
            }
            break;
        case apr:
        case jun:
        case sep:
        case nov:
            if(d+n>30)
            {
                m++;
                n-=(31-d);
                d=1;
            }
            else
            {
                d+=n;
                n=0;
            }
            break;
        default:
            if(d+n>28+leapyear(y))
            {
                m++;
                n-=(28+leapyear(y)+1-d);
                d=1;
            }
            else
            {
                d+=n;
                n=0;
            }
        }
    }
    return *this;
}

int Date::leapyear(int yy)
```

```
{
if(yy%400==0||yy%4==0&&yy%100)
    return 1;
return 0;
}
```

例5　定义一个堆栈类。

```
class Stack{
public:
    enum{MaxStack = 20};
            //未命名的枚举类型，MaxStack 表示栈所允许的最大元素个数
    Stack()
    {
        top = -1;
    }
    void push(int n )
    {
        if(isFull())
        {
            errMsg("Full stack. Can't push.");
            return;
        }
        arr[++top]=n;
    }
    int pop()
    {
        if(isEmpty())
        {
            errMsg("Empty stack. Popping dummy value.");
            return-1;
        }
        return arr[top--];
    }
    bool isEmpty()
    {
        return top < 0;
    }
    bool isFull()
    {
```

```
                return top = MaxStack-1;
            }
            void print()
            {
                cout<<"Stack contents, top to bottom:\n";
                for(int i = top; i>= 0; i--)
                        cout<<'\t'<<arr[i]<<'\n';
            }
    private:
            void errMsg(const char* msg)            //支持函数
            {
                cerr<<"\n*** Stack operation failure: "<<msg<<'\n';
            }
            int top;                                //栈顶指针
            int arr[MaxStack];
    };
```

小 结

　　一个自定义类型——类是应用领域中一个概念的具体表示或抽象。在应用领域中，当一个概念无法用基本类型直接表达时，我们就应当定义一个新的自定义类型——类来表达这一概念。

　　在面向对象的程序设计中，类是程序的基本构件。

　　一个类由两部分组成：数据成员和成员函数。一个类中的数据成员描述了该类对象的属性或状态，它构成了这个类的值集，并使得这个类所有的实例具有统一的存储结构，持有不同的状态(持有不同的数据成员值)；一个类中的成员函数(public)构成了这个类的操作集，并使得这个类的所有实例具有统一的行为特征，但具体的行为表现与具体实例的状态相关。

　　使得统一的行为特征与具体的行为表现有机地结合在一起的，就是对象的自身引用机制 this。

　　类使得自定义类型获得了与基本类型同等的地位。

　　要使得这样的地位名副其实，一方面应对类的成员进行合理的访问控制，另一方面就应当由所有成员函数合作进行数据成员值的合法性控制，对使用不当和程序执行中发生的异常加以检测、抑制和负责任的处理。

　　在定义类时，应对类的成员函数进行合理的功能、职责划分，并采取一系列手段，使得定义的类尽可能简单、健壮。

　　对象是类的一个实例。对象与普通数据不同，它是一个"主动的数据"，它能根据外界的请求自动地改变其自身的状态。

　　C++的对象有多种类别，生存期亦有长有短，但其构造(系统自动调用构造函数)和析构(系统自动调用析构函数)的方式都是类似的。

　　为了向用户提供灵活的类对象生成方式，定义类时我们应定义一组过载的构造函数，并恰当地使用函数参数缺省值机制将其数目限制在尽可能小的范围内。同时应自定义拷贝构造函数以供类本身(类对象在参数传递和返回时需调用拷贝构造函数)及用户进行对象的深拷贝。

　　在类的定义中，如果动态申请了系统资源，则必须牢记自定义析构函数，并在其中显式地释放这些资源以防止系统资源的泄露殆尽。

　　应用中定义一组有确定内涵的、高质量的类，并保证其对象的"善始善终"，是面向对象程序设计的基本要求。

练习题

1．什么是类(Class)？在类的定义中，类由哪两部分组成？每一部分各表示什么？

2．给定以下程序：

```cpp
#include <iostream>
using namespace std;
void main()
{
    cout<<"Hello, welcome you study C++!\n");
}
```

在不修改 main 函数的前提下，修改上述程序使之产生如下输出：

Initialize

Hello, welcome you study C++!

Clean up

3．设计并实现一个整型堆栈类(Stack)，该类具有以下操作：

(1) void push(int n);　　　　　　//压栈操作

(2) int pop();　　　　　　　　　//弹栈操作

(3) bool isEmpty();　　　　　　//判断栈是否为空？

(4) bool isFull();　　　　　　　//判断栈是否满？

(5) void dump();　　　　　　　//自栈顶向下读取堆栈中的元素

4．设计并实现一个和基本类型 int 功能类似的 MyInteger 类，该类对外提供如下操作：

(1) int add(int x1, int x2);　　　　//加法操作

(2) int sub(int x1, int x2);　　　　//减法操作

(3) int mul(int x1, int x2);　　　　//乘法操作

(4) int div(int x1, int x2);　　　　//除法操作

(5) int mod(int x1, int x2);　　　　//求余操作

注意：实现类时，对某些操作应做相应的异常处理。

5. 设计并实现一个 Date 日期类，其中该类对外提供多种对象生成方式，且具有读取和修改日期对象值的若干方法。

6. 根据以下账号类 Account 的界面定义，完成其实现。

```
class Account{
    int number;                      //账号
    float currentBalance;            //当前余额
    static float miniBalance;        //最小余额
public:
    Account(int n)                   //构造函数
    void deposit(float x);           //存钱操作
    void deduct(float y);            //取钱操作
    static float setMiniBalance();   //设置最小余额
};
```

7. 根据以下类的界面定义，完成类 Table 各方法的实现。

```
struct Person {
    const char* s;                   //表示人名的字符串
    int age;                         //年龄
    };


  class Table {
    Person* p;                       //元素个数为 sz 的数组，空间是动态申请的
    int sz;
    public:
    Table(int s = 15);               //构造函数，取数组尺寸的缺省值为 15
    Table(const Table& t);           //拷贝构造函数
    ~Table();                        //析构函数
    Person* lookup(const char*);     //根据人名查找其在数组中第一次出现的位置
    Person* lookup(int age);         //根据年龄查找其在数组中第一次出现的位置
    bool    insert(Person*);         //在动态数组中插入一个人
};
```

第10章　操作符重载

本章要点：

- ☐ 操作符重载的基本概念；
- ☐ 操作符重载的基本要求；
- ☐ 友元类与友元函数；
- ☐ 几种特殊操作符的重载；
- ☐ 类中需定义的一些基本操作。

10.1　概　　述

第 9 章我们讨论了类的基本概念及其定义方法。一个类(Class)是应用领域中一个概念的具体表示和抽象，它由数据成员和成员函数两部分组成。数据成员描述了该类对象的属性，其方法描述了该类对象所具有的行为，是类的操作集。对对象的操作我们只能通过向它发消息来完成，即通过调用对象所属类的方法来实现。

长期以来，在每一种技术和非技术领域都已发展出了方便的简化记号，以使一些常用概念的表达和讨论更为方便。例如，在表达算术运算的加、减、乘、除时，用 "+"、"–"、"*"、"/" 这样的简化符号显然要比用 add、minus、multiply、divide 或一些函数调用等表示形式更方便、简单。

在程序设计语言中，由基本类型所提供的操作许多都是用操作符而不是用函数来表示的。这既是为了以习惯的方式使人易于理解，同时也是为了体现操作符的优先顺序、交换律、结合律等。

在用户自定义类型中，使用操作符而不是用函数来表示所提供的某些操作，可以收到同样的效果。特别是在某些类中，如矩阵、复数、字符串等，用简化的操作符而非函数(即用成员方法)表示操作会更方便、简洁。

C++允许用户在自定义类型时，对语言基本类型的操作符集中的大多数操作符在类中进行**重载/过载(Overloading)**，但前提是它们与基本类型用操作符表示的操作、与其它用户自定义类型用操作符表示的操作之间不存在冲突与二义性(即在某一特定位置上，某一操作符应具有确定的、唯一的含义)。

编译程序判断操作符的定义是否存在冲突与二义性的依据是类型及其类型操作集的定义。

10.2　操作符重载

C++允许对大多数基本类型的操作符进行重载。在用户自定义类型中，C++允许重载定义的操作符是(共计 42 个)：

+	–	*	/	%	^	&
		~	!	=	<	>	+=
–=	*=	/=	%=	^=	&=	|=
<<	>>	>>=	<<=	==	!=	<=
>=	&&	||	++	––	–>*	,
–>	[]	()	new	new[]	delete	delete[ ]

不允许在用户自定义类型中重载定义的操作符是(共计 6 个)：

| :: | . | .* |
| ?: | sizeof | typeid |

此外，C++不允许在自定义类型中重载定义新的操作符，例如不允许在 C++中重载定义一个新的操作符**(求幂运算)。

在 C++中可采用类内的非静态成员函数或普通函数进行操作符的重载。

C++规定：在对操作符@进行重载时(各种操作符暂以@简记)，其重载的函数名必须为 operator @。例如，对于复数类 Complex，我们分别重载了"+"、"*"(利用非静态成员函数重载)和"=="(利用普通函数重载)操作符，则其相应的重载函数名分别为 operator+、operator*和 operator==。示例代码如下：

```
class Complex {
    double re, im;
public:
    Complex(double r, double i): re(r), im(i) { }

    Complex operator+ (Complex c);      //类非静态成员函数重载操作符+
    Complex operator* (Complex c);      //类非静态成员函数重载操作符*
};

bool operator== (Complex, Complex); //普通函数重载操作符==
```

当在一个类中定义了重载操作符后，在程序中调用重载定义操作符的方式，既可以是在表达式中直接引用操作符，也可以调用操作符重载函数。示例代码如下：

```
void f()
{
    Complex a = Complex(1, 3.1);
    Complex b(1.2, 2);
    Complex c = b;
```

```
a = b + c;                  //引用操作符方式
a = b.operator+(c);         //函数调用方式
bool e = a == b;            //引用操作符方式
e = operator==(a, b);       //函数调用方式
}
```

除三元操作符外，C++允许对语言基本类型的操作符集中的大部分一元及二元操作符进行重载。下面我们分别讨论这两种类别操作符的重载。

10.2.1　二元操作符的重载

当重载二元操作符时，一般而言，既可以用类的非静态成员函数进行重载(此时参数表中仅需给出第二操作数，第一操作数必须是类类型，且其值*this由系统自动传递)，亦可用普通函数进行重载(参数表中需给出参加操作的两个操作数)。少数操作符除外，它们仅能由类的非静态成员函数重载。

总之，对一个 C++ 允许重载的二元运算符@而言，可用类的非静态成员函数或者用普通函数对其进行重载。同时，亦可以像基本类型一样，允许参加@运算的两个操作数的类型不同，因此，在类中可能有一组重载的操作符 operator@函数，若程序中出现了：

　　aa @ bb　　　　　　　//aa,bb 分别代表参加@运算的两个操作数

可被解释成：

　　aa.operator@(bb)　　//@操作符用成员函数重载

或

　　operator@(aa, bb)　　//@操作符用普通函数重载

至于@是用类的非静态成员函数重载还是用普通函数重载，这取决于操作符@本身的性质(有些操作符必须用类的非静态成员函数重载)及操作数的类型。

假定，一个类 X 已定义了一组重载的"+"操作符，则程序对"+"的匹配情况如下：

```
class X {
public:
    void operator+ (int);         //成员函数重载，操作数的类型为 X,int
    X(int);
};
void operator+ (X, X);            //普通函数重载，操作数的类型为 X,X
void operator+ (X, double);      //普通函数重载，操作数的类型为 X,double

void f(X a, X b)
{
    a + 1;          //匹配类 X 的成员函数 operator+(int)
    1 + a;          //匹配普通函数 operator+(X,X), 1 转换成 X(1)(见后续内容)
    a + b;          //匹配普通函数 operator+(X,X)
    a + 1.0;        //匹配普通函数 operator+(X,double)
}
```

10.2.2　一元操作符的重载

对于一元操作符 @ 而言，像二元操作符一样，不论它是前缀操作符还是后缀操作符，它们既可以用类的非静态成员函数进行重载(没有参数，操作数由系统自动传递 *this)，亦可以用普通函数进行重载(取一个参数)。

由于 C++ 中的自增、自减运算符有前缀和后缀之分，因此为了区别起见，其前缀用 operator@()(类的非静态成员函数重载)和 operator@(操作数)表示(普通函数重载)；后缀用 operator (int)(类的非静态成员函数重载)、operator@(操作数, int)表示(普通函数重载)。其中：int 类型的参数仅用于区分前缀与后缀操作，调用时可给一任意整数值。一元操作符的重载及匹配见下面的示例代码。

```
class X {
  // ...
public:
  X* operator& ( );          //一元前缀取地址&操作符重载
  X   operator& (X);         //二元位与&操作符重载
  X   operator++ (int);      //一元后缀++操作符重载
};

X operator-(X);             //一元负号操作符重载
X operator-(X, X);          //二元减操作符重载
X operator--(X&, int);      //一元后缀自减--操作符重载

void f(X x)
{
  X* p = &x;
  X* q = x.operator&();     //匹配 operator&()，取地址
  X   x2 = *p & x;          //匹配 operator& (X)，位与
  x2 = *p.operator&(x);     //匹配 operator& (X)，位与
  x2 = p-> operator&(x);    //匹配 operator&(X)，位与
  X   x3 = x++;             //匹配 operator++ (int)，后缀++
  x3 = x.operator++(0);     //匹配 operator++ (int)，后缀++
  x3 = -x;                  //匹配 operator- (X)，一元负
  x3 = x2-x1;               //匹配 operator- (X, X)，二元减
  x3 = x--;                 //匹配 operator-- (X&, int)，后缀--
}
```

从上述示例可看出：操作符重载时(不论是一元操作符还是二元操作符)，一方面要求不能新定义一个操作符；另一方面要求所重载定义的操作符不仅与原操作符的语法(如参加操作的操作数数目、优先级、结合律等)相吻合，而且亦应与它原有的语义相吻合，即重载定义的操作符只能是原操作符语法、语义在类中的延伸，而不能是对其原有语法、语义的颠覆。

　　在下面的示例代码中，由于在重载定义操作符时对操作符的语法、语义进行了颠覆，因此导致语法错误。

```
class X {
    // ...
public:
    // ...
    X   operator& (X, X);          //错误!定义了一个三元的&
    X   operator/ ();              //错误!定义了一个一元除/
};


X operator-();                     //错误!定义了一个零元的减-
X operator-(X, X, X);              //错误!定义了一个三元的减-
X operator%(X);                    //错误!定义了一个一元的求余%
```

　　在重载操作符时，C++还有一些语法限定，它们是：

　　(1) 重载定义操作符 =、[]、()、->时必须用类的非静态成员函数进行重载，以保证其第一操作数一定是左值(lvalue)，即一定要保证第一操作数为自定义类的类型。

　　(2) 不允许在重载定义操作符时使得所有操作数都是基本类型，这也就是说，重载定义操作符时至少有一个操作数应是自定义类型。

　　(3) 欲使第一操作数为基本类型的操作符重载，则不能用成员函数重载。

10.3　类型转换操作符

10.3.1　类型转换函数

　　对象参加运算时，像基本类型一样也常常需要类型之间的转换。一个类型的对象能否转换成其它类型的对象，取决于对象所属的类中是否定义了类型转换函数。

　　一个类若其构造函数只有一个参数，则该构造函数不仅具有构造函数本身的功能(生成和初始化对象)，而且还具有从构造函数的参数类型隐式转换到类类型的功能，即类中具有一个参数的构造函数担当着构造与初始化类对象及类型转换的双重角色。例如：

```
class X{
    int value;
public:
    X(int);        //具有 int->X 类型转换的功能
    // ...
};

void f()
{
```

```
    //...
    X x1=2;        //等价于 X(2)
    //...
}
```

在 X x1=2; 语句中, 整型量 2 首先根据类 X 提供的类型转换功能, 将其转换成 X 类型, 然后再赋给类 X 的对象 x1。

虽然用构造函数实现类型的转换十分方便, 但构造函数并不能实现下述两种类型的转换:

(1) 从用户自定义类型到基本类型的转换;

(2) 自定义类型 A 到另一个自定义类型 B 的类型转换。

总之, 具有一个参数的构造函数类 A 只能实现构造函数的参数类型(可为任意类型)到 A 类型的转换, 而不能实现类 A 到其它类型(基本类型或自定义类型)的转换。

C++允许用操作符重载机制进行自定义类型到其它类型的转换(要求用类的非静态成员函数实现), 这样的重载函数术语上称为**类型转换函数(Type Conversion Function)**。

C++规定一个任意的自定义类 A 的类型转换函数界面为

operator T() //T 为类型(基本类型或自定义类型)名, 注意: 函数无返回类型并无实参

该函数可实现类 A 到类型 T 之间的类型转换。

下面给出一具体实例, 来展示类型转换函数的定义、调用方法。类 Tiny 是一个非负的且其值域为[0,···,63]的整数抽象, 它可和整型数进行各种算术运算。

```
class Tiny {
    char v;
    void assign(int i)                //支持函数
    {
      if(i&~077) throw Bad_range();   //若 i 为负或超出值域[0,···,63]则抛出异常
      v=i;
    }
public:
    class Bad_range { };              //异常类
    Tiny(int i) {assign(i);}          //构造函数, 并可实现 int→Tiny 的类型转换
    Tiny& operator=(int i)            //操作符=重载
    {
        assign(i);
        return *this;
    }
    operator int() const             //类型转换函数, Tiny→int
                                     //注意: 类型转换函数不能定义返回类型
    {
        return v;
    }
```

```
      };

      void f()
      {
            Tiny c1=2;            //2 转换成 Tiny 类型后赋值
            Tiny c2=62;           //62 转换成 Tiny 类型后赋值

            /* c1 和 c2 转换为 int 类型后参加算术运算，其结果再转换成左值类型 Tiny 后
               进行赋值
            */
            Tiny c3=c2−c1;
            int i=c1+c2;          //i=64
            c1=c1+c2;             //超出值域
            i=c3−64;              //64 转换成 int 类型后运算，结果为负超出值域
      }
```

10.3.2 歧义性(二义性)问题

在一个类中，利用操作符重载机制可能既重载定义了操作符，又定义了类型转换。例如，在类 Tiny 中，假设利用普通函数又重载了操作符 "+"：

```
      int operator+(Tiny, Tiny);
```

则当一个 Tiny 类型的量和一个 int 类型的量参加运算时，将出现二义性错误。例如：

```
      void f(Tiny t, int i)
      {
            t+i;    //歧义性!是 operator+(t,Tiny(i))还是 int(t)+i?
      }
```

因此，利用操作符重载机制同时进行操作符重载和类型转换函数的定义时要慎重，以免出现歧义性。

10.4 友 员

类是一个封装体，它对外只暴露接口，隐藏其实现。但编程中可能出现类 A 以外的另一个类或函数 f 需要对类 A 的私有部分进行访问的情况，从而打破类 A 的封装性。

C++通过声明类 B 或函数 f 是类 A 的**友员类(Friend Class)**或友员函数(Friend Function)来达到上述目的。

声明一个类或函数是另一个类的友员的语法如下：

```
      class A{
            //...
            friend class B;        //声明类 B 是类 A 的友员类，B 的实现可写在类外
```

```
    friend int f();        //声明函数 f 是类 A 的友员函数，f 的实现可写在类外
    //...
};
```

语法上友员的声明可放置在类 A 中的任意位置，即可任意放在类中的 private、public 或 protected 段中。

友员函数和友员类是一种关于局部破坏封装的机制。由于 C++ 语言本身无法防止打破封装机制的滥用，因此该机制应慎用。

以 Complex 类为例，==操作符重载函数(普通函数)由于需要对 Complex 私有数据成员进行访问，因此，应将它声明为类 Complex 的友员函数：

```
class Complex {
    double re, im;
public:
    Complex(double r = 0, double i = 0)
        : re(r), im(i) { }
    // ...
    friend bool operator== (Complex, Complex);
    //声明 operator==函数为类 Complex 的友员函数
};


bool operator== (Complex c1, Complex c2)        //==操作符重载函数
{
        return fabs(c1.re−c2.re) <= 0.0000001 &&
            fabs(c1.im−c2.im) <= 0.0000001;

}
```

采用友员机制在很多情况下只是不得以而为之的权宜之计，但这种机制的合理使用，可以限定一个类具体到在某个(些)其它类或函数中可见。例如，应用中需要类 A 仅对类 B 和 f 可见，利用友员机制可实现之。示例代码如下：

```
class A {
//A 对于函数 f 和类 B 是不封装的
friend void f();
friend class B;
private:
    int a1;
    void g();
/* 注意：A 没有 public 成员，意味着只有函数 f 和类 B 的所有成员函数能够访问 A 的
        内容
*/
};
```

操作符进行重载时，除了某些特殊的操行符外，大部分的操作符既可以用友员函数重

载，亦可以用成员函数重载，那么，我们应如何选择呢？基本准则是：

(1) 需要继承的操作符(后续章节讲述)只能用类的非静态成员函数重载。

(2) 二元操作符经常用友员函数重载，特别是返回值类型是 bool 时。

当既可用友员函数又可用类的非静态成员函数重载操作符时，注意不要重复定义操作符的语义。

10.5　大型对象

当进行操作符的重载时，有时需要传递大型对象。因此，当对象的规模很大时(常称为大型对象)，如果仍采用值调用和值返回方式来重载定义操作符，就应当考虑运行时复制它们的开销。另外，若对象的数据成员有指针，则采用值调用和值返回可能导致不期望的结果。为避免上述两方面的问题，应当考虑采用引用调用和引用返回的方式。

以下给出了大型对象操作符重载的两种实现方案，读者可比较它们的优劣。

方案 1：

```
class Matrix {
    double m[400][400];        //大型对象
public:
    Matrix();
    friend Matrix operator+ (const Matrix&, const Matrix&);
    //…
};

Matrix operator+ (const Matrix& arg1, const Matrix& arg2)//对象值返回
{
    Matrix sum;
    for (int i = 0; i < 400; i++)
        for (int j = 0; j < 400; j++)
            sum.m[i][j] = arg1.m[i][j] + arg2.m[i][j];
    return sum;         //这里需要执行开销较大的成员对成员的复制操作
}
```

方案 2：

```
class Matrix {
    double m[400][400];
public:
    Matrix();
    friend Matrix& operator+ (const Matrix&, const Matrix&);
    //…
};
```

```
Matrix& operator+ (const Matrix& arg1, const Matrix& arg2)
{
    static Matrix sum;        //引用返回的应是 static 类型
    for (int i = 0; i < 400; i++)
        for (int j = 0; j < 400; j++)
            sum.m[i][j] = arg1.m[i][j] + arg2.m[i][j];
    return sum;               //执行较小开销的复制操作
}
```

10.6　类中应具有的基本操作

在类和操作符重载这两种机制的支持下，我们有了设计和实现在表现形式、使用方式等方面与 C++基本类型具有同等地位的自定义类型的权利。相对于传统程序设计语言而言，这种权利是非同寻常的。

然而，这种权力的赋予并不意味着我们只要用一个类来定义某个自定义类型、用一些成员函数或重载的操作符来定义该自定义类型上的常用操作，就一定能够使这个自定义类型像基本类型那样完备和坚固，当然不是！

我们还应继续深入地理解与利用类和操作符重载这两种机制，在自定义类型中提供更多的、类似于基本类型那样的支持。

一般而言，一个自定义类型应具备一些最基本/重要的操作，才能为类的完备性与坚固性打下基础。因此，在设计自定义类型时，一般需要其具有的最基本操作是：

◆ 提供全面的对象复制操作(特别是当 Destructor 中含有对象释放动态申请的存储空间之类的操作时)；

◆ 以重载操作符的方式提供必要的数组、函数调用、指针操作；

◆ 必要时，可以用成员类(Member Class)的方式在自定义类型中提供所需要的、实现上的支持。

下面用一个实例说明在类中重载一些必需的操作符以保证类的可用性和健壮性。

在第 9 章中定义的类 Table 如下：

```
class Name {
    const char* s;
    /* ... */
};

class Table {
    Name*   p;
    size_t sz;
public:
    Table(size_t s = 15) {p = new Name[sz = s];}
```

```
    ~Table() {delete [] p;}
    /* ... */
};
```

下面我们将会看到：由于类 Table 中缺乏一些基本的操作，将导致它不仅不具有坚固性，而且这样定义的类根本就不可用！(注意：类 Table 的构造函数中具有动态申请内存资源的动作，析构函数中具有释放动态申请内存的动作。)

假定在函数 h 中用户有如下动作：

```
void h()
{
    Table t1;
    Table t2 = t1;          //t1 对 t2 的拷贝是一个浅拷贝
    Table t3;
    t3 = t1;                //赋值操作后，t3 所分配的内存将丢失
}
```

则当函数执行完时，将出现浅拷贝与动态申请的内存资源丢失的问题，如图 10.1 所示。

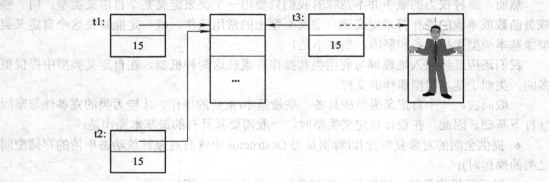

图 10.1　使用类 Table 的问题

上述程序代码出现的问题如下：

(1) t1 对 t2 的拷贝是一个浅拷贝；

(2) t3 所指的内存丢失；

(3) h 函数执行完时，对 t1、t2 和 t3 共同所指的内存空间析构了三次。

因此，一个妥善定义的类型(Well-defined Type)，必须要考虑到所有可能出现的、合法的使用情况，以保证类的健壮性。

下面我们分别阐述定义类时应主要考虑的几种因素及应对策略。

(1) 在一个类 X 的析构函数中，如果完成了诸如释放动态申请的内存等非平凡任务，那么，这个类就必须定义一组完备的成员函数以全面控制对象的构造、析构与拷贝，以保证类的健壮性，即类 X 应具有如下基本的操作：

```
class X {
// ...
    X(Sometype);            //自定义构造函数，实现对象的构造与初始化
    X(const X&);            //拷贝构造函数，实现对象的深拷贝
```

```
    X& operator=(const X&);          //重载赋值，先清除左值对象，再进行拷贝
    ~X();                            //析构函数，释放动态申请的资源
};
```

类 Table 即属于上述这种情况。因此为了避免在 h 函数中所发生的问题，Table 类中应提供以下四个基本操作：

```
// Table.h
class Table {
    Name*    p;
    size_t sz;
public:
    Table(size_t s = 15)             //构造函数，动态申请内存
    {
        p = new Name[sz = s];
    }
    Table(const Table& t);           //拷贝构造函数
    Table& operator=(const Table&);  //重载赋值运算符
    ~Table() {delete[ ] p;}          //析构函数
    /* ... */
};


#include "Table.h"


Table::Table(const Table& t)         //拷贝构造函数的实现
{
    p = new Table[sz = t .sz];
    for (int i = 0; i < sz; i++)
        p[i] = t .p[i];
}


Table& Table::operator=(const Table& t)  //重载赋值操作符的实现
{
    if (this != &t) {
        delete[] p;                  //释放左值对象所指空间
        p = new Name[sz = t.sz];     //给左值分配新的空间
        for (int i = 0; i < sz; i++) //给左值赋值
            p[i] = t .p[i];
    }
}
```

类 Table 有了上述四个基本操作，就不会出现如图 10.1 所示的问题，读者不妨测试一下。

(2) 除了定义一个新的对象时进行的对象复制操作和利用重载赋值操作符进行的对象复制操作以外，在下述情况下：

　① 类中的成员函数(包括构造函数)的参数类型为该类的类型时，

　② 类中的成员函数的返回值类型为该类的类型时，

　③ 异常处理，

系统都需调用拷贝构造函数。因此，出现上述情况的类需自定义拷贝构造函数。例如：

```cpp
string g(string arg)        //参数类型为 string 类型
                            //虚实结合时需调用类 string 拷贝构造函数
{
    return arg;             //函数返回值为 string 类型
                            //函数返回时需调用类 string 拷贝构造函数
}

int main ()
{
    string s = "Newton";   // string 对象的初始化
                            //需调用类 string 拷贝构造函数
    s = g(s);
}
```

(3) 由于 C++ 在选择所调用的单个参数构造函数时将进行必要的类型变换，所以可能出现我们不希望的调用。例如 String 类：

```cpp
class String {
    // ...
    String(int n);              //可进行 int→String 类型的转换
    String(const char* p);      //可进行 char*→String 类型的转换
};
```

其中的两个构造函数由于只有一个参数，根据 C++ 语法知，它们不仅具有构造函数的功能，而且还具有类型转换功能(类型转换见注释)。因此，对于下述代码：

```cpp
void f()
{
    String s = 'a';            //s = String((int)'a');
    String s2 = "A string";    //s2 = String("A string");
}
```

程序员将 String s= "a"; 误写成了 String s = 'a';，由于构造函数的类型转换功能，因此系统对此类错误无法防止。

防止上述类似错误的有效办法就是将会发生这种情况的构造函数声明为显式的(explicit)，告诉编译程序调用它时将不进行隐式的类型变换。因此，当类的构造函数重新声明为 explicit 时，编译器将对 String s = 'a';语句报错。

```cpp
class String {
```

```
    // ...
    explicit String(int n);          //不能进行 int→String 的转换，除非显式说明
    String(const char*p);            //可进行 char*→String 的转换
};
```

10.7 几种特殊操作符的重载

10.7.1 下标运算符的重载

重载函数 operator[] 可用于为类的对象定义下标运算的语义。C++语法规定：下标运算符[]只能用类的非静态成员函数重载，且第二元操作数(索引)的类型可为任意类型。

下面的示例说明了下标运算符的重载。

```
// 类型 Student 的定义在头文件 StudentTable.h 中
struct Student {
    char* name;
    int    studentNo;
    // ...
};
const int MAX_TABLE_SIZE = 1000;
class StudentTable {
    Student body[MAX_TABLE_SIZE];
public:
    Student& operator[ ](const char*);    //下标运算符的重载
    Student& operator[ ](const int);      //下标运算符的重载
    // ...
};


#include "StudentTable.h"
#include <cstring>


//下标运算符重载的实现
Student& StudentTable::operator[ ](const char* p)
{
    fot (int i = 0; i < MAX_TABLE_SIZE; i++)     //以 name 为索引取 Student 的元素
        if (strcmp(p, body[i].name)==0)
            return body[i];
    // Exception handling
}
```

```
Student& StudentTable::operator[ ](const int n)
{
    fot (int i = 0; i < MAX_TABLE_SIZE; i++)      //以 studenNo 为索引取 Student 的元素
        if (n == body[i].studentNo)
            return body[i];
    // Exception handling
}

StudentTable st;
void f()
{
    Student s1 = st["张三"];          //以名字为索引取 Student 中的元素
    Student s2 = st[1010101];         //以学号为索引取 Student 中的元素
    // ...
}
```

在类 StudentTable 中，由于重载了下标运算符[]，因此，我们既可以用名字 name 为索引取 body 对象数组中的元素，亦可以用学号 studentNo 为索引取元素。

10.7.2　函数调用操作符的重载

一个函数调用可被看成具有"表达式(表达式列表)"的形式，它是一个二元运算符，左操作数为表达式(一般为函数名)，右操作数为表达式列表(形参列表)。

C++语法规定：函数调用操作符()的重载只能用类的非静态成员函数，虽然是二元运算符，但其第二操作数即表达式列表中的参数数目不限。

一般而言，重载函数调用只适用于类中只有这一个起支配作用的、类似于函数调用的操作。例如：

```
#include <iostream>
#include <iomanip>
using namespace std;

const int MAX=20;
class Matrix{                        //Matrix 类界面
    int* m;
    int row;
    int col;
public:
    Matrix(int, int);                //构造函数
    ~Matrix();                       //析构函数
    int& operator() (int, int);      //()运算符重载
```

```
    void print();
};

//Matrix 类的实现
Matrix::Matrix(int row1, int col1)
{
    if((row1>0 && col1>0) && (row1<=MAX && col1<=MAX))
    {
        row=row1;
        col=col1;
        int n=row1*col1;
        m=new int[n];
        for(int i=0; i<n; i++)
            *(m+i)=i;
    }
    else
    {
        cout<<"error!"<<endl;
        exit(0);
    }
}
Matrix:: ~Matrix()
{
    delete[] m;
}

//函数调用语义：根据参数行、列号取矩阵中对应的元素
int& Matrix::operator()(int r, int c)
{
    static int temp= (*(m+r*col+c));
    return temp;
}

void Matrix::print()
{
    for(int i=0; i<row; i++)
    {
        for (int j=0; j<col; j++)
        {
            cout<<setw(6)<<(*(m+i*col+j));
```

```
        }
        cout<<endl;
    }
}

//测试函数
int main()
{
    int row;
    int col;
    cin>>row>>col;
    Matrix aM(row,col);
    cout<<"The Matrix elements are: "<<endl;
    aM.print();
    cout<<"aM(2,3)="<<aM(2,3)<<endl;
    aM(2,3)=24;
    cout<<"aM(2,3)="<<aM(2,3)<<endl;
    return 0;
}
```

程序运行输入输出结果：

10 10　　　//屏幕输入，以下为屏幕输出

The Matrix elements are:

0	1	2	3	4	5	6	7	8	9
10	11	12	13	14	15	16	17	18	19
20	21	22	23	24	25	26	27	28	29
30	31	32	33	34	35	36	37	38	39
40	41	42	43	44	45	46	47	48	49
50	51	52	53	54	55	56	57	58	59
60	61	62	63	64	65	66	67	68	69
70	71	72	73	74	75	76	77	78	79
80	81	82	83	84	85	86	87	88	89
90	91	92	93	94	95	96	97	98	99

aM(2,3)=23

aM(2,3)=24

10.7.3　指针/指向操作符的重载

在 C/C++中，许多情况下将数组操作与指针操作等同看待。因此，如果自定义类型中引入了重载的数组操作(如下标[])，那么使用者自然希望也定义对应的指针类型操作符->。

重载操作符->对于创建一个"聪明的指针"是非常有用的，即对象就像一个指针一样通过->操作符完成相应的动作。

　　指向操作符->实际上是一个二元操作符，但由于->操作符的第二元操作数的类型无法确定，故 C++将其规定为一元后缀操作符，并且要求只能用类的非静态成员函数进行重载。operator->()重载函数的返回类型只能是一个指针或定义->操作的类类型。例如：

```
// StudentTable.h
struct Student {
    char* name;
    int     studentNo;
    // ...
};

const int MAX_TABLE_SIZE = 1000;

class StudentTable {
    Student body[MAX_TABLE_SIZE];
    int         currentElmt;                //初值为 0
public:
    Student& operator[ ](const char*){ }
    Student& operator[ ](const int) { }
    Student* operator->();                  //注意：虽然是一元后缀操作符，但无参
    // ...
};

Student* StudentTable::operator->()        //->操作符的重载实现
{
    if (currentElmt >= 0 && currentElmt < MAX_TABLE_SIZE)
            return &(body[currentElmt]);
    // Exception handling
}

int main()
{
    StudentTable ps;
    cout<<ps->name<<endl;
}
```

从上述代码可看出，ps 扮演着指针的角色，并且是一个能判断指针操作是否越界的"聪明的指针"。

　　一般而言，若一个类中重载了下标运算符，则相应地应重载->(指向)和*(取内容)操作符，以反映(像基本类型一样)数组与指针操作的等价性。

```
class Ptr_to_Y {                            //指向 Y 类的指针类
    Y* p;
```

```
public:
    Y* operator->() {return p;}          //->操作符的重载
    Y& operator*()    {return *p;}       //*操作符的重载
    Y& operator[](int i) {return p[i];}         //[]操作符的重载
};
```

10.7.4　自增、自减操作符的重载

一旦定义了一个"聪明的指针"类，则此时须在类中重载自增、自减操作符，一方面使得这种"聪明的指针"的操作更加方便，另一方面亦使得它和基本类型的自增、自减操作相对应(指针都具有自增、自减操作)。例如：

```
// StudentTable.h
struct Student {
// ...
};

const int MAX_TABLE_SIZE = 1000;
class StudentTable {                      //界面定义
    Student body[MAX_TABLE_SIZE];
    int       currentElmt;                //初值为 0
public:
    Student& operator[](const char*);     //下标[]运算符的重载
    Student& operator[](const int);       //下标[]运算符的重载
    Student* operator->();                //指向->运算符的重载
    Student& operator++();                //前缀++运算符的重载
    Student   operator++(int);            //后缀++运算符的重载
    Student& operator--();                //前缀--运算符的重载
    Student   operator--(int);            //后缀--运算符的重载
    // ...
};

#include "StudentTable.h"

Student& StudentTable::operator++()        //++前缀操作符的重载实现
{
    if (currentElmt >= 0 &&   currentElmt < MAX_TABLE_SIZE-1)
    {
        return body[++currentElmt];
    }
    // Exception handling
```

```
}
// ...
Student StudentTable::operator-- (int n)//--后缀操作符的重载实现
{
    if (currentElmt > 0 && currentElmt < MAX_TABLE_SIZE)
    {
        return body[currentElmt--];
    }
    // Exception handling
}
```

由于在 C++中无法防止一般指针的越界问题，因此，定义的"聪明的指针"一定要对指针操作的越界问题做相应的处理，从而保证其操作的合法性。

普通的指针无法防止指针越界问题，例如：

```
void f1(T a )                    //T 是一个基本类型
{
    T v[200];
    T* p=&v[0];
    p--;
    *p=a;                        //越界，编译器无法捕获
    ++p;
    *p=a;                        //正确！
}
```

"聪明的指针"能防止指针越界问题，例如：

```
class Ptr_to_T                   //"聪明的指针"类
{
    // ...
};


void f2(T a)
{
    T v[200];
    Ptr_to_T p(&v[0], v, 200);   //p 对象指向 T v[200]的首地址
    p--;
    *p=a;                        //越界，运行时报错！
    ++p;
    *p=a;                        //正确！
}
```

10.7.5 流输入与流输出操作符的重载

C++的流输入运算符>>与流输出运算符<<默认地可用于输入输出 C++的基本类型，另

外还包括 char*类型与 string 类型的字符串，以及基本指针类型所指的内容。

在自定义类型中，可重载流输入与流输出运算符以用于自定义类型对象的输入输出。C++语法规定：重载流输入与流输出运算符时只能用非成员函数(即友员函数)实现，且其界面形式为

```
ostream& operator<<(ostream&, const A&);  //流输出运算符<<的重载
istream& operator>>(istream&, A&);        //流输入运算符>>的重载
```

下面通过一实例来展示流输入与流输出运算符的重载：

```cpp
#include <iostream>
#include <iomanip>
using namespace std;

class PhoneNumber {
      //流输出运算符<<的重载
    friend ostream &operator<<(ostream& output, const PhoneNumber& num);
      //流输入运算符>>的重载
    friend istream &operator>>(istream& input, PhoneNumber& num);
private:
    char areaCode[4];                       //区号
    char number[9];                         //电话号码
};

//流输出运算符<<的重载
ostream &operator<<(ostream& output, const PhoneNumber& num);
    {
    output<<"("<<num.areaCode<< ") "<<num.number;
    return output;
    }
//流输入运算符>>的重载
istream &operator>>(istream& input, PhoneNumber& num);
    {
    input.ignore();                         //跳过(
    input >> setw(4) >> num.areaCode;       //输入区号
    input.ignore(2);                        //跳过)和 space
    input >> setw(9) >> num.number;         //输入电话号码
    input.ignore();                         //跳过-
    return input;
    }

int main()
{
```

PhoneNumber phone; //创建对象 phone

cout << "Enter phone number in the form (029) 88202457 :";
cin >> phone;

cout << "The phone number entered was: " << phone << endl;
return 0;
}

程序运行输入输出结果：

Enter phone number in the form (029) 88202457 :(029) 88204608

The phone number entered was: (029) 88204608

10.8　综 合 示 例

本节给出几个操作符重载的综合应用示例，以进一步向读者阐述和展示操作符重载的相关问题。

例 1　定义并实现一个数组类。

在该范例中所定义的数组类具有以下功能：

(1) 能检测其数组的有效范围；

(2) 所重载的赋值运算能将一个数组整体赋给另一个数组；

(3) 数组对象是自描述的(它能自知其大小)，因而当该对象作为参数传递时，无需传递其数组尺寸；

(4) 可以用流输入运算符和流输出运算符输入输出整个数组；

(5) 数组类中重载了关系运算符==和! =，可进行两个数组的相等与不相等比较(数组类中的 static 的数据成员用于跟踪程序中实例化的数组对象的数目)。

程序清单如下：

```
#include <iostream>
#include <iomanip>
#include <cstdlib>
#include <cassert>
using namespace std;

class My_Array {
    friend ostream& operator<<(ostream &, const My_Array &);
    friend istream& operator>>(istream &, My_Array &);
public:
    My_Array(int = 10);                            //缺省构造函数
    My_Array(const My_Array &);                    //拷贝构造函数
    ~My_Array();                                   //析构函数
    int getSize() const;                           //求数组尺寸
```

```cpp
    const My_Array &operator=(const My_Array&);      // "=" 操作符重载
    bool operator==(const My_Array &) const;         // "==" 关系符重载
    bool operator!=(const My_Array &right) const     // "!=" 关系符重载
    {
       return ! (*this == right);
    }
    int& operator[](int);                            // "[]" 关系符重载
    static int getMy_ArrayCount();                   //返回数组中元素的个数
private:
    int size;                                        //数组尺寸
    int *ptr;                                        //指向数组首元素的指针
    static int My_ArrayCount;                        //计数组对象的个数
};


int My_Array::My_ArrayCount = 0;


//缺省构造函数的实现(缺省值=10)
My_Array::My_Array(int My_ArraySize)
{
    size = (My_ArraySize > 0 ? My_ArraySize : 10);
    ptr = new int[size];
    assert(ptr != 0);
    ++My_ArrayCount;
    for (int i = 0; i < size; i++)
        ptr[i] = 0;
}


//拷贝构造函数的实现
My_Array::My_Array(const My_Array &init) : size(init.size)
{
    ptr = new int[size];
    assert(ptr != 0);
    ++My_ArrayCount;
    for (int i = 0; i < size; i++)
        ptr[i] = init.ptr[i];
}


//析构函数的实现
My_Array:: ~My_Array()
{
```

```
        delete [] ptr;
        --My_ArrayCount;
    }


int My_Array::getSize() const {return size;}

// "=" 操作符的重载
const My_Array& My_Array::operator=(const My_Array& right)
{
    if (&right != this) {    //检查是否自赋值
        if (size != right.size) {
            delete [] ptr;
            size = right.size;
            ptr = new int[size];
            assert(ptr != 0);
        }
        for (int i = 0; i < size; i++)
            ptr[i] = right.ptr[i];
    }
    return *this;
}


// "==" 操作符的重载
bool My_Array::operator==(const My_Array &right) const
{
    if (size != right.size)
        return false;
    for (int i = 0; i < size; i++)
        if (ptr[i] != right.ptr[i])
            return false;
    return true;
}


// "[]" 操作符的重载
int& My_Array::operator[](int subscript)
{
        assert(0 <= subscript && subscript < size);
    return ptr[subscript];
}
```

```cpp
int My_Array::getMy_ArrayCount() {return My_ArrayCount;}

// ">>" 操作符的重载
istream& operator>>(istream& input, My_Array& a)
{
    for (int i = 0; i < a.size; i++)
        input >> a.ptr[i];
    return input;
}

// "<<" 操作符的重载
ostream& operator<<(ostream& output, const My_Array& a)
{
    int i;
    for (i = 0; i < a.size; i++) {
        output << setw(12) << a.ptr[i];
        if ((i + 1) % 4 == 0) //每行输出 4 个
            output << endl;
    }
    if (i % 4 != 0)
        output << endl;
    return output;
}

int main()
{
    //此时数组中没有元素
    cout << "# of My_Arrays instantiated = "
        << My_Array::getMy_ArrayCount() << '\n';
    //创建两个 My_Array 对象并打印之
    My_Array integers1(7), integers2;
    cout << "# of My_Arrays instantiated = "
        << My_Array::getMy_ArrayCount() << "\n\n";

    //打印 integers1 的 Size 和内容
    cout << "Size of My_Array integers1 is"
        << integers1.getSize()
        << "\nMy_Array after initialization:\n"
        << integers1 << '\n';
```

```
//打印 integers2 的 Size 和内容
cout << "Size of My_Array integers2 is"
     << integers2.getSize()
     << "\nMy_Array after initialization:\n"
     << integers2 << '\n';

//输入和输出 integers1 和 integers2
cout << "Input 17 integers:\n";
cin >> integers1 >> integers2;
cout << "After input, the My_Arrays contain:\n"
     << "integers1:\n" << integers1
     << "integers2:\n" << integers2 << '\n';

//采用重载的算符 "!="
cout << "Evaluating: integers1 != integers2\n";
if (integers1 != integers2)
    cout << "They are not equal\n";

//用 integers1 拷贝构造 integers3，之后打印
My_Array integers3(integers1);
cout << "\nSize of My_Array integers3 is"
     << integers3.getSize()
     << "\nMy_Array after initialization:\n"
     << integers3 << '\n';

//采用重载的算符 "="
cout << "Assigning integers2 to integers1:\n";
integers1 = integers2;
cout << "integers1:\n" << integers1
     << "integers2:\n" << integers2 << '\n';

//采用重载的算符 "=="
cout << "Evaluating: integers1 == integers2\n";
if (integers1 == integers2)
    cout << "They are equal\n\n";

//采用重载的算符 "[]"
cout << "integers1[5] is " << integers1[5] << '\n';

//采用重载的算符 "[]"，并创建左值
```

```cpp
    cout << "Assigning 1000 to integers1[5]"<<endl;
    integers1[5] = 1000;
    cout << "integers1:\n" << integers1[5] << '\n';

    //试图采用数组下标界外的元素
    cout << "Attempt to assign 1000 to integers1[15]" << endl;
    integers1[15] = 1000;   //错误！越界

    return 0;
}
```

程序运行输出结果：

```
# of My_Arrays instantiated = 0
# of My_Arrays instantiated = 2

Size of My_Array integers1 is 7
My_Array after initialization:
        0               0               0
        0               0               0

Size of My_Array integers2 is 10
My_Array after initialization:
        0               0               0
        0               0               0
        0               0

Input 17 integers:
1 2 3 4 5 6 7 8 9 10 11 12 13 14 15 16 17
After input, the My_Arrays contain:
integers1:
        1               2               3               4
        5               6               7

integers2:
        8               9               10              11
        12              13              14              15
        16              17

Evaluating: integers1 != integers2
They are not equal

Size of My_Array integers3 is 7
```

My_Array after initialization:

1	2	3	4
5	6	7	

Assigning integers2 to integers1:

integers1:

8	9	10	11
12	13	14	15
16	17		

integers2:

8	9	10	11
12	13	14	15
16	17		

Evaluating: integers1 == integers2

They are equal

integers1[5] is 13

Assigning 1000 to integers1[5]

integers1:

1000

Attempt to assign 1000 to integers1[15]

Assertion failed: 0 <= subscript && subscript < size, file c:\documents and settings\user\桌面\array\array.cpp, line 110

This application has requested the Runtime to terminate it in an unusual way.

Please contact the application's support team for more information.

例 2 设计并实现一个复数类。

复数类是一个典型的数学类，其常用的操作有算术四则运算、求共轭、取反等。本范例对复数类常用的运算进行了操作符重载。

程序清单如下：

```cpp
#include<iostream>
#include<cmath>
using namespace std;

class complex
{
    double re,im;
public:
    complex(double r=0, double i=0):re(r), im(i) { }        //构造函数
```

```cpp
complex(const complex& c):re(c.re), im(c.im) { }        //拷贝构造函数
double real() const {return re;}
double imag() const {return im;}
complex operator-() const;              //一元负号-重载
complex operator~() const;              //共轭运算重载

//四则运算符重载
complex operator+(complex) const;
complex operator-(complex) const;
complex operator*(complex) const;
complex operator/(complex) const;

//复合赋值运算符重载
complex& operator+=(complex);
complex& operator-=(complex);
complex& operator*=(complex);
complex& operator/=(complex);

//普通(友员)函数重载输出运算符
friend ostream& operator<< (ostream& os,complex &cc)
{
    if(cc.imag()>0)
        os<<cc.real()<<'+'<<cc.imag()<<'i';
    else if(cc.imag()==0)
        os<<cc.real();
    else
            os<<cc.real()<<'-'<<-cc.imag()<<'i';
    return os;
}
};

//inline 保证调用效率，const 保证对参数进行只读操作
inline complex complex::operator-() const
{
    complex r(-re, -im);
    return r;
}


inline complex complex::operator~() const
{
```

```
        complex r(re,  −im);
        return r;
}

inline complex complex::operator+(complex a) const
{
        complex r(re+a.re,im+a.im);
        return r;
}

inline complex complex::operator−(complex a) const
{
        complex r(re−a.re, im−a.im);
        return r;
}

inline complex complex::operator*(complex a) const
{
        complex r;
        r.re=re*a.re−im*a.im;
        r.im=re*a.im+im*a.re;
        return r;
}

inline complex complex::operator/(complex a) const
{
        if(a.re==0 && a.im==0)
        {
                cerr<<"Error:Divide by zero!"<<endl;
                return 0;
        }
        complex r,aa=~a;
        r.re=(re*aa.re−im*aa.im)/(a.re*a.re+a.im*a.im);
        r.im=(re*aa.im+im*aa.re)/(a.re*a.re+a.im*a.im);
        return r;
}

inline complex& complex::operator+=(complex a)
{
        re+=a.re;
```

```
        im+=a.im;
        return *this;
    }


inline complex& complex::operator-=(complex a)
{
        re-=a.re;
        im-=a.im;
        return *this;
    }

inline complex& complex::operator*=(complex a)
{
        re=re*a.re-im*a.im;
        im=re*a.im+im*a.re;
        return *this;
    }


inline complex& complex::operator/=(complex a)
{
        if(a.re==0 && a.im==0)
        {
            cerr<<"Error: Divide by zero!"<<endl;
            return *this;
        }
        complex aa=~a;
        re=(re*aa.re-im*aa.im)/(a.re*a.re+a.im*a.im);
        im=(re*aa.im+im*aa.re)/(a.re*a.re+a.im*a.im);
        return *this;
    }

//用友员函数进行关系运算符的重载，使操作符的语法、语义更为明确
bool operator==(complex a,complex b)
{
        return a.real()==b.real()&&a.imag()==b.imag();
    }


bool operator!=(complex a,complex b)
{
        return a.real()!=b.real()||a.imag()!=b.imag();
```

```
}

double arg(complex a)
{
    return atan(a.imag()/a.real());
}

double abs(complex a)
{
    return sqrt(a.real()*a.real()+a.imag()*a.imag());
}

//测试函数
void main(void)
{
    complex a=complex(5.2,8.33);
    complex b=complex(4,2.7);
    cout<<"a="<<a<<endl;
    cout<<"b="<<b<<endl;
    cout<<"-b="<<-b<<endl;
    cout<<"~a="<<~a<<endl;
    cout<<"a+b="<<a+b<<endl;
    cout<<"a-b="<<a-b<<endl;
    cout<<"a*b="<<a*b<<endl;
    cout<<"a/b="<<a/b<<endl;
    cout<<"a==b: "<<(a==b)<<endl;
    cout<<"a==3: "<<(a==3)<<endl;
    cout<<"3==b: "<<(3==b)<<endl;
    cout<<"|a|="<<abs(a)<<endl;
    cout<<"arg(a)="<<arg(a)<<endl;
    cout<<"b+=a,b="<<(b+=a)<<endl;
    cout<<"b+=2,b="<<(b+=2)<<endl;
    cout<<"b+2="<<b+2<<endl;
    complex c=3;
    cout<<"c="<<c<<endl;
    complex d(2);
    cout<<"d="<<d<<endl;
    complex e(a);
    cout<<"e="<<e<<endl;
}
```

程序运行输出结果：
a=5.2+8.33i
b=4+2.7i
−b=−4−2.7i
~a=5.2−8.33i
a+b=9.2+11.03i
a−b=1.2+5.63i
a*b=−1.691+47.36i
a/b=1.85878+0.827823i
a==b:0
a==3:0
3==b:0
|a|=9.81982
arg(a)=1.01274
b+=a,b=9.2+11.03i
b+=2,b=11.2+11.03i
b+2=13.2+11.03i
c=3
d=2
e=5.2+8.33i

例3　设计并实现一个字符串类。

```cpp
#include <iostream>
#include <iomanip>
#include <cstring>
#include <assert.h>
using namespace std;

class String {
    friend ostream &operator<<(ostream &, const String &);
    friend istream &operator>>(istream &, String &);

public:
    String(const char* = "");                     //缺省构造函数
    String(const String&);                        //拷贝构造函数
    ~String();                                    //析构函数
    const String &operator=(const String &);      // "=" 操作符重载
    const String &operator+=(const String &);     // "+=" 操作符重载
    bool operator!() const;                       // "!" 操作符重载
    bool operator==(const String &) const;        // "==" 操作符重载
```

```
    bool operator<(const String &) const;              //"<" 操作符重载
    bool operator>(const String& right) const;         //">" 操作符重载

    //"!=" 操作符重载
    bool operator!=(const String & right) const
        {return !(*this == right);}

    //"<=" 操作符重载
    bool operator<=(const String &right) const
        {return !(*this > right);}

    //">=" 操作符重载
    bool operator>=(const String &right) const
        { return !(*this < right);}

    char& operator[](int);                             //"[]" 下标操作符重载
    String& operator()(int, int);                      //"()" 操作符重载，返回子串
    int getLength()const;                              //求字符串的长度

private:
    int length;                                        //字符串长度
    char *sPtr;                                        //指向字符串首地址
    void setString(const char *);                      //辅助函数
};

//类型转换构造函数实现：将 char*类型转换为 String 类型
String::String(const char* s) : length(strlen(s))
{
    cout << "Conversion constructor: \"" << s << "\"\n";
    setString(s);                                      //调用辅助函数
}

//拷贝构造函数实现
String::String(const String& copy) : length(copy.length)
{
    cout << "Copy constructor: \"" << copy.sPtr << "\"\n";
    setString(copy.sPtr);                              //调用辅助函数
}
```

```
//析构函数实现
String:: ~String()
{
    cout << "Destructor: \"" << sPtr << "\"\n";
    delete [] sPtr;                         //析构 sPtr 所指的空间
}


//重载 "=" 操作符
const String &String::operator=(const String &right)
{
    cout << "operator= called\n";

    if (&right != this) {                   //避免自身赋值
        delete [] sPtr;                     //防止内存泄漏
        length = right.length;
        setString(right.sPtr);
    }
    else
        cout << "Attempted assignment of a String to itself\n";

    return *this;
}

// "+=" 操作符的重载
const String &String::operator+=(const String &right)
{
    char *tempPtr = sPtr;
    length += right.length;
    sPtr = new char[length + 1];
    assert(sPtr != 0);
    strcpy(sPtr, tempPtr);
    strcat(sPtr, right.sPtr);
    delete [] tempPtr;
    return *this;
}

// "!" 操作符的重载，判断字符串是否为空
bool String::operator!() const {return length == 0;}
```

```cpp
// "==" 操作符的重载
bool String::operator==(const String &right) const
    {return strcmp(sPtr, right.sPtr) == 0;}
```

```cpp
// ">" 操作符重载
bool String::operator>(const String& right) const
    {return strcmp(sPtr, right.sPtr) > 0;}
```

```cpp
// "<" 操作符的重载
bool String::operator<(const String &right) const
    {return strcmp(sPtr, right.sPtr) < 0;}
```

```cpp
// "[]" 操作符的重载
char& String::operator[](int subscript)
{
    assert(subscript >= 0 && subscript < length);
    return sPtr[subscript];
}
```

```cpp
// "()" 操作符的重载
String &String::operator()(int index, int subLength)
{
    assert(index >= 0 && index < length && subLength >= 0);
    String *subPtr = new String;
    assert(subPtr != 0);
        if ((subLength == 0) || (index + subLength > length))
        subPtr->length = length−index + 1;
    else
        subPtr->length = subLength + 1;
    delete subPtr->sPtr;
    subPtr->sPtr = new char[subPtr->length];
    assert(subPtr->sPtr != 0);
    strncpy(subPtr->sPtr, &sPtr[index], subPtr->length);
    subPtr->sPtr[subPtr->length] = '\0';

    return *subPtr;
}
```

```cpp
int String::getLength() const {return length;}
```

```
void String::setString(const char *string2)
{
    sPtr = new char[length + 1];
    assert(sPtr != 0);
    strcpy(sPtr, string2);
}


// "<<" 操作符的重载
ostream &operator<<(ostream &output, const String &s)
{
    output << s.sPtr;
    return output;      // enables cascading
}


// ">>" 操作符的重载
istream &operator>>(istream &input, String &s)
{
    char temp[100];
    input >> setw(100) >> temp;
    s = temp;
    return input;
}


int main()
{
    String s1("happy"), s2(" birthday"), s3;

    //测试重载的关系运算符
    cout << "s1 is \"" << s1 << "\"; s2 is \"" << s2
        << "\"; s3 is \"" << s3 << "\""
        << "\nThe results of comparing s2 and s1:"
        << "\ns2 == s1 yields "
        << (s2 == s1 ? "true" : "false")
        << "\ns2 != s1 yields "
        << (s2 != s1 ? "true" : "false")
        << "\ns2 >   s1 yields "
        << (s2 > s1 ? "true" : "false")
        << "\ns2 <   s1 yields "
        << (s2 < s1 ? "true" : "false")
        << "\ns2 >= s1 yields "
```

```
        << (s2 >= s1 ? "true" : "false")
        << "\ns2 <= s1 yields "
        << (s2 <= s1 ? "true" : "false");

//测试重载运算符 "!"
cout << "\n\nTesting !s3:\n";
if (!s3) {
    cout << "s3 is empty; assigning s1 to s3;\n";
    s3 = s1;                      // test overloaded assignment
    cout << "s3 is \"" << s3 << "\"";
}

//测试重载运算符 "+="
cout << "\n\ns1 += s2 yields s1 = ";
s1 += s2;
cout << s1;

//测试类型转换构造函数
cout << "\n\ns1 += \" to you\" yields\n";
s1 += " to you";
cout << "s1 = " << s1 << "\n\n";

//测试重载运算符 "()"
cout << "The substring of s1 starting at\n"
     << "location 0 for 14 characters, s1(0, 14), is:\n"
     << s1(0, 14) << "\n\n";

//测试求子串的操作符重载
cout << "The substring of s1 starting at\n"
     << "location 15, s1(15, 0), is: "
     << s1(15, 0) << "\n\n";      //0 is "to end of string"

//测试拷贝构造函数
String *s4Ptr = new String(s1);
cout << "*s4Ptr = " << *s4Ptr << "\n\n";

//测试重载运算符 "="
cout << "assigning *s4Ptr to *s4Ptr\n";
*s4Ptr = *s4Ptr;                  //test overloaded assignment
cout << "*s4Ptr = " << *s4Ptr << '\n';
```

```cpp
    //测试析构函数
    delete s4Ptr;

    //测试重载运算符 "[]"
    s1[0] = 'H';
    s1[6] = 'B';
    cout << "\ns1 after s1[0] = 'H' and s1[6] = 'B' is: "
         << s1 << "\n\n";

    //测试求子串越界
    cout << "Attempt to assign 'd' to s1[30] yields:" << endl;
    s1[30] = 'd';                    // ERROR: subscript out of range

    return 0;
}
```

程序运行输出结果：

```
Conversion constructor: "happy"
Conversion constructor: " birthday"
Conversion constructor: ""
s1 is "happy"; s2 is " birthday"; s3 is ""
The results of comparing s2 and s1:
s2 == s1 yields false
s2 != s1 yields true
s2 >   s1 yields false
s2 <   s1 yields true
s2 >= s1 yields false
s2 <= s1 yields true

Testing !s3:
s3 is empty; assigning s1 to s3;
operator= called
s3 is "happy"

s1 += s2 yields s1 = happy birthday

s1 += " to you" yields
Conversion constructor: " to you"
Destructor: " to you"
s1 = happy birthday to you
```

Conversion constructor: ""
The substring of s1 starting at
location 0 for 14 characters, s1(0, 14), is:
happy birthday

Conversion constructor: ""
The substring of s1 starting at
location 15, s1(15, 0), is: to you

Copy constructor: "happy birthday to you"
*s4Ptr = happy birthday to you

assigning *s4Ptr to *s4Ptr
operator= called
Attempted assignment of a String to itself
*s4Ptr = happy birthday to you
Destructor: "happy birthday to you"

s1 after s1[0] = 'H' and s1[6] = 'B' is: Happy Birthday to you

Attempt to assign 'd' to s1[30] yields:
Assertion failed: subscript >= 0 && subscript < length, file string.cpp, line 112

This application has requested the Runtime to terminate it in an unusual way.
Please contact the application's support team for more information.

小　　结

　　在类中重载某些操作符有时更便于使用。C++提供了操作符重载机制可供自定义类型中重载操作符。
　　C++允许对大部分的一元和二元操作符进行重载(共计 42 个)，不允许对 6 个操作符：::(作用域解析)、.(取成员)、.*(取成员指针所指内容)、?:(三元运算符)、sizeof(求类型存储量)和 typeid(类型标识号)进行重载。
　　在进行操作符重载时，首先要确定操作符是一元操作还是二元操作，再确定是用类的非静态成员函数还是一般函数进行重载。此外还要注意某些操作符只能用成员函数进行重载，它们是：下标运算符[]、函数调用运算符()、指向运算符->和赋值运算符。大多数二元操作符一般用友员函数进行重载，流输入和流输出运算符只能用友员函数重载。

　　如果是用类的非静态成员函数重载定义操作符，其形参个数比实际操作数个数少 1(只有后缀一元操作符除外)；成员函数所在类的对象是第一操作数*this。

　　实际上，语言基本类型的操作符，最终的动作都是用函数实现的，想象一下 a + b 等价于+(a, b)，就不难理解操作符重载的实现方式。

　　在设计一个类时，始终要注意对使用者的支持，因为类是面向对象程序的基本构件，因此在自定义类时，要用类、操作符重载机制，以及在类中定义一些基本操作等手段来保证类的坚固与安全性。

　　另外，在操作符重载时还要注意对操作的合法性进行全面的控制。

　　当表达一个复杂概念时，有时要引入结构的力量，用一些辅助类型/函数来实现一个类，这样做的好处是能够区分不同作用的数据成员和操作，特别是区分不同生命期的数据成员。

练习题

　　1．在 C++中哪些操作符允许重载？哪些操作符不允许重载？为什么？

　　2．进行 C++操作符重载时有哪几种方式？这几种方式的主要差别是什么？

　　3．设计并实现一个和基本类型 int 的功用及使用方式完全一致的类 INT(提示：在类中定义一个 operator int()类型转换方法)。

　　4．根据下述程序注释中的结果，设计并实现一个 MyString 类。

```
main()
{
    MyString s1 = "0123456789", s2(5), s3, s4(s1);
    s1.display();          //此时显示出: <0123456789>
    s2.display();          //此时显示出: (<     >之间是五个空格)
    s3.display();          //此时显示出: <>
    s4.display();          //此时显示出: <0123456789>
    s3 = s1;
    s3.display();          //此时显示出: <0123456789>
    s2 = s1[2];
    s2.display();          //此时显示出: <23456789>
    s1.display();          //此时显示出: <0123456789>
    s3 = s2++;
    s4=s2+s3;
    s2.display();          //此时显示出: <3456789>
    s3.display();          //此时显示出: <23456789>
    s4.display();          //此时显示出: <345678923456789>
}
```

　　5．设计并实现一个指向 int 类型的"聪明的指针"类 Ptr_to_int(即可判断指针是否发生越界错误，当错误发生时可对其进行处理)。该类对外提供如下操作: *、->、=、++和--。

第 11 章　继承与多态

本章要点：

- 🖳 子类/派生类和继承的基本概念；
- 🖳 子类对象的存储结构；
- 🖳 子类中的成员；
- 🖳 C++的三种继承方式；
- 🖳 虚函数和多态；
- 🖳 运行时的类型识别，RTTI 机制；
- 🖳 多重继承。

11.1　概　　述

按照面向对象的理念，在第 9 章曾经给出过这样一个断言：当某个概念用语言的基本类型不能具体表示时，就应当定义一个新的类型。

由于现实中每个概念不是孤立存在的，它总是和一些相关的概念共同存在，并且可从相关的概念中导出更大的能量，因此，当某个概念与其它概念之间存在着共性关系时，应当在相应的类型之间也表示出这样的关系，这正是面向对象的精粹所在。

孤立的类只能描述实体集合特征的同一性，而客观世界中实体集合的划分通常还要考虑实体特征方面有关联的相似性。

"相似"无非是既有共同点，又有差别。相似性有两种类别。

(1) 内涵的相似性：概念之间具有一般与特殊的关系，它们之间存在着共性。例如雇员(Employee)与经理(Manager)之间的关系就属于此类，一个 Manager 是一个 Employee，而且是一个特殊的 Employee。

(2) 结构的相似性：概念之间具有相似的结构表示。例如数组类 array 和 vector，虽然 vector 是一种特殊的动态数组，但其结构与 array 相同。

那么，如何利用语言中相应的机制来表示这种相似性呢？

(1) 如果将相似的事物用不同的类型来表示，则只能够表示其差别，体现不了它们之间存在着共性这一事实；另外，在不同的类中其共性的表示也可能不一致，当扩充维护过程中需要对其共性部分进行修改时，就面临着保持一致性的问题。

(2) 如果将相似的事物用相同的类型来表示(例如把可能的特征都定义上去，再设法进行投影)，则体现其差别就十分困难，且失去了类型化的支持。一旦需扩充和修改(哪怕只是涉及差别部分)，也将影响用此种类型表示的所有其它事物。

　　显然上述两种做法都不能较准确地表达类型之间的相似关系。

　　C++提供的继承机制可供我们方便地表达类之间的共性。

　　本章将要讨论面向对象程序设计中两个极为重要的机制：**继承(Inheritance)**和**多态(Polymorphism)**。面向对象程序设计的关键之一就是通过继承来实现软件的**重用(Reuse)**，通过多态来实现软件的自适应性和灵活性。

11.2　子类/派生类

11.2.1　子类/派生类与继承的基本概念

　　首先，让我们从一实际问题出发，来看一看如何正确地表达两个概念(雇员类 Employee 与经理类 Manager)之间的相似性。

　　方式 1　将相似的事物用不同的类型表示，但类中重复定义共同的特征。

```
struct Employee {
    string first_name, family_name;
    char middle_initial;
    Date hiring_date;
    short department;
    // ...
};

struct Manager {
    string first_name, family_name;
    char middle_initial;
    Date hiring_date;
    short department;
    list<Employee*> group;   //所管理的雇员列表
    short level;             //管理者的级别
    // ...
};
```

　　(注意：两个类中阴影部分是相同的。)

　　类 Manager 除了具有和 Employee 相同的属性外，还拥有它自己的属性：所管理的雇员列表 list<Employee*> group 和它的级别 short level。

　　方式 2　将相似的事物用不同的类型来表示，类中将共同的特征归纳成一个抽象特征——对象成员来表示。

```
struct Employee {
    string first_name, family_name;
```

```
    char middle_initial;
    Date hiring_date;
    short department;
    // ...
};


struct Manager {
    Employee emp;          //Employee 做为类 Manager 的一个对象成员
    list<Employee*> group;
    short level;
    // ...
};
```

上述两种共性的表示方式对读者特别是细心的读者来讲一目了然，但这种共性关系对编译器和运行环境而言却一无所知！

由于用了两个(没有指明存在共性关系的)类型(类 Employee 和 Manager)来表示它们之间的共性关系，因此一个 Manager*不是一个 Employee*。所以，一个 Manager*不仅不能用于 Employee*出现的场合，而且对于上述的应用而言，Manager*根本插入不到经理类 Manager 所管理的雇员列表 group 对象中。

C++的派生类机制通过定义 Manager 是从 Employee 继承而来的，从而显式地定义了两者之间的共性。继承机制明确表明：一个 Manager 就是一个 Employee，其差异在于一个 Manager 是一个特殊的 Employee。

```
class Manager : public Employee {       //类 Manager 自 Employee 继承而来
    list<Employee*> group;
    short level;
    // ...
};
```

上述定义中，Manager 称为**基类(Base Class)**或**父类(Superclass)**，相应地，Employee 称为**派生类(Derived Class)**或**子类(Subclass)**。

类 Manager 不仅继承了类 Employee 的所有成员(所继承的成员无须在子类中定义)，而且拥有它自己的成员 list<Employee*> group 和 short level。

通常，把一个派生类自它的父类继承(Inherit)而来这种继承关系称为**继承性** (Inheritance)，如图 11.1 所示。

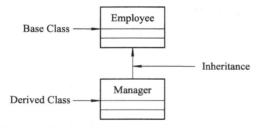

图 11.1 类 Employee 和 Manager 之间的继承关系

注意：与我们常规理念不同的是，派生类通常大于父类。 一个子类不仅继承了其父类的所有数据成员与方法，而且还拥有它自身的数据成员与方法，因此，子类与父类之间满足：

sizeof(<Base Class>)≤sizeof(<Derived Class>)

11.2.2　子类对象的存储结构

子类/派生类对象的存储结构与父类/基类对象的存储结构存在着"粘接"关系，即子类对象的存储结构是其父类对象成员粘接上自己的数据成员，其"粘接"关系如图 11.2 所示。

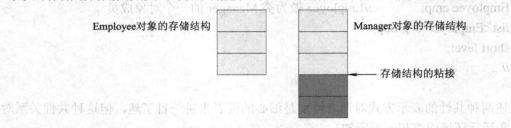

图 11.2　子类对象与父类对象之间存储结构的粘接性

子类与父类之间的关系实际上是一种"是一"(is_a)关系，即子类是一个父类，如图 11.3 所示。

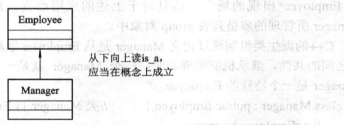

图 11.3　子类与父类之间的"是一"关系

由于父类与子类之间为"是一"关系，因此，一个子类对象一定是一个父类对象。指向父类的指针和引用可用于子类指针和引用出现的场合，但其逆命题不成立。

11.2.3　子类中的成员

当类 Manager 继承 Employee 时，目的除了要表示它们之间的相似关系以外，更重要的是让 Manager 的操作集利用继承关系的描述而自然地发生扩张。对 Employee 数据结构的继承只是手段而不是目的。

利用继承机制达到了子类 Manager 操作集的自然扩张，以及对其操作集的使用不需要了解父类 Employee 操作集的细节。例如：

```
class Employee {                    //父类
    string first_name, family_name;
    char middle_initial;
    // ...
public:
    void print() const;             //打印父类数据成员信息
```

```
    string full_name() const;
    // ...
};


class Manager : public Employee { //子类
    list<Employee*> group;
    short level;
    // ...
public:
    void print() const;                  //打印父类及子类数据成员信息
    // ...
};
```

根据上述定义，类 Manager 是 Employee 的子类，因此，Manager 继承了父类 Employee 的所有成员(构造函数与析构函数除外)。Manager 类的数据成员是：

```
string first_name, family_name;
char middle_initial;
```
⎫⎬⎭ 继承父类的 private 数据成员，但不可访问

```
list<Employee*> group;
short level;
```
⎫⎬⎭ 自己定义的成员函数

Manager 类的成员函数是：

```
void print() const;
string full_name() const;
```
⎫⎬⎭ 继承父类的成员函数

```
void print() const;                          //自己定义的成员函数
```
因此，当 Manager 的 print 函数的功能为打印输出 Manager 对象的所有信息时，其实现为
```
void Manager::print() const
{
    Employee::print();       //调用父类的成员函数
    /*由于父类与子类 print 函数的接口相同，所以调用父类方法时，应用类名约束
    */
    cout<<level;
}
```

11.2.4 子类的构造与析构函数

由于子类继承了父类的数据成员和方法，因此，子类的实例生成和消除与父类的实例生成和消除自然相关。

　　一个子类对象的构造过程是：先构造其父类对象，然后再构造自己。其析构过程与构造过程相反，即先析构自己，然后再析构父类对象。

　　因此，子类的构造函数参数表中的参数应包含两部分：调用基类的对应构造函数所需的参数；子类构造函数所需的参数。

　　子类对象在析构时，子类的析构函数会自动调用基类的析构函数。

　　C++语法规定：在子类中对父类构造函数的调用只能通过初始化表的方式进行。例如：

```
class Employee {
string first_name, family_name;
char middle_initial;
short department;
// ...
public:
void print() const;
string full_name() const;
Employee(const string& n1, const string& n2, char c, short d);
// ...
};

Employee::Employee(const string& n1,const string& n2, char c, short d)
    : first_name(n1),family_name(n2), middle_initial(c),department(d)
{
//...
}

class Manager : public Employee {
list<Employee*> group;
short level;
// ...
public:
void print() const;
Manager(const string& n1, const string& n2, char c, int d, int lvl);
// ...
};
```

```
/* 采用初始化表的方式对父类构造函数进行调用。注意：构造函数参数表冒号后面的
   部分为初始化表 */
Manager::Manager
    (const string& n1,const string& n2, char c, int d, int lvl): Employee(n1,n2,c,d)
{
```

```
        level=lvl;
        // ...
    }
```

总之，子类对象的构造是自顶向下的，即首先构造父类对象，然后构造子类中的对象成员，最后构造子类本身；其对象的析构次序与构造次序相反，即首先析构子类对象，然后析构子类中的对象成员，最后析构基类对象。

在一个类中可能有多个对象成员，另外类层次亦可能为多层，此时，对象成员和基类的构造次序与它们声明的次序相同，析构时与其声明的次序相反。对象的构造与析构次序如下例所示：

```cpp
#include <iostream>
using namespace std;

class Someclass{
    int x;
public:
    Someclass(int x=0)
    {
        cout<<"Constructed someclass object."<<endl;
    }
    Someclass(const Someclass& s)
    {
        x=s.x;
        cout<<"Constructed someclass object."<<endl;
    }
    ~Someclass()
    {
        cout<<"Destructed someclass object."<<endl;
    }
};

class Supperclass{
    int y;
public:
    Supperclass(int y=0)
    {
        cout<<"Constructed supperclass object."<<endl;
    }
    ~Supperclass()
    {
```

```
            cout<<"Destructed supperclass object."<<endl;
        }
    };

class Subclass:public Supperclass {
        Someclass s;         //对象成员
        int z;
public:
        Subclass(int yy, Someclass ss, int zz):Supperclass(yy),s(ss)
        {
            z=zz;
            cout<<"Constructed subclass object."<<endl;
        }
        ~Subclass()
        {
            cout<<"Destructed subclass object."<<endl;
        }
    };

int main( )
{
        Someclass s;
        Subclass s1(1,s,1);
        return 0;
}
```

程序运行输出结果：

Constructed someclass object.	//构造所定义声明的 Someclass 类的 s 对象
Constructed someclass object.	//构造子类参数为 Someclass 类的临时对象
Constructed supperclass object.	
Constructed someclass object.	}//子类对象的构造次序
Constructed subclass object.	
Destructed someclass object.	//析构子类参数为 Someclass 类的临时对象
Destructed subclass object.	
Destructed someclass object.	}//子类对象的析构次序
Destructed supperclass object.	
Destructed someclass object.	//析构所定义声明的 Someclass 对象

11.2.5 子类对象拷贝

通过前面的学习我们已经知道：当一个类自另一个类继承而来时，子类和父类之间就存在着"是一"关系，即一个子类对象亦是一个父类对象，但其逆命题不成立。因此，子类对象可以赋值或拷贝给父类对象，但此时仅将子类对象中相应的父类对象值部分赋值或拷贝给父类对象。例如：

```cpp
//类 Employee 的界面声明
class Employee {
    string first_name, family_name;
    char middle_initial;
    short department;
    // ...
public:
    Employee(const string& n, int d);
    Employee(const Employee&);
    Employee& operator=(const Employee&);
    void print() const;
    string full_name() const;
    // ...
};

//类 Manager 的界面声明
class Manager : public Employee {
    list<Employee*> group;
    short level;
    // ...
public:
    Manager(const string& n1, const string& n2, char c, int d, int lvl);
    Manager(const Manager& m);
    // ...
};

void f(const Manager& m, Employee& e)
{
    Employee e1(m);      //只将 m 中所定义的 Employee 成员拷贝给 Employee 对象 e1
    e1 = m;              //只将 m 中所定义的 Employee 成员赋值给 Employee 对象 e1
    Manager m1(e);       //错误！父类对象不是子类对象，不能进行拷贝
    m1=e;                //错误！父类对象不是子类对象，不能进行赋值
}
```

11.2.6 public、protected 和 private 继承

C++中提供了三种继承父类的方式，即：

◆ 公有继承(public)；
◆ 保护继承(protected)；
◆ 私有继承(private，C++中缺省的继承方式)。
一般常用公有继承，保护继承和私有继承只在一些特殊的场合中使用。
类的每个成员都具有访问控制权限，在第 9 章中已经指出访问控制的作用是：
◆ 使得类的成员函数确实构成了这个类的操作集；
◆ 易于进行出错定位；
◆ 用成员函数的声明组成这个类的接口；
◆ 有利于掌握一个类型的使用方式。
具有各种访问控制的成员对外所具有的能见度如图 11.4 所示。

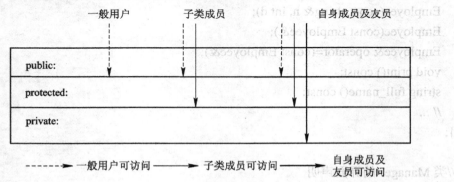

图 11.4　具有各种访问控制的成员的对外能见度

由于有了继承机制，类成员的访问控制就涉及派生类以不同方式从基类继承的、具有不同能见度的那些成员。关于派生类有怎样的外部能见度与内部能见度问题，下面我们就不同的继承情况分别进行讨论。

1. public 公有继承

```
class B:public A{
    //...
};
```

当公有继承时，子类 B 从父类 A 中继承下来的所有成员的访问权限不变。对类 B 而言，其内部能见度为父类的 protected、public 成员，以及自己的具有各种访问控制的所有成员；类 B 的外部能见度为父类的 public 成员及自身的 public 成员。B 类所继承的父类的 protected 成员及自身的 protected 成员只对 B 类的子类可见。

2. protected 保护继承

```
class B:protected A{
    //...
};
```

当保护继承时，子类 B 从父类 A 中继承下来的 private 及 protected 成员的访问权限不变，但父类的 public 变为 protected。对类 B 而言，其内部能见度为父类的 protected、public 成员，以及自己的具有各种访问控制的所有成员；类 B 的外部能见度仅为自身的 public 成员。B 类所继承的 protected、public(已改变为 protected)及自身的 protected 成员只对 B 类的子类可见。

3．private 公有继承

class B:[private] A{   //私有继承，C++规定可缺省
    //...
};

当私有继承时，子类 B 将父类 A 中继承下来的 protected 及 public 成员的访问权限全部改为 private。对类 B 而言，其内部能见度为父类的 protected、public 成员，以及自己的所有成员；类 B 的外部能见度仅为自身的 public 成员。类 B 的 protected 成员只对其子类可见。

表 11.1 总结了在不同的继承下,基类成员访问控制的变化情况及子类对基类成员的内、外能见度。

表 11.1　基类成员访问控制的变化情况及派生类的内、外能见度

基类成员的访问控制	继 承 类 型		
	public 继承	protected 继承	private 继承
public	在派生类中为 public，在派生类中具有内部能见度和外部能见度	在派生类中为 protected,在派生类中具有内部能见度;仅在派生类的子类中具有外部能见度	在派生类中为 private，在派生类中具有内部能见度
protected	在派生类中为 protected,在派生类中具有内部能见度;仅在派生类的子类中具有外部能见度	在派生类中为 protected,在派生类中具有内部能见度;仅在派生类的子类中具有外部能见度	在派生类中为 private,在派生类中具有内部能见度
private	在派生类中为 private，在派生类中不具有内部与外部能见度	在派生类中为 private,在派生类中不具有内部能见度与外部能见度	在派生类中为 private,在派生类中不可见,仅在父类中可见

下述示例中展现了各种继承机制下子类成员的内、外能见度。

例 1　子类 public 继承父类时，其子类的内、外能见度。

```cpp
class B {
    void pvB();
protected:
    void ptB();
public:
    void pbB();
};

//子类 public 继承父类
class D : public B {
```

```
void f()
{
    pvB();          //错误! 子类对父类的 private 成员内部不可见
    ptB();          //正确! 子类对父类的 protected 成员内部可见
    pbB();          //正确! 子类对父类的 public 成员内部可见
}
// ...
};
void g( D& d)
{
    d.pvB();        //错误! 子类对父类的 private 成员外部不可见
    d.ptB();        //错误! 子类对父类的 protected 成员外部不可见
    d.pbB();        //正确! 子类对父类的 public 成员外部可见
}
```

例 2 子类 protected 继承父类时，其子类的内、外能见度。

```
class B {
    void pvB();
protected:
    void ptB();
public:
    void pbB();
};

//子类 protected 继承父类
class D : protected B {
    void f()
    {
        pvB();      //错误! 子类对父类的 private 成员内部不可见
        ptB();      //正确! 子类对父类的 protected 成员内部可见
        pbB();      //正确! 子类对父类的 public 成员内部可见
    }
    // ...
};
void g( D& d)
{
    d.pvB();        //错误! 子类对父类的 private 成员外部不可见
    d.ptB();        //错误! 子类对父类的 protected 成员外部不可见
    d.pbB();        //错误! 子类对父类的 public 成员外部不可见
}
```

例 3 子类 private 继承父类时，其子类的内、外能见度。

```
class B {
    void pvB();
protected:
    void ptB();
public:
    void pbB();
};

//子类 private 继承父类
class D : private B {
    void f()
    {
        pvB();          //错误! 子类对父类的 private 成员内部不可见
        ptB();          //正确! 子类对父类的 protected 成员内部可见
        pbB();          //正确! 子类对父类的 public 成员内部可见
    }
    // ...
};
void g( D& d)
{
    d.pvB();            //错误! 子类对父类的 private 成员外部不可见
    d.ptB();            //错误! 子类对父类的 protected 成员外部不可见
    d.pbB();            //错误! 子类对父类的 public 成员外部不可见
}
```

例 4 三重继承下，子类 public 继承父类时，其子类的内、外能见度。

```
class B {
    void pvB();
protected:
    void ptB();
public:
    void pbB();
};

class D : public B {
    // ...
};
```

```
class DD : public D {
  void ff()
  {
      pvB();        //错误! 子类对父类的 private 成员内部不可见
      ptB();        //正确! 子类对父类的 protected 成员内部可见
      pbB();        //正确! 子类对父类的 public 成员内部可见
  }
};


void g( DD& d)
{
  d.pvB();          //错误! 子类对父类的 private 成员外部不可见
  d.ptB();          //错误! 子类对父类的 protected 成员外部不可见
  d.pbB();          //正确! 子类对父类的 public 成员外部可见
}
```

例 5　三重继承下，子类 protected、public 继承父类时，其子类的内、外能见度。

```
class B {
  void pvB();
protected:
  void ptB();
public:
  void pbB();
};

class D : protected B {
  // ...
};

class DD : public D {
  void ff()
  {
      pvB();        //错误! 子类对父类的 private 成员内部不可见
      ptB();        //正确! 子类对父类的 protected 成员内部可见
      pbB();        //正确! 子类对父类的 public 成员内部可见
  }
};


void g( DD& d)
{
  d.pvB();          //错误! 子类对父类的 private 成员外部不可见
```

```
    d.ptB();            //错误! 子类对父类的 protected 成员外部不可见
    d.pbB();            //错误! 子类对父类的 public 成员外部不可见
}
```

例 6　三重继承下，子类 private 继承父类时，其子类的内、外能见度。

```
class B {
    void pvB();
protected:
    void ptB();
public:
    void pbB();
};

class D : private B {
    // ...
};

class DD : public D {
    void ff()
    {
        pvB();          //错误! 子类对父类的 private 成员内部不可见
        ptB();          //错误! 子类对父类的 protected 成员内部不可见
        pbB();          //错误! 子类对父类的 public 成员内部不可见
    }
};

void g( DD& d)
{
    d.pvB();            //错误! 子类对父类的 private 成员外部不可见
    d.ptB();            //错误! 子类对父类的 protected 成员外部不可见
    d.pbB();            //错误! 子类对父类的 public 成员外部不可见
}
```

由于 C++有三种继承方式，所以子类的内、外能见度同时与继承方式和被继承者的能见度相关。

11.3　虚函数与多态性

11.3.1　类型域

当采用指针或引用时，一个子类对象可以被当作一个父类对象使用。当某一函数接口参数的类型为父类型的指针或引用时，由于其实参可为父类或其子类的指针或引用，因此操作时常常需要对传入的实参对象的类型进行判断。例如：

```
void print_employee(const Employee* e)
{
    if (*e 的类型是 Employee)
        //打印 Employee 对象的信息
    else
        if (*e 的类型是 Manager)
            //打印 Manager 对象的信息
        else
            // ...
}
```

在上述打印雇员信息的函数 print_employee 中，由于参数是 Employee*类型，因此它可以接受 Employee 或 Manager 对象的地址，故在函数体中应对实参传入的对象类型作出判断，之后进行相应的处理。为实现正确的操作，要求对象本身带有类型信息。

使对象带有类型信息的方法是在对象所属的类中设立类型标志信息。仍以 Employee 和 Manager 类为例，此时，在 Employee 类中定义一个标识所属类别的类型域成员 type(枚举类型的变量)，然后对 Employee 和 Manager 对象在其成员上赋相应的值，使对象自身带有类型信息。例如：

```
struct Employee {
    enum Empl_type { M, E };
    Empl_type type;                   //类型域
    Employee() : type(E) {//...}       //赋类型信息为 Employee
// ...
};


struct Manager : public Employee {
    Manager() : type(M) {//...}        //赋类型信息为 Manager
// ...
};


void print_employee(const Employee* e)
{
    if (e->type = = Employee::E)
        // 打印 Employee 对象的信息
    else
        if (e->type = = Employee::M)
            // 打印 Manager 对象的信息
```

```
        else
           // ...
      }
```

在类定义中采用类型域的方法是不应当提倡的，因为编译程序无法检查出诸如将 Employee::M 赋给 Employee::type 这样的错误。另外，编译程序亦无法检查出未在所有的构造函数中将类型域变量都赋同样的、正确的值的错误。

对于大型软件，人工保持正确的类型域赋值是非常困难的，亦是不实际的。

更有效的方法是让成员函数自己在执行的时候"带有类型信息"。这样的成员函数在 C++ 中称为**虚拟函数(Virtual Functions)**。

11.3.2　虚拟函数

一个虚拟函数(Virtual Functions)是在父类中所声明的，以 virtual 标识的一个非静态成员函数。该虚拟函数允许程序员在其父类的各个子类上进行**重置(Redefine/Override，即重新定义)**。编译器和链接器会根据虚拟函数所带有的类型信息自动绑定相关的函数调用。

虚拟函数是 C++语言中唯一的**动态绑定(Dynamic Binding)**机制。下面展示虚拟函数的定义及重置方法。

```cpp
class Employee {
    string first_name, family_name;
    char middle_initial;
    short department;
    // ...
public:
    virtual void print() const;        //虚拟函数
    string full_name() const;
    Employee(const string& n, int d);
    // ...
};
class Manager : public Employee {
    list<Employee*> group;
    short level;
    // ...
public:
    void print() const;    //对父类中 print 方法进行重置
    Manager(const string& n, int d, int lvl);
    // ...
};
```

一旦一个成员函数在某个类中被定义成虚拟函数(纯虚拟函数除外)，那么在这个类中必须定义这个虚拟函数的实现代码。

在这个类的子类/派生类中，既可以重新定义这个虚拟函数，即重置这个虚拟函数的实现代码(语义不符合子类)，也可以不重新定义(语义符合子类)。此时，子类将继承上一层的虚拟函数的实现代码。C++语法规定：在重置时要求虚拟函数的接口不能改变。例如：

```
void Employee::print() const        //父类定义的虚拟函数
{
    //适合 Employee 对象的代码
}
void Manager::print() const         //重置虚拟函数，但接口不能变
{
    //适合 Manager 对象的代码
}
class Employee {
    string name;
    int department;
    // ...
public:
    Employee(const string& n, int d);
    virtual void print() const;      //虚拟函数
    string full_name() const;        //非虚拟函数，自动继承给子类
    void dbinding_sample();          //非虚拟函数，自动继承给子类
    // ...
};
void Employee::dbinding_sample()
{
    print();
};
class Manager : public Employee {
    list<Employee*> group;
    int level;
    // ...
public:
    Manager(const string& n, int d， int lvl);
    void print() const;              //对父类虚拟函数进行重置
    // ...
};
void f()
{
    string s1 = "张三";
    string s2 = "李四";
```

```
    Employee e1(s1, 100);
    Manager    m1(s2, 101, 2);
    // ...
    e1.dbinding_sample();
    /*调用父类的 dbinding_sample 函数, dbinding_sample 函数内执行的是父类 Employee
        类中的 print 函数。
     */
    m1.dbinding_sample();
    /*调用父类继承下来的 dbinding_sample 函数，dbinding_sample 函数内执行的是子
        类 Manager 中重置的 print 函数。
     */
    // ...
}
```

11.3.3 抽象基类与实例类

一个类中若有一个或一个以上的**纯虚函数**(Pure Virtual Function)，这样的类称为**抽象类**(Abstract Class)。抽象类描述了一种抽象概念，它只是抽象地描述了某类实体具有某些行为(由纯虚函数接口表示)，但这些行为的具体含义只有到其具体的子类中才能描述清楚。抽象类不能生成对象；与抽象类相反的是**实例类**(Concrete Class)，实例类表达的是一种具体的概念，实例类能生成对象。若抽象类在类层次中为基类，则被称为**抽象基类**(Abstract Base Class)，抽象基类常用作若干实例类的**公共接口**(Public Interface)。

纯虚函数的接口形式如下：

virtual T 纯虚函数名(参数表列)=0;   //T 为基本类型或自定义类型名

一个纯虚函数有以下几个重要标志：

(1) 函数前有 virtual 关键字；

(2) 函数参数表列后有=0 标志；

(3) 纯虚函数一定不能有实现代码。

当一个子类全部实现了其抽象父类所定义的纯虚函数时，其子类就变成一个实例类，否则仍然是一个抽象类。值得注意的是，虚函数具有继承性。以下程序示例给出了虚基类、实例类及纯虚函数的定义方法。

例 7

```
class Shape             //虚基类
{
    Point center;
    Color col;
public:
    Point where() {return center;}
    void move(Point to)
```

```
    {
        center=to;
        //...
        draw();
    }

    virtual void draw()=0;                //纯虚函数
    virtual void rotate(int angle)=0;     //纯虚函数
    //...
};


class Circle:public Shape              //实例类
{
    int radius;
public:
    void draw(){/*...*/}
    //实现了父类的纯虚函数，对应 Circle 类图形的画图动作
    void rotate(int) {/*...*/ }
    //实现了父类的纯虚函数，对应 Circle 类图形的旋转动作
};
```

例 8

```
class BasicFile{    //抽象基类，作为所有文件实例类的接口
public:
    virtual void open()=0;         //纯虚函数
    virtual void close()=0;        //纯虚函数
    virtual void flush()=0;        //纯虚函数
};


class InFile:public BasicFile{     //输入文件实例类
public:
    void open()     {/*...*/}       //实现父类的纯虚函数
    void close()    {/*...*/}       //实现父类的纯虚函数
    void flush()    {/*...*/}       //实现父类的纯虚函数
};


class OutFile:public BasicFile{    //输出文件实例类
public:
    void open()     {/*...*/}       //实现父类的纯虚函数
    void close()    {/*...*/}       //实现父类的纯虚函数
```

```
    void flush()    {/*...*/}          //实现父类的纯虚函数
};
```

11.3.4 多态

所谓**多态**(Polymorphism)，即一种物质有多种形态。例如，水(H_2O)即具有多态，它在 0℃以下为冰态，在 0~100℃之间为液态，在 100℃以上为汽态。又如操作符"+"在以下表达式中具有多态。

```
1+2;              //表示两个 int 型量的加
3.4+3;            //表示一个 double 型和一个 int 型量的加
```

从面向对象程序设计语言的角度而言，多态具有如图 11.5 所示的类别。

通用多态是指对操作的类型不加限制，允许对不同类型的值执行相同的代码；而特定多态是指其只对有限数量的类型有效，对不同类型的值可能要执行不同的代码。

多态 {通用多态 {参数多态, 包含多态}, 特定多态 {过载多态, 强制多态}}

图 11.5   多态的类别

参数多态(Parametric Polymorphism)是指采用参数化模板，通过给出不同类型的实参，使得一个结构有多种类型。C++中的模板机制(第 12 章讲述)即为参数多态。

包含多态(Inclusion Polymorphism)是指同样的操作可用于一个类型及其子类型。

过载/重载多态(Overloading Polymorphism)是指同一个名字(如操作符、函数名)在不同的上下文中有不同的类型。在 C++中如操作符过载、方法名过载都属于过载多态，它是一种静态多态。

强制多态(Coercion Polymorphism)是指编译程序通过语义操作，把操作对象的类型强行加以变换，以符合函数或操作符的要求。程序设计语言中基本类型的大多数操作符在进行混合运算时，编译程序一般都会进行隐式的强制多态。程序员也可以显式地进行强制多态的操作，术语称其为类型强制转换(Casting)。

在 C++语言中有多种形式的多态，而多态又分为静态多态(编译时的多态)和动态多态(运行时的多态)。当通过指向父类的指针调用某一成员函数时，由于指针所指的对象可不同(父类对象或子类对象)，所以此时将呈现多态，即调用同一函数，却呈现不同的行为。将函数调用语句中的函数名与函数代码的首地址关联在一起的动作称为绑定(Binding)，C++支持静态绑定(Static Binding)和动态绑定(Dynamic Binding)，它们都属于 C++的多态。

C++的动态多态是通过虚函数实现的。当通过基类指针(或引用)调用虚函数时，系统会根据指针(或引用)所指或引用的对象的类型动态地绑定其虚函数版本。多态是面向对象十分重要的机制之一，它是实现软件灵活性与抽象性的重要手段。

多态性特别适合于实现分层的软件系统。例如，在操作系统中各种类型的物理设备彼此之间的操作是不同的，然而从设备读取数据和把数据写入到设备的命令在某种程序上是统一的。发送给设备驱动程序对象的"写"消息(write 函数)需要在该设备驱动程序的上下文中具体地解释，并且还要解释设备驱动程序是如何操作该特定类型设备的。但是，write 调用本身和对任何其它对象的 write 操作实际上没有什么区别，都只是把内存中一定数目的字节放在设备上。面向对象的操作系统会用抽象基类为所有设备驱动程序提供合适的接口，然后通过继承抽象基类生成执行所有类似操作的派生类。设备驱动程序所提供的功能在抽象基类中则是以纯虚函数的形式出现的，派生类中提供了这些虚函数的实现，已实现的函数能够响应特定类型的设备驱动程序。

　　假定现有一基类 Employee(雇员)和它的一个派生类 HourlyWorker(小时工)。在基类 Employee 中定义了一虚函数 print()函数，子类 HourlyWorker 重置了该虚函数，则下述代码可实现多态：

```
Employee e, *ePtr=&e;          //ePtr 为一父类指针
HourlyWorker h,*hPtr=&h;        //hPtr 为一子类指针
ePtr->print();                 //调用父类的 print()
hPtr->print();                 //调用子类的 print()
ePtr=&h;                       //将子类对象的地址赋给父类指针
ePtr->print();                 //调用子类的 print()
```

　　上述代码通过父类指针 ePtr 实现了多态。虽然第三行和第六行的代码均为 ePtr->print();，但因 ePtr 在两行代码中所指的对象不同，则函数调用的结果亦不相同。下面用一实例来具体说明多态性。

```
#include <iostream>
#include <string>
using namespace std;

class Book{
public:
    Book(string t){title=t;}
    virtual void printTitle() const
    {
        cout<<"The book title is: "<<title<<endl;
    }
protected:
    string title;
};
class TextBook:public Book{
public:
    TextBook(string t,int l):Book(t),level(l){ }
    void printTitle()const
    {
        cout<<"The textbook title is: "<<title<<endl;
        cout<<"The level is: "<<level<<endl;
    }
private:
    int level;
```

```
};

int main()
{
    Book b("Book"),*bPtr=&b;
    TextBook t("TextBook",1),*tPtr=NULL;
    bPtr->printTitle();        //利用父类指针实现多态
    bPtr=&t;
    bPtr->printTitle();        //利用父类指针实现多态
    return 0;
}
```
程序的运行输出结果：

The book title is: Book

The textbook title is: TextBook

The level is: 1

11.3.5 虚拟的析构函数

通过前面的讨论我们已经知道：虚拟函数告诉编译器在函数调用时实行动态绑定，而非虚拟函数告诉编译器在函数调用时实行静态绑定。

在继承机制的作用下，子类对象由基类对象和它本身的数据成员构造而成。析构时应先析构自身的数据成员，然后再析构基类对象。但当 delete 作用于一个基类指针(它此时实际指向一个子类对象)时，仅析构了父类对象而没有析构子类对象(因为是静态绑定)。因此，在类层次中，如果通过父类指针欲正确析构(delete 操作)动态分配(通过 new 操作)的子类对象，应将类层次中的父类析构函数声明为虚拟函数，这样才能达到通过父类指针正确地析构子类对象。下面我们用一实例说明此问题。

(1) 父类析构函数没有声明成 virtual 函数时，通过父类指针不能正确地析构(delete)动态申请(new 操作)的子类对象。

```
#include <iostream>
using namespace std;

class A{
public:
    A(){}
    ~A()
    {
        cout<<"Destructed class A."<<endl;
    }
    //...
```

```
};

class B:public A{
public:
    B() {}
    ~B()
    {
        cout<<"Destructed class B."<<endl;
    }
    //...
};

int main( )
{
    A *ptrA=new B;          //将一动态生成的子类对象赋给基类指针
    delete ptrA;            //欲通过基类指针析构子类对象
    return 0;
}
```

程序运行输出结果：

Destructed class A.   //只调用父类的析构函数，对父类对象进行析构

(2) 当基类的析构函数声明成 virtual 函数时，可通过基类指针正确地析构(delete)动态申请(new 操作)的子类对象。

```
#include <iostream>
using namespace std;

class A{
public:
    A(){}
    virtual ~A()            //虚拟析构函数
    {
        cout<<"Destructed class A."<<endl;
    }
    //...
};

class B:public A{
public:
    B() {}
    ~B()
```

```
    {
            cout<<"Destructed class B."<<endl;
    }
    //...
};
int main( )
{
    A *ptrA=new B;          //将一动态生成的子类对象赋给基类指针
    delete ptrA;            //通过基类指针析构子类对象
    return 0;
}
```

程序运行输出结果：

Destructed class B.   //通过基类指针正确地析构了动态生成的子类对象

Destructed class A.

*11.4　运行时的类型识别

C++支持运行时的**类型识别**(Run-Time Type Identification, RTTI)。RTTI机制能够提供：

◆ 检查运行时的类型转换；

◆ 在运行时能够确定一个对象的类型；

◆ 可对 C++提供的 RTTI 进行进一步的扩展。

本节我们首先介绍两个重要的 RTTI 运算符：dynamic_cast 和 type_id。

11.4.1　dynamic_cast 运算符

在编程时，我们常常需要进行类型之间的相互转换。C++提供了 static_cast 操作符用于静态/编译时的类型转换，但用这种运算符进行类型转换时，编译器并不保证类型转换的合法性与安全性。

在类层次中，通常将从子类类型到父类类型的转换称为**向上类型转换**(Up-casting)，这种类型转换是正确、安全的；将父类类型转换到子类类型称为**向下类型转换**(Down-casting)，这种类型转换是错误、不安全的。当用 static_cast 操作符进行向下的类型转换时，编译器无法报告此类类型转换错误。

C++的 dynamic_cast 操作符即用于运行时的强制/显式类型转换，系统在类型转换时将对其类型转换的正确性予以检查和报告。下面我们用一实例进行说明。

```
#include "stdafx.h"
#include <iostream>
using namespace std;

const double PI = 3.14159;
```

```
class Shape {                      //基类
    public:
        virtual double area() const { return 0.0; }
};

class Circle: public Shape {     //子类
public:
    Circle( int r = 1 ) { radius = r; }

    double area() const           //重置基类的虚函数
    {
        return PI * radius * radius;
    };
protected:
    int radius;
};

class Cylinder: public Circle {   //子类
public:
    Cylinder( int h = 1 ) { height = h; }

    double area() const           //重置基类的 virtual 函数
    {
        return 2 * PI * radius * height + 2 * Circle::area();
    }
private:
    int height;
};
//函数声明。注意：函数参数类型为父类指针类型
void outputShapeArea( const Shape* );

int main()
{
    Circle circle;
    Cylinder cylinder;
    Shape *ptr = 0;
```

```
        outputShapeArea( &circle );              //输出 circle 的面积
        outputShapeArea( &cylinder );            //输出 cylinder 的面积
        outputShapeArea( ptr );                  //试图输出面积
        return 0;
    }


    //由于*shapePtr 中已指向子类对象，因此它的向下转型是允许的、正确的
    void outputShapeArea( const Shape *shapePtr )
    {
        const Circle *circlePtr;
        const Cylinder *cylinderPtr;

        // Shape*→Cylinder*  向下转型
        cylinderPtr = dynamic_cast< const Cylinder * >( shapePtr );

        if ( cylinderPtr != 0 ) // 若 shapePtra 指向一个 cylinder 对象
            cout << "Cylinder's area: " << cylinderPtr->area();
        else {    // 若 shapePtra 没有指向一个 cylinder 对象

            // Shape*→Circle *  向下转型
            circlePtr = dynamic_cast< const Circle * >( shapePtr );
            if ( circlePtr != 0 )
                cout << "Circle's area: " << circlePtr->area();
            else
                cout << "Neither a Circle nor a Cylinder.";
        }

        cout << endl;
    }
```

程序运行输出结果：

Circle's area:3.14159

Cylinder's area:12.5664

Neither a Circle nor a Cylinder.

　　上述代码中，两处出现了用 dynamic_cast 操作符进行强制类型转换。因为 shapePtr(Shape*类型)已真正指向子类，所以这种向下的类型转换是可行的、安全的。

　　dynamic_cast 操作符需要两个参数，其语法为

dynamic_cast<需转换的类型>(变量/指针)

11.4.2　type_id 运算符

　　type_id 用于测试表达式的类型，该操作符包含在头文件 typeinfo 中。其基本用法为

type_id(类型名)　　或　　//类型名为基本类型或自定义类型

type_id(表达式)

例如：

float x;

long　val;

```
typeid(x)==typeid(float)                    //true
typeid(x)==typeid(double)                   //false
typeid(val)==typeid(long)                   //true
typeid(val)==typeid(long double)            //false

Book* bookPtr=new Textbook("text",1);       //Book 为父类，Textbook 为子类

typeid(bookPtr)==typeid(Book*)              //true
typeid(*bookPtr)==typeid(Book)              //false
```

我们亦可以扩展 C++的 RTTI，即 C++程序员可从标准类库的 type_info 类(在头文件 typeinfo 中)中继承自己的子类而实现其扩展的 RTTI。感兴趣的读者请参阅相关文献资料和书籍。

*11.5　指向类成员的指针

11.5.1　指向类成员的指针

　　C++提供了指向类成员的指针。普通的指针可以被用来访问内存中给定类型的任何对象，指向类成员的指针可以访问某个特定类的对象中给定类别的数据成员和成员函数。

　　C++提供了指向类的数据成员及成员函数指针，下面我们分别进行讨论。

1．指向类的数据成员的指针

　　语法：T X∷指针变量名；

　　语义：定义声明了一个指向类 X，其数据成员的类型为 T 的指针变量。

　　当声明了一个指向类的数据成员的指针后，我们可用"·*"(二元操作符，第一操作数为类的对象，第二操作数为指向类的数据成员对象的指针)和"->*"运算符(二元操作符，第一操作数为指向类的指针，第二操作数为指向类的数据成员的指针)来获取类 X 的某个对象的 T 类型的 public 数据成员。例如：

class A{

public:

```
int a,b,c;
A(int x1=0, int x2=0, int x3=0):a(x1),b(x2),c(x3){}
void fa(){//...}
void fb(){//...}
};
```

int A::*p;   //声明 p 为指向类 A 的整型数据成员的指针变量

声明了这样一个指向类的数据成员的指针变量后，可将类 A 的任一整型变量 a、b、c 的地址赋给 p，即

p=&A::a;   //将类 A 的数据成员 a 的地址赋给 p
p=&A::b;   //将类 A 的数据成员 b 的地址赋给 p
p=&A::c;   //将类 A 的数据成员 c 的地址赋给 p

下面我们用一代码片断来说明指向类的数据成员的指针变量的定义及相应的操作。

int A::*p;   //声明 p 为指向类 A 的整型数据成员的指针变量
p=&A::b;   //将类 A 的数据成员 b 的地址赋给 p
A x;   //生成一类 A 的对象 x
A *px=new A;   //将动态生成的类 A 对象的地址赋给指针变量 px
x.*p=1;   //置 x.b=1
p=&A::c;   //将类 A 的数据成员 c 的地址赋给 p
px->*p=2;   //置 x.c=2
px->b=8;   //置 x.b=8

2．指向类的成员函数的指针

指向类的成员函数的指针与指向类的成员变量的指针的定义、使用方法类似。其语法、语义如下：

语法：成员函数类型 (类名::*指针变量名)(成员函数参数表列);

语义：定义声明了一个指向某个类的成员函数的指针变量。

当声明了这样一个指针时，就可用此指针来调用该指针所指的该类成员函数中的某一个成员函数。仍以类 A 为例，用以下代码片断来展示其定义与使用方法：

//定义声明一个指向类 A 其返回类型为 void 的无参数的成员函数
void (A::paf)();
paf=A::fa;   //将类 A 的成员函数 fa 赋给指针变量 paf
A x;   //生成一类 A 的对象 x
A *px=new A;   //将动态生成的类 A 的对象的指针赋给 px
(x.*paf)();   //用指向类成员函数的指针调用对象 x 的成员函数 fa
paf=A::fb   //将类 A 的成员函数 fb 赋给指针变量 paf
//用指向类 A 的指针，通过指向类成员函数的指针调用成员函数 fb
(px->*paf)();

由于历史的原因，C++中设计了指向类数据成员的指针，但由于类是一个封装体，类的数据成员一般而言都对外隐藏，因此在实际应用中，指向类数据成员的指针应当尽量避免。

11.5.2　指向类的成员函数指针的应用场合

为什么要使用指向类的成员函数的指针呢?

类似于普通的函数指针功能,当我们在调用类的成员函数而不知(或不需知道)其函数名时,可通过指向特定类的成员函数指针来达到目的。例如,应用中我们常常这样进行程序设计:用一个类定义一组标准界面操作的接口。由于表示各种不同界面的子类关于这些操作的语义不一样,所以类中的各操作只能定义成纯虚拟函数,这些纯虚拟函数再由各个子类根据自己的语义进行重置。示例代码如下:

```cpp
// Std_interface.h
class Std_interface {
public:
    virtual void start() = 0;
    virtual void suspend() = 0;
    virtual void resume() = 0;
    virtual void quit() = 0;
    virtual void full_size() = 0;
    virtual void small() = 0;

    virtual ~Std_interface() { }
};

#include "Std_interface.h"
class Window: public Std_interface {
public:
    void start();
    void suspend();
    void resume();
    void quit();
    void full_size();
    void small();

    ~Window();
};
```

然而,驱动相应界面操作的通常是用户命令,因此比较方便的做法是在用户命令与界面操作之间建立一个映射(Mapping),即根据用户命令执行对应的界面操作,而不管这个操作被定义成怎样的名称。

建立这样的映射最方便的办法是让一组界面操作存储在一个数组中,而用户命令则是这个数组的下标,如图 11.6 所示。

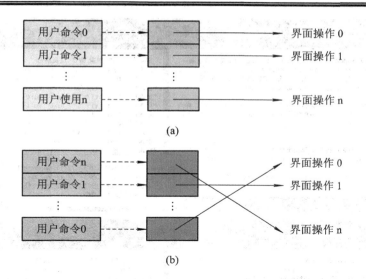

图 11.6　用户命令与界面操作映射图

但是，数组只能存储数据，而不能存储代码，所以需要将界面操作的代码(入口地址)与数据对应起来，这种对应关系就可用函数指针实现。

另一方面，由于允许同时存在多个界面(例如多窗口)，所以还涉及到同一种用户命令是相对于哪个界面的操作，这又与对应的界面对象相关(又需要增加一层映射)。因此，合理的方式是将界面操作定义为特定类的成员函数，而这里的函数指针就应为指向特定类的成员函数指针。指向特定类的成员函数的指针的定义声明示例代码如下：

```
/* 定义声明一个指向类 Std_interface，其成员函数返回类型为 void、参数表列为空的
   指向类成员函数的指针
 */
typedef void (Std_interface::* Pstd_mem)();
Pstd_mem s;
// s 指向 Window 类的 suspend 成员函数
s = &Window::suspend;
/* ... */
```

有了一个这样的指向特定类的成员函数的指针，则用户界面操作命令的解释器可用如图 11.7 所示的方式实现。

指向类成员函数的指针只有当把接口统一定义后才是安全的，因此通常与抽象类一起使用。

C++规定：除了指向静态成员(包括静态数据成员和静态成员函数)的指针以外，指向成员的指针总是与特定的对象相关，即

◆ 指向对象 obj 某数据成员的指针值 = obj.this + <对应于该数据成员的偏移量>。该指针的值是数据区中的一个合法地址。

◆ 指向对象 obj 某成员函数的指针值，是 obj 所属的那个类中定义的对应成员函数的入口地址。该指针的值是代码区中的一个合法地址。如果这个成员函数是虚拟函数，则该指针的值是通过 obj 获得的，否则是静态绑定的。

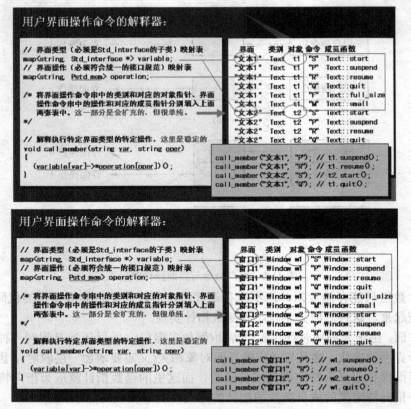

图 11.7　用户界面命令解释器的设计与实现

11.6　多　重　继　承

在类层次中，如果每个类只有一个父类，则称为**单重继承**(Single Inheritance)。单重继承的类层次图是一棵树(Tree)。

若在类层次中，一个类可以有多于一个以上的父类，则称之为多**重继承**(Multiple Inheritance)。其类层次图为一个**有向无环图**(Directive Acyclic Graph)。C++同时支持单重继承与多重继承。

定义多重继承时，可在冒号"："之后给出其所继承的多个以逗号相隔的基类名。在多重继承中，子类不仅具有它自己的属性和方法，而且继承了它所有的父类的属性和方法。

假定一实体类 Satellite 是自 Task 类和 Displayed 类继承而来的，则子类 Satellite 的定义方法及相应的类图和对象结构图如图 11.8 所示。

在单重继承中，我们曾指出：

(1) 当采用指针或引用时，一个子类对象可以被当作一个父类对象；

(2) 虚拟函数可以在基类中声明，在子类中重置。

上述断言对多重继承仍然成立。

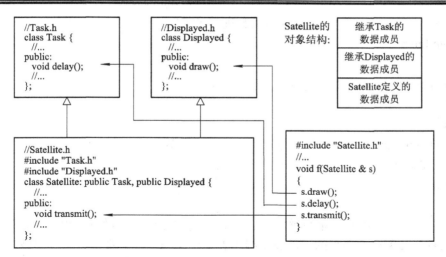

图 11.8　多重继承类层次图及对象结构图

例 9　当函数的参数类型为父类指针或引用时，实参既可为父类对象的地址/引用，亦可为子类对象的地址/引用：

```
void highlight(Displayed*);         //函数声明，参数为父类类型指针
void suspend(Task*);                //函数声明，参数为父类类型指针

void g(Satellite* p)                //参数为子类类型指针
{
    highlight(p);                   //传递子类对象地址进行函数调用
    suspend(p);                     //传递子类对象地址进行函数调用
}
```

例 10　在父类中声明虚拟函数，在子类中重置：

```
// Task.h
class Task { //抽象类(含有纯虚拟函数，不能生成对象的类)
    // ...
public:
    // ...
    virtual void pending() = 0;     //纯虚函数，不能有实现
};
// Displayed.h
class Displayed { //抽象类(含有纯虚拟函数，不能生成对象的类)
    // ...
public:
    virtual void draw() = 0;        //纯虚函数，不能有实现
    // ...
};
```

//实例类，对抽象类中定义的纯虚函数进行了重置

// Satellite.h

// ...

class Satellite : public Task, public Displayed {

　// ...

public:

　　void pending();　　　　　　　//重置父类的纯虚函数

　　void draw();　　　　　　　　//重置父类的纯虚函数

　　// ...

};

C++的多重继承机制较单重继承而言，它较真实地模拟了世界。现实中，每一个类一般都是从多个父类继承而来的，但多重继承若使用不当，则会带来二义性问题。

一个子类所继承的、来自不同基类的成员若出现了同名，可用不同的基类类名约束同名的不同类的成员。

一个子类从不同的路径上继承了同一父类两次(或多次)，其类层次图如图 11.9 所示。这样的继承方式使得该子类对象的存储结构中有多套由 A 定义的成员，这时可在需要只保留一套时，要求相关的基类以虚继承的方式继承基类 A。

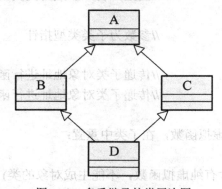

图 11.9　多重继承的类层次图

为避免图 11.9 所示的多重继承所带来的二义性问题，示例代码如下：

class A{//...};　　//图 11.9 类图中的所有类的父类

class B: public virtual A{//...};

　　//为避免两次继承 A 的成员，采用 virtual 继承方式

class C: public virtual A{//...};

　　//为避免两次继承 A 的成员，采用 virtual 继承方式

class D: public B, public C {//...};　　　　　　//D 自 B 和 C 继承而来

在生成子类的实例时，以 virtual 方式继承的基类优先；同是 virtual 方式或非 virtual 方式继承时，先声明者(左边)优先。

由于多重继承的类层次图是格，子类继承的路径不是唯一的，随之而来的是一些与二义性有关的问题，因此不要滥用多重继承机制。

11.7 综合示例

例 11 定义类。

```
class Base{
public:
virtual void iam() {cout<<"Base\n";}
};
```

从 Base 类中派生出两个子类，所派生的子类都重置了父类的 iam()方法，其功能为输出其类名。创建两子类的对象调用其 iam()方法。将子类对象的地址分别赋给 Base*指针，然后通过该指针调用 iam()方法。

程序清单如下：

```
#include <iostream>
using namespace std;

class Base{
public:
    virtual void iam(){cout<<"Base\n";}              //基类的虚拟函数
};

class FirstDerived:public Base{
public:
    virtual void iam(){cout<<"FirstDerived\n";}      //子类重置父类虚拟函数
};

class SecondDerived:public Base{
public:
    virtual void iam(){cout<<"SecondDerived\n";}     //子类重置父类虚拟函数
};

//测试函数
int main()
{
    Base b;
    FirstDerived   fd;
    SecondDerived sd;
    b.iam();
    fd.iam();
```

```
        sd.iam();
        Base *q=&b,*q1=&fd,*q2=&sd;
        q->iam();
        q1->iam();
        (*q2).iam();
        return 0;
    }
```

程序运行结果：

```
Base
FirstDerived
SecondDerived
Base
/FirstDerived
SecondDerived
```

例 12　某公司有二类职员 Employee 和 Manager。其中 Manager 是一种特殊的 Employee。每个 Employee 对象所具有的基本信息包括：姓名、年龄、工作年限、部门号。Manager 对象除具有上述基本信息外，还有级别(level)信息。公司中的二类职员都具有以下两种基本操作。

(1) printOn()：输出 Employee 或 Manager 对象的个人信息。

(2) retire()：判断是否到了退休年龄，是则从公司中除名。公司规定：Employee 类对象的退休年龄为 55 岁，Manager 类对象的退休年龄为 60 岁。

要求：

(1) 定义并实现类 Employee 和 Manager；

(2) 分别输出公司中两类职员的人数(注意：Manager 亦属于 Employee)。

程序清单如下：

```
#include <iostream>
#include <cstring>
using namespace std;

class Employee
{
        char name[21];
        int workYear;
        int departmentNum;
protected:
        int age;
        static int ECount;
public:
        Employee(char* s, int age1, int workYear1, int depN)
```

```
        {
            if(strlen(s)<=20 && *s!='\0') strcpy(name,s);
            if(age1>=18 && workYear1>=0 && depN>0)
            {
                age=age1;
                workYear=workYear1;
                departmentNum=depN;
                Employee::ECount++;
            }
        }
        virtual void printOn()
        {
            cout<<" name=" <<name<<"   "<<" age=" <<age<<"   "<<" workYear=" ;
            cout<<workYear<<"   "<<" departmentNum=" << departmentNum <<endl;
        }

        virtual void retire(Employee& e)
        {
            if(e.age>=55)
            {
                delete this;
                Employee::ECount--;
            }
            else return;
        }

        static void countE()
        {
            cout<<Employee::ECount<<endl;
        }
};

int Employee::ECount=0;

class Manager :public Employee
{
        int level;
        static int MCount;
public:
```

```
Manager(char* s, int age1, int workYear1, int depN, int lev)
    :Employee(s,age1,workYear1, depN), level(lev)
{
    Manager::MCount++;
}
void printOn()
{
    Employee::printOn();cout<<"Level="<<level<<endl;
}
void retire(Manager& m)
{
    if(m.age>=60)
    {delete this; MCount--; ECount--;}
    else return;
}
static void countM()
{
    cout<<Manager::MCount<<endl;
}
};

int Manager::MCount=0;

//测试函数
void main()
{
    Employee e1  ("Li Yanni", 40, 21, 1), e2("Li Qingsan", 30, 6, 1);
    Manager   m1("Chen Ping", 50, 30, 2, 1), m2("Xiu Xuezhou", 57, 35, 2, 2);
    Manager   m3("Gong Jieming", 64, 35, 2, 1), m4("Wang Li", 61, 34, 2, 2);
    e2.printOn();
    m1.printOn();
    Employee::countE();
    Manager::countM();
    return;
}
```
程序运行结果：
name= Li Qingsan   age= 30   workYear= 6   departmentNum= 1
name= Chen Ping   age= 50   workYear= 30   departmentNum= 2
Level= 1

ECount= 6

MCount= 4

例 13 基类 Base 有如下子类：Sub1_Class、Sub2_Class、Sub_Class，其类层次图如图 11.10 所示。其中 Sub1_Class 和 Sub2_Class 有同名的成员，且 Sub_Class 对基类继承两次。下述程序展现了多重继承二义性问题的解决方法。

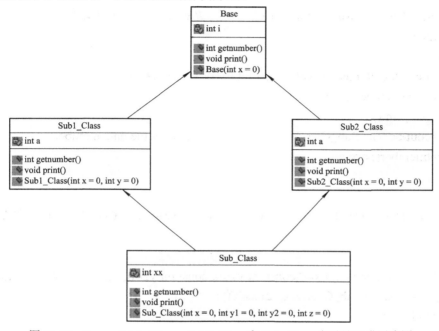

图 11.10 Base、Sub1_Class、Sub2_Class 和 Sub_Class 多重继承类层次图

程序清单如下：

```cpp
#include <iostream>
using namespace std;

class Base{
    int i;
public:
    Base(const int x=0):i(x){ }
    int getmember() const { return i;}
    virtual void print() {cout<<"The Base class."<<endl<<"The value of the date member: "<<getmember()<<endl;}
};

class Sub_Class1: virtual public Base{        // virtual 方式继承父类
    int a;
public:
    Sub_Class1(const int x=0, const int y=0):Base(x),a(y){ }
```

```
        int getmember() const {return a;}
        void print() {cout<<"The Sub_Class1."<<endl<<"The value of the date member:
"<<getmember()<<endl;}
};

class Sub_Class2:virtual public Base{            // virtual 方式继承父类
        int a;
public:
        Sub_Class2(const int x=0, const int y=0):Base(x),a(y){ }
        int getmember() const {return a;}
        void print()
        {cout<<"The Sub_Class2."<<endl<<"The value of the date member:
"<<getmember()<<endl;}
};


class Sub_Class:virtual public Sub_Class1,virtual public Sub_Class2{//virtual 方式继承父类
        int xx;
public:
        Sub_Class(const int x=0,const int y1=0, const int y2=0, const int z=0):Base(x),
Sub_Class1(x,y1),Sub_Class2(x,y2),xx(z){ }
        void print(){
                cout<<"The Sub_Class."<<endl;
                cout<<"The value of date member:   ";
                cout<<Base::getmember()<<"   ";       //类名约束以区分同名的成员
                cout<<Sub_Class1::getmember()<<"    ";
                cout<<Sub_Class2::getmember()<<"    ";
                cout<<xx<<endl;
        }
};

//测试程序
int main(int argc, char* argv[])
{
        Base base(1);
        Sub_Class1 sub1(1,2);
        Sub_Class2 sub2(1,3);
        Sub_Class    sub(1,2,3,4);
        base.print();
        sub1.print();
```

```
        sub2.print();
        sub.print();
        return 0;
}
```

程序运行结果：

The Base class.
The value of the date member: 1
The Sub_Class1.
The value of the date member: 2
The Sub_Class2.
The value of the date member: 3
The Sub_Class.
The value of date member: 1   2   3   4

小　　结

　　类是应用领域中一个概念的具体表示和抽象。当应用领域中的一个概念与语言的基本类型没有直接对应时，我们就应当定义一个新的类型。

　　但应用领域中的概念不是孤立存在的，它总是和一些相关的概念共同存在，并能从这些相关的概念中导出更大的能量。C++采用继承机制和子类来表达概念之间的共性。

　　C++同时支持单重继承和多重继承。单重继承的类层次图是一颗树；而多重继承的类层次图是一个有向无环图。在类层次图中，上层是其共性的抽象，下层表达个性。

　　子类/派生类自动继承其父类的所有成员，包括数据成员和成员函数。因此，当定义一个子类/派生类时，我们仅需定义该子类/派生类有别于父类的成员。所定义的子类/派生类其成员为父类的成员加上自己所定义的成员。子类对象的存储结构和父类的存储结构存在着粘接关系，即子类对象的结构为父类对象粘接上自己的数据成员。

　　C++有 pulic、protectd 和 private 三种继承方式。当 public 继承时，父类成员的能见度对子类而言不变；当 protected 继承时，父类成员的 public 成员变为子类的 protected 成员，其余 privte 和 protected 成员的能见度对子类不变；当 private 继承时，父类成员的 protected 和 public 成员变为子类的 private 成员。特别需要注意的是：① 在各种继承中，虽然父类的 private 成员继承到子类，但子类不能访问父类的任一 private 成员；② 每个子类成员的内、外能见度同时与继承方式和被继承者的能见度相关。

　　在 C++中采用虚函数以实现动态多态。在父类定义的虚函数可在子类中进行重置。程序设计时，常采用指向父类的指针/引用来实现函数调用的多态性。

　　在 C++中虚函数分为两类：一般虚函数(含有实现代码)和纯虚函数(不能有实现代码)。一般虚函数是为了实现多态而在父类中定义的纯虚函数，常用来统一操作接口。当一个类含有一个或多个纯虚函数时，该类称为抽象类或虚基类。

多重继承的类层次图是一个有向无环图。由于在多重继承时，继承的路径不是唯一的，随之而来的是一些与二义性有关的问题，因此，不要滥用多重继承。

应当尽量避免使用指向数据成员的指针。指向成员函数的指针只有当把接口统一定义后才是安全的，因此通常与抽象类一起使用。

练习题

1．C++语言中有哪几种类型的多态？试分别陈述之。

2．在 C++中一般的虚拟函数和纯虚拟函数有何功用，其异同是什么？

3．C++语言有哪几种继承方式？其子类成员的能见度与哪些因素相关？试陈述各类继承方式下子类成员的内、外能见度。

4．C++支持多重继承吗？在多重继承时可能出现哪些二义性问题，其具体的解决方案是什么？

5．阅读下面类的定义，然后：

(1) 在每个类中用注释描述该类所有数据成员的内部能见度；

(2) 在函数 f 中用示例性的语句描述这个类所有数据成员的外部能见度；

(3) 根据函数 f，用图分别表示类 B 和类 D 对象的存储结构和初始状态(设：sizeof(int) = sizeof(long) = sizeof(<指针>) = 4*sizeof(char)，字对齐规则为 4*sizeof(char))。

```
char* strncpy(char* t, const char* s, size_t n);
// C 标准库函数。功能：将字符数组 s 的前 n 个元素复制到字符数组 t 中
class A {
    char* cpA1;
protected:
    int    iA2;
public:
    long* lpA3;
    A(char* p, int i, long* q) : cpA1(p),iA2(i),lpA3(q){ }
    //以下描述类 A 的内部能见度(例：cpA1：可见/不可见；…)
};
class B : protected A {
    int iB1;
public:
    char cpB2[5];
    B(char* p, int i, long* q, int j, const char* s) : A(p, i, q),iB1(j)
    { strncpy(cpB2, s, 4); }
    //以下描述类 B 的内部能见度
};
class C : private A {
    int iC1;
```

```
protected:
    char cpC2[6];
    C(char* p, int i, long* q, int j, const char* s) : A(p, i, q),iC1(j)
    { strncpy(cpC2, s, 5); }
    //以下描述类 C 的内部能见度
};
class D : public C {
    int iD1;
public:
    char cpD2[16];
    D(char* p, int i, long* q, int j, const char* s, int k, const char* t)
        : C(p, i, q, j, s, k, t),iD1(k) {strncpy(cpD2, t, 15);}
    //以下描述类 D 的内部能见度
};
f()
{
    char s1[] = "A string", s2[] = "in a derived class",
        s3[] = "in a subclass";
    long g1 = 1000, g2 = 2000;
    A a(s1, 1, &g2);
    B b(s1, 2, &g1, 3, s2);
    C c(s1, 3, &g1, 4, s2);
    D d(s1, 4, &g2, 5, s2, 6, s3);
    /*以下插入示范性语句。例如：
        a.cpA1;        // public(或 private 或 protected)
    */
}
```

6．已知类的定义如下：

```
class Base {
protected:
    int iBody;
public:
    virtual void printOn() = 0;
    Base(int i = 0) : iBody(i) {}
};
class Sub1 : public Base {
    // ...
public:
    // ...
```

```
    Sub1(int i, char* s);
};
class Sub2 : public Base {
    // …
public:
    // …
    Sub2(int i, short s);
};
```

试完成类 Sub1 和 Sub2 的定义和操作的实现代码，使之能符合下面程序及在注释中描述的运行结果的要求：

```
main()
{
    Sub1 s1(1000, "This is an object of Sub1");
    Sub2 s2(2000, 10);
    s1.printOn();          //此时显示出: <1000: This is an object of Sub1>
    s2.printOn();          //此时显示出: <10 and 2000>
}
```

7. 采用面向对象的理念设计实现如下类：Number(表示一个整型数)、CyclerNumber(表示以某一整数常数 N 取模的整型数)和 JumpNumber(表示一个只取 M*n(M 为一整型常量，n 为某一整数)的整型数)。这三个类都有一个 next()方法，其中：Number 类和 CyclerNumber 类的 next()方法是使其数据成员值自增 1，而 JumpNumber 类的 next()方法是使其数据成员的值增加 M。这三个类都有若干存取和修改其数据成员值的方法。此外，CyclerNumber 类和 JumpNumber 类有设置其 N 和 M 的方法。

第12章 模　板

本章要点：

- 模板的基本概念；
- 类模板的定义方法；
- 函数模板的定义方法；
- 模板与继承。

12.1 概　述

第 7 章我们讨论了函数及其相关问题。函数是具有明确涵义的、能完成某种特定功能的一系列语句的抽象。它用函数体中的语句表示所抽象的语句序列中相同的部分，用形参指明语句序列中不同的部分，用实参体现其不同的部分。

函数具有参数化机制。函数的实参是某种类型的数据(即为变量、字面值或常量的值)、地址(指针和引用)或它们构成的表达式。那么，还有没有其它类型的参数也是我们所需要的？

通过前面的学习我们已经知道：类型(基本类型和自定义类型)是一种实例化机制，即我们可用一个类型产生该类型的多个实例。当给自定义类型的构造函数以不同的实参时，可以用该类产生初始状态不同的多个对象。那么，还有没有其它方式的实例也是我们所需要的？

首先，让我们考察一下下面两个类的定义：

```
class StringVector {     //String 向量类
    String* v;
    int sz;
public:
    String& operator[ ](int i);
    int size() { return sz; }
    StringVector(int vectorSize);
    /* ... */
};

class ComplexVector {     //Complex 向量类
```

```
    Complex* v;
    int sz;
public:
    Complex& operator[ ](int i);
    int size() { return sz; }
    ComplexVector(int vectorSize);
    /* ... */
};
```

从上述两个类的定义中我们可看出：这两个类的内涵十分相似，都是向量，差别仅在于它们是不同元素类型的向量；其所定义的数据结构和操作亦十分相似，差别仅是类型而不是数据或地址。

如果能够把类型作为参数，就可能用另一种抽象结构产生这两个类乃至更多的向量类。

允许将类型作为参数的抽象结构称为**类属(Generic)**。支持类属的程序设计范型称为**类属程序设计(Generic Programming)**。

在 C++中体现类属的机制是**模板(Template)**。C++的模板机制为类属程序设计提供了直接的支持，它允许程序员用类型作为参数来产生新的类或函数。

在 C++中模板分为**类模板(Class Template)**和**函数模板(Function Template)**两类。一个类模板是一簇具有相同数据结构和操作的相似类(只是数据结构的元素类型或操作的类型不同)的抽象。当我们用类型作实参时，用类模板可实例化出一个特定的类，称为**模板类(Template Class)**；一个函数模板是一簇具有相似功能的，其所操作的数据类型不同的函数抽象。当用类型作实参时，用函数模板可实例化出一特定的函数，称为**模板函数(Template Function)**。

在上面两个相似的类中，采用 C++的模板机制，我们可抽象出一向量类模板：

```
template <class T> class Vector {    //类模板 Vector 的定义
    T* v;
    int sz;
public:
    T& operator[ ](int i);
    int size( ) { return sz; }
    Vector(int vectorSize);
    /* ... */
};
```

上述模板类定义中的 template <class T>指明这是一个类模板的定义，它有一个类型参数 T(T 可为基本类型或自定义类型名)。当程序员以类型 String 为实参时，可从该类模板中生成一具体的 StringVector 类；当程序员以类型 Complex 为实参时，可从该类模板中生成一具体的 ComplexVector 类。

一个类是一组对象的抽象；一个类模板是一组类的抽象。

引入类模板的目的就是对结构特征和行为特征相似、但类的成员函数或操作的类型不能保证相同的一组类进行高一级的抽象，以提高程序的重用性和规格化程度。

类模板的一个重要作用是对类库提供了强有力的支持，因为类库中的类/函数需要更高的抽象，以达到其通用性。C++ 的标准库函数及 STL 库中的类都是采用模板机制实现的。

12.2 类 模 板

12.2.1 类模板的定义

类模板为一簇类提供了一个框架，类模板的定义声明如下：

template<class T>

class myClass{//...};

在类模板的定义声明中，关键字 template 告诉编译器这里定义的是一个类模板，该类模板只有实例化后所形成的模板类才能在程序中使用。类型参数 T 的实参为一类型名(基本类型名或自定义类型名)，模板参数的虚实结合发生在编译期，从类模板生成模板类及从模板类生成一具体的对象在编译期同时发生。

下面我们以一堆栈类模板为例来讲述 C++类模板的一般定义方法及其相关问题。

堆栈是独立于栈中元素类型的一种通用概念，但是，每一种堆栈元素的类型又都是具体的。因此，对于这个问题我们可以将这种通用概念上的堆栈用类模板来表示，用类型参数化机制来定制一个具体的堆栈，那么，一个具体的堆栈就是这个通用类模板的一个具体实例。下面给出一个堆栈类模板的定义。

```cpp
#include <iostream>
using namespace std;

template< class T >                 //堆栈类模板的界面定义
class Stack {
public:
    Stack( int size= 10 );          //带有缺省参数的构造函数
    ~Stack() { delete [] stackPtr; }    //析构函数
    bool push( const T& );          //压栈操作
    bool pop(T&);                   //弹栈操作
private:
    int size;                       //栈的大小
    int top;                        //栈顶位置
    T* stackPtr;                    //堆栈指针

    bool isEmpty() const { return top == −1; }
      //辅助函数，判断栈是否为空?
    bool isFull() const { return top == size − 1; }
      //辅助函数，判断栈是否满?
```

```cpp
};
//带有缺省值 size=10 的构造函数的实现
template< class T >
Stack< T >::Stack( int size=10 )
{
    size = s > 0 ? s : 10;
    top = −1;                          //堆栈的初始值为空，top=−1
    stackPtr = new T[ size ];          //堆栈指针指向堆栈首地址
}


/*压栈操作的实现
    若操作成功返回 1, 否则返回 0 */S
template< class T >
bool Stack< T >::push( const T &pushValue )
{
    if ( !isFull() ) {
        stackPtr[ ++top ] = pushValue;
        return true;
    }
    return false;
}


//弹栈操作的实现
template< class T >
bool Stack< T >::pop( T &popValue )
{
    if ( !isEmpty() ) {
        popValue = stackPtr[ top-- ];
        return true;
    }
    return false;
}


//测试程序
int main()
{
    Stack< double > doubleStack(5);    //生成一个 double 堆栈实例
    double f = 1.1;
    cout << "Pushing elements onto doubleStack\n";
```

```
        while ( doubleStack.push( f ) ) {
            cout << f << ' ';
            f += 1.1;
        }

        cout << "\nStack is full. Cannot push " << f
            << "\n\nPopping elements from doubleStack\n";

        while ( doubleStack.pop( f ) )    //成功返回 true
            cout << f << ' ';

        cout << "\nStack is empty. Cannot pop\n";

        Stack< int > intStack;
        int i = 1;
        cout << "\nPushing elements onto intStack\n";

        while ( intStack.push( i ) ) { //成功返回 true
            cout << i << ' ';
            ++i;
        }

        cout << "\nStack is full. Cannot push " << i
            << "\n\nPopping elements from intStack\n";

        while ( intStack.pop( i ) )    //成功返回 true
            cout << i << ' ';

        cout << "\nStack is empty. Cannot pop\n";
        return 0;
}
```

程序运行输出结果:
Pushing elements onto doubleStack
1.1 2.2 3.3 4.4 5.5
Stack is full. Cannot push 6.6

Popping elements from doubleStack
5.5 4.4 3.3 2.2 1.1
Stack is empty. Cannot pop

Pushing elements onto intStack

1 2 3 4 5 6 7 8 9 10

Stack is full. Cannot push 11

Popping elements from intStack

10 9 8 7 6 5 4 3 2 1

Stack is empty. Cannot pop

从上述堆栈类模板的定义中我们看到,类模板的定义与通常的类的定义没有太大差别,只是:

(1) 类模板的定义应以 template<class T>开头,它表明这是一个类模板的定义,并且有一类型参数 T,T 为某一自定义类型名或基本类型名。

(2) 堆栈类模板的压栈与弹栈操作是针对模板参数类型 T 的,而不是针对某一特定的、具体的数据类型。

(3) 堆栈指针类型为 T。

(4) 堆栈类模板成员函数的实现若在模板类外定义,则亦应以 template< class T >开头,并且类模板 Stack 后应跟<T>参数表。

12.2.2　类模板参数及其限制

在定义类模板时,一个类模板的参数表中可以声明多个形参。其形参既可取 class T 的形式(实参要求为一类型名),亦可取 T x 的形式(实参要求为一 T 类型的值)。另外,在类模板参数表中先声明的类型参数可以立即用来声明同一参数表中的其它形参。例如:

template<class T, T def_val>　　//第一个类型参数可作为第二个参数的类型

class Myclass { // ...};

C++语法规定,合法的模板实参为

◆ 类型名(形参须以 class T 关键字开头);

◆ 常量表达式(形参的类型为 T,T 为基本类型名,实参为各种基本类型的常量表达式,但字符串字面值除外);

◆ 具有外部链接性的对象名或函数的地址,形式如下:

&of ;　　　　　//of 为对象或函数名

f ;　　　　　　//f 为一函数名

◆ 非过载的指向类成员的指针:

&X::of ;　　　//of 是指向类 X 成员的指针

在模板的形参参数表中,还可有形如 T x 的参数,其中 T 为基本类型名。若 T 为 int,则该参数常用于提供类模板(常常为一容器类模板)的大小或者其界限。例如:

template<class T, int i>　　　　//i 为整型模板参数,用于提供 Buffer 类模板的大小

class Buffer{

　　T v[i];

　　int sz;

```
public:
    Buffer():sz(i) { }
    // …
};
```

特别应注意的是，若模板的形参为 T x(T 为基本类型)，其实参只能是一个 T 类型的常量。下面代码片段中由于 i 是一个变量，因而在类模板实例生成时编译器报错。

```
void f(int i)                //i 是一个变量
{
    Buffer<int, i> bx;       //在类模板的实例生成时，编译器报错
}
```

从一个类模板通过相应的模板实参生成一个模板类(即一个具体的类)的过程通常称为**模板的实例化(Template Instantiation)**。

C++对模板的形/实参有如前所述的若干限制。还应特别注意的是，在用类模板产生实例类时，与用这个实例类产生的对象须同时进行。这关键在于用类模板产生的类是在编译时而不是在运行时进行的。尽管类模板在表示和使用上很像一个类，但它们之间存在着本质上的区别(至少对于 C++语言是这样)，即类模板的实例不是对象，它是一个具体的(模板)类。

一个类模板除了可以生成实例(类)以外，再没有任何操作可以作用于类模板的任何实例，其实例的状态(也就是一个类的基本结构)一经生成便不可改变。显然，无法用操作来改变状态的实体不是对象。

C++语法规定：类模板不允许过载。

12.3　函　数　模　板

12.3.1　函数模板的定义

在 C++中，另一类模板就是函数模板。一个函数模板是一簇相似函数的抽象，只是其操作对象具有不同的类型而已。函数模板对于编写通用型算法是至关重要的。定义函数模板时亦是以 template <class T>开始的。请看下面的函数模板实例：

```
//排序函数模板
template <class T>
void sort (Vector<T>& v)        //对 Vector 中的元素(类型为 T)进行排序
{
    int n = v.size();
    for (int gap = n/2; 0 < gap; gap /= 2)
        for (int i = gap; i < n; i++)
            for (int j = i-gap; 0 <= j; j -= gap)
                if (v[j+gap] < v[j])
```

```
                {
                    T temp = v[j];
                    v[j] = v[j+gap];
                    v[j+gap] = temp;
                }
    }
void f(Vector<int>& vi, Vector<Complex>& vc)
{
    sort(vi);          //对 Vector 中元素类型为 int 类型的数进行排序
    sort(vc);          //对 Vector 中元素类型为 Complex 类型的数进行排序
}
```

　　一旦定义了 sort 函数模板，则对于 sort 的每一个函数调用，编译器都能从函数调用所给的实参推断出传递给函数模板形参的类型(另外，还能够从该调用中推断出类型参数和非类型参数)，继而生成函数模板实例(一具体的 sort 模板函数)，同时进行该模板函数的函数调用，即函数模板的实例生成与函数调用是在编译期同时发生的。

12.3.2　函数模板的重载

　　C++规定：函数模板可以重载。它既可以用函数模板重载，也可以用普通函数重载。之所以允许重载是因为函数模板的参数 T 在实例化时实参类型无隐式转换功能。下面是函数模板重载的实例：

```
template <class T>    //求两个同类型 T 的变量中的最大者
T max(T x, T y)
{return(x>y)?x:y;}


template <class T>    //重载 max 函数模板，求三个同类型 T 的变量中的最大者
T max(T x, T y, T z)
{ T t;
    t=(x>y)?x:y;
    return(t>z)?t:z;
}
```

在下面的函数调用中：

```
void fun(int i, char c, float f)
{   cout<<max(i,i);       //正确!
    cout<<max(c,c);       //正确!
    cout<<max(i,c);
    //错误! 采用函数模板生成的模板函数虚实结合时无隐式类型转换功能
    cout<<max(f,i);
    //错误! 采用函数模板生成的模板函数虚实结合时无隐式类型转换功能
```

```
// ...
}
```

上例代码中的 max(i,c) 和 max(f,i)，由于模板函数在调用时其参数类型不同，所以编译器报错。

欲解决上述问题，可用一普通函数重载函数模板，此时，只需声明该普通函数的接口即可。请看下述示例代码：

```
template <class T>          //函数模板的定义
 T max(T x, T y)
 {
      return(x>y)?x:y;
 }


   double max(double, double);      //重载上述函数模板，重载时只需给出函数接口

//测试函数
void main()
 { int x=3,y=4;
    long l=5;
    double a=1.1, b=3.4;
    cout<<max(x,y)<<endl;        //调用模板函数，模板参数类型为 int
    cout<<max(a,b)<<endl;        //调用模板函数，模板参数类型为 double
    cout<<max(l,a)<<endl;
    //调用重载的模板函数，虚实结合时类型自动进行隐式转换
    //...
}
```

在使用上述 template <class T> T max(T x, T y) 函数模板时，若模板参数的类型为 char*，则此时模板函数为

```
char* max(char* x, char* y)
{
     return(x<y)?(x):(y);         //该语句为何语义？
}
```

该函数的作用是比较两个字符串指针，而不是比较两个指针所指向的字符串的内容，这与我们所定义的函数模板的语义相违背。因此，此时须提供一个可以替换该函数模板实例的函数，用来替换的函数称为特定的模板函数，即：

```
char* max(char* c1, char* c2)
 {
      return (strcmp(c1,c2))?(c1):(c2);
 }
```

12.3.3　函数调用的匹配原则

在一个 C++程序中，有可能既有普通函数，又有模板函数。因此，对于每一个函数调用，C++编译器在匹配函数时遵循以下约定：

◆ 寻找一个参数类型、个数完全匹配的函数，若找到，则调用它。

◆ 寻找一个函数模板，将它实例化成一个匹配的模板函数，若找到，则调用它。

◆ 试试能否找到一个函数，经过隐式的类型转换，对所给的参数进行匹配。若找到，则调用它。

◆ 若通过上述方法找不到一个合适的函数，则返回错误信息。

◆ 若第一步有多于一个的选择，函数调用将返回错误信息。

12.3.4　编写函数模板时的注意事项

利用函数模板生成模板函数时，由于模板的参数类型不同，各类型对同一操作将有不同的语义，这是常见的，特别是比较操作和赋值操作。例如：

```
template <class T>
void sort (Vector<T>& v)                //函数模板
{
    int n = v.size();
    for (int gap = n/2; 0 < gap; gap /= 2)
      for (int i = gap; i < n; i++)
        for (int j = i-gap; 0 <= j; j -= gap)
          if (v[j+gap] < v[j])          //类型不同 "<" 操作的语义不同
            {
              T temp = v[j];            //类型不同 "=" 操作的语义不同
              v[j] = v[j+gap];
              v[j+gap] = temp;
            }
}
```

在上述函数模板定义中，不同的类型对运算符 "<" 和 "=" 有不同的语义。因此，在定义函数模板时，如果其中需要使用与类型参数相关的操作，则需要：

◆ 所有可能的实参类型都过载定义了这样的操作(但这通常是不可能的)；

◆ 干脆在参数表中定义相应的函数指针形参(需要统一规定函数的接口)，在类模板中调用其实参(与类型相关的操作的函数地址)以进行这样的操作。

下面我们给出一实例，来阐述这种用法。

```
/*
```

定义类模板 SortedSet，即元素有序的集合，集合元素的类型和集合元素的最大个数可由使用者确定。要求该类模板对外提供三种操作。

(1) insert：加入一个新的元素到合适的位置上，并保证集合元素的值不重复。

　(2) get：返回比给定值大的最小元素的地址。若不存在，返回。
　(3) del：删除与给定值相等的那个元素，并保持剩余元素的有序性。
*/
#include <iostream>
#include <cmath>
using namesapce std;

/*类模板中定义了两个函数指针：
　fp1 指向对任意两个类型量比较的函数，返回值的含义为
　　　=0　表示二者"=="
　　　=1　表示二者"!="
　　　=2　表示二者"<"
　　　=3　表示二者"<="
　　　=4　表示二者">"
　　　=5　表示二者">="
　　　=-1　以上情况都不是
　fp2 指向任意两个类型量赋值的函数
　fp1 和 fp2 中的第一个形参为左操作数，第二个形参为右操作数
*/

```cpp
template <class T, int iSz, int (*fp1)(void*, void*), void (*fp2)(void*, void*)>
class SortedSet {
    T    tBody[iSz];            //集合元素数组
    int iCurrentElmts;         //当前集合的有效元素个数
public:
    bool insert(T t);
    T*    get(T t);
    void del(T t);
    SortedSet():iCurrentElmts(0) { }
    void print();
};

template <class T, int iSz, int (*fp1)(void*, void*), void (*fp2)(void*, void*)>
bool SortedSet<T, iSz, fp1, fp2>::insert(T t)
{ int i;
    if (iCurrentElmts == iSz)
    {cout<<"It's full."<<endl; return false;}           //满额，无法插入
    for (i = 0; i < iCurrentElmts; i++) {
        if ((*fp1)(&tBody[i],&t)==0)
```

```
{cout<<"It's repeated."<<endl; return true;}                    //元素重复
    if ((*fp1)(&tBody[i],&t)==2)
        continue;
    for (int j = iCurrentElmts; j > i; j--)
        (*fp2)(&tBody[j],&tBody[j-1]);                          //元素后移
    break;
}
(*fp2)(&tBody[i],&t);
iCurrentElmts++;
return true;
}

template <class T, int iSz, int (*fp1)(void*, void*), void (*fp2)(void*, void*)>
T* SortedSet<T, iSz, fp1, fp2>::get(T t)
{
    for (int i = 0; i < iCurrentElmts; i++) {
        if ((*fp1)(&tBody[i],&t)==3)
            continue;
        return &(tBody[i]);
    }
    return 0;
}

template <class T, int iSz, int (*fp1)(void*, void*), void (*fp2)(void*, void*)>
void SortedSet<T, iSz, fp1, fp2>::del(T t)
{
    int i;
for (i = 0; i < iCurrentElmts; i++)
    if ((*fp1)(&tBody[i],&t)==1) continue;        //查找比 t 大的最小的元素
if(i==iCurrentElmts){ cout<<"It's not found."<<endl; return;}
    for (int j = i; j < iCurrentElmts −1; j++)
        (*fp2)(&tBody[j],&tBody[j+1]);             //元素前移
    iCurrentElmts−−;
    return;
}

template <class T, int iSz, int (*fp1)(void*, void*), void (*fp2)(void*, void*)>
void SortedSet<T, iSz, fp1, fp2>::print()
{
```

```
for(int i=0; i<iCurrentElmts; i++) cout<<i<<"   ";
 cout<<endl;
}
```

/*以下书写了 mycomplex 类和比较函数 compare1 及赋值函数 assign1，主要用于
对类模板的测试
*/

```
class MyComplex{
    double    real;
    double    image;
    friend int   compare1(void*, void*);
    friend void assign1(void*, void*);
public:
    MyComplex(float r=0, float i=0):real(r),image(i){ };
    // ...
};
```

/*compare1 函数功能如下:
 若*p1==*p2   函数返回值为 0，否则为 1;
 若*p1<*p2   函数返回值为 2;
 若*p1<=*p2   函数返回值为 3;
 若*p1>*p2   函数返回值为 4;
 若*p1>=*p2   函数返回值为 5;
 以上情况都不是者，函数返回值为−1
*/

```
int compare1(void* p1, void* p2)
{
    MyComplex *pt1,*pt2;

    pt1=(MyComplex*)p1;
    pt2=(MyComplex*)p2;

    double t1,t2;
    t1=sqrt((*pt1).real*(*pt1).real+(*pt1).image*(*pt1).image);
    t2=sqrt((*pt2).real*(*pt2).real+(*pt2).image*(*pt2).image);
```

```
        if((*pt1).real==(*pt2).real && (*pt1).image==(*pt2).image)
            return 0;
    return 1;

        if(t1<t2)    return 2;
        if(t1<=t2) return 3;
        if(t1>t2)    return 4;
        if(t1>=t2) return 5;
        return −1;
}
```

//assign1 函数功能为将 p2 所指的内容赋给 p1 所指的空间
```
void assign1(void* p1, void* p2)
{
    MyComplex *pt1,*pt2;

    pt1=(mycomplex*)p1;
    pt2=(mycomplex*)p2;

    (*pt1).real=(*pt2).real;
    (*pt1).image=(*pt2).image;
}
```

//测试程序
```
int main()
{
    MyComplex *p1;
    MyComplex x1(1.0,2.0), x2(3.0, 4.0), x3(5.0, 6.0), x4(7.0, 8.0), x5;
    SortedSet<MyComplex, 3, compare1, assign1> ss;
    ss.insert(x1);
    ss.insert(x2);
    ss.insert(x2);
    ss.insert(x3);
    ss.del(x4);
    ss.insert(x4);
    p1=ss.get(x5);
    ss.del(x3);
    ss.print();
    return 0;
}
```

12.4　模　板　与　继　承

　　模板和继承都是用来产生新的类型的机制。将这两种机制结合在一起，构成了许多有用的技术基础。这些技术经常在开发类库时使用。C++语法规定：

　　(1) 一个类模板可以继承另一个类模板。例如：

```
template<class T>
class Vec : public Vector<T> {
    // ...
};
```

　　(2) 一个类模板也可以继承另一个类。例如：

```
template<class T>
class Teacher : public Person {
    // ...
};
```

　　(3) 一个类模板甚至在可以继承另一个类模板时将自己的实例化类型作为父类模板的实参。例如：

```
template<class T>
class Basic_ops {
    // ...
};

template<class T>
class Math_container : public Basic_ops<Math_container<T>> {
    // ...
};
```

　　(4) 一个类模板中的数据成员的类型，可以用另一个类模板的实例来定义。例如

```
template<class T>
class Teacher : public Person {
    Vector<T*> group;    //类模板的数据成员为一类模板的实例
    // ...
};
```

```
Teacher<Student> t;
```

　　上述技术方案中，最常用、最有用的就是从类模板继承类模板，该方法将额外的功能添加到现有的模板类中。下面我们通过示例来帮助理解上述知识。

　　例 1　类模板继承另一个类。

```
const int MAXSIZE=100;
class BaseClass{      //虚基类
```

```cpp
    protected:
    virtual int getNumberOfElements()=0;
    virtual int isFull()=0;
    virtual int isEmpty()=0;
};

//列表容器类模板，继承类 BaseClass
template<class T>
class ListContainer:public BaseClass{
    T elements[MAXSIZE];
    int index[MAXSIZE];          //标志位。1 表示该位置上有元素，0 表示无元素
    int numberOfElements;        //容器中元素的个数
public:
    ListContainer(){
        for(int i=0;i<MAXSIZE;i++)
            index[i]=0;
        numberOfElements=0;
    }
    ~ListContainer(){}
    int setElement(const T element,int pos){
        if(pos<0||pos>=MAXSIZE)
            return 0;            //pos 超出范围
        else{
            elements[pos]=element;
            index[pos]=1;
            numberOfElements++;
            return 1;
        }
    }
    int getElement(int pos, T* element){
        if(pos<0||pos>=MAXSIZE)
            return −1;           //pos 超出范围
        else
            if(index[pos]==0)
                return 0;        //在此 pos 上没有任何元素
            else{
                *element=elements[pos];
                return 1;
            }
    }
```

```
int removeElement(int pos){
    if(pos<0||pos>=MAXSIZE)
        return 0;                   //pos 超出范围
    else{
        index[pos]=0;               //设置为缺省值
        numberOfElements--;
        return 1;
    }
}
int getNumberOfElements(){          //实现父类的纯虚函数
    return numberOfElements;
}
int isFull(){                       //实现父类的纯虚函数
    if(numberOfElements==MAXSIZE
        return 1;
    else
        return 0;
}
int isEmpty(){                      //实现父类的纯虚函数
    if(numberOfElements==0)
        return 1;
    else
        return 0;
}
};
```

12.5　综 合 示 例

例 2　单向链表的设计与实现，对象的组织结构见图 12.1。

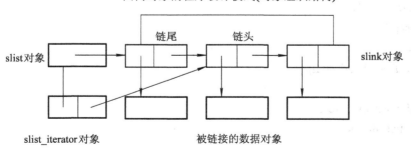

图 12.1　单向链表中对象的组织结构

程序代码如下：

```cpp
/*该程序用模板实现单向链表：
 * 类 slink  表示链表中的节点；
 * 类 slist  表示链表，包含对链表的各种操作；
 * 类 slist::slist_iterator  是链表 slist 上的迭代器，可用来访问链表中的各节点
 */
#include<iostream>
#include<cstdlib>
using namespace std;
template< class T> class slist;
template<class T>
class slink
{
 /* 根本没有 public 成员，用 friend  规定了外部访问范围*/
   friend class slist< T >;
   //friend class slist_iterator;
   friend class slist< T >::slist_iterator;
   slink* next;
     T data;
   slink(T a, slink* p = NULL)        //构造函数
     {
     data = a;                        //类型 T 必须支持赋值操作
       next = p;
     }
   slink()
     {
     next = NULL;
     }
};

template<class T>
class slist{
   private:
   slink< T > * head,*tail;
   public:
   friend class slist_iterator;
   class slist_iterator
     {
             friend class slist< T >;
```

```cpp
    protected:
        slink< T >* node;
    public:
        slist_iterator(slink< T >*q):node(q){};
        slist_iterator(){};
        bool operator==(const slist_iterator& it)
        {
                return node == it.node;
        }
        bool operator!=(const slist_iterator& it)
        {
                return node != it.node;
        }
        slist_iterator& operator=(const slist_iterator& it)
        {
                node=it.node;
                return *this;
        }
        T& operator*() const
        {
                return node->data;
        }
        slist_iterator&operator++()
        {
                node = node->next;
                return *this;
        }
        slist_iterator& operator++(int)
        {
                static slist_iterator temp = *this;
                node = node->next;
                return temp;
        }
    };
slist(){head = tail = new slink< T >();}
slist(T & a){head = tail = new slink<T>(a);}
~slist();          //析构函数
void insert(slist_iterator pos,T& t);          //把 t 插入到 pos 的前面
slist_iterator begin()const{ return slist_iterator(head->next);}
```

```
slist_iterator end()const{return slist_iterator(NULL);}
slist_iterator earse(slist_iterator pos)        //擦除迭代器为 pos 的位置上的元素
{
    if(pos.node == NULL)
    {
        cout<<"迭代器值为空!!!\n";
        return NULL;
    }
    slink< T >* p = head , *q = pos.node;
    while(p->next != q) p = p->next;
    p->next = q->next;
    delete q;
    if(p->next ==NULL)
        tail = p;
    pos.node = p->next;
    return pos.node;
}
slist_iterator pos(int n)        //返回第 n 个元素的迭代器
{
    if(n<0||n>size())
        return NULL;
    slink< T >* p = head;
    int i = 0;
    while(i < n)
    {
        p = p->next;
        i++;
    }
    return slist_iterator(p);
}
int size()const;             //求链表的长度
bool empty();                //是否为空
void push_back(T&);          //插入结尾
void push_front(T&);         //插入到最前面
void print()                 //输出 slist 中的元素
{
    cout<<"该表中元素如下： \n";
    slist_iterator  it, iend;
    it = begin();
```

```
        iend = end();
        for(it;it != iend;it++)
            cout<<*it<<"    ";
        cout<<endl;
        }
};

template <class T>
void slist< T >::insert(slist_iterator pos, T &t)
{
        slink< T >* p = head ;
        while(p->next != pos.node )
            p = p->next;
        p->next = new slink< T >(t,pos.node);
}
template <class T>
slist<T> ::~slist()
{
    slink< T >* p = head->next;
    while(p != NULL)
    {
        head->next = p->next;
        delete p;
        p = head->next;
    }
}
template <class T>
int    slist<T> ::size()const
{
        int count = 0;
        slink< T > *p = head->next;
        while(p)
    {
        count++;
        p = p->next;
    }
    return count;
}
```

```
template <class T>
bool slist<T> ::empty()
{
    return head->next == NULL;
}
template <class T>
void slist< T > ::push_back(T& t)
{
    /*slink< T >* s = new slink<T>(t);
    tail->next = s;
    tail = s;*/
insert(end(),t);            //或者用注释掉的代码可以实现 push_back()功能；
}
template <class T>
void slist< T >::push_front(T& t)
{
    /*slink< T >* s = new slink< T >(t);
    s->next = head->next;
    head->next = s;*/
    insert(begin(),t);      //或者用注释掉的代码可以实现 push_front()功能；
}
int main()                  //测试函数
{   slist < int > s;
    for(int i=30; i<45;i++)
    s.push_front(i);
    int k=89;
    s.insert(s.begin(),k);
    s.insert(s.pos(7),k);
    s.print();
    cout<<*s.pos(5)<<endl;
    cout<<s.size()<<endl;
    slist< int >::slist_iterator it;
    it = s.pos(8);
    s.earse(it);
    s.print();
    cout<<s.size()<<endl;
    system("pause");
    return 0;
}
```

程序执行结果:

执行 mlist

该表中元素如下:

89 44 43 42 41 40 89 39 38 37 36 35 34 33 32 31 30

41

17

该表中元素如下:

89 44 43 42 41 40 89 38 37 36 35 34 33 32 31 30

16

例 3 定义类模板 SortedSet, 即元素有序的集合, 集合元素的类型和集合元素的最大个数可由使用者确定。要求该类模板对外提供三种操作。

(1) insert:插入一个新的元素到合适的位置上, 并保证集合元素的值不重复。

(2) get:返回比给定值大的最小元素的地址。若不存在, 返回。

(3) del:删除与给定值相等的那个元素, 并保持剩余元素的有序性。

(假定集合元素类型上已经定义了赋值操作符和所有的比较操作符。)

程序代码如下:

```
template <class T, int iSz>
class SortedSet {
    T      tBody[iSz];              //集合元素数组
    int iCurrentElmts;             //当前集合的有效元素个数
public:
    bool insert(T t);
    T*     get(T t);
    void del(T t);
    SortedSet() : iCurrentElmts(0) { }
};
template <class T, int iSz>
bool SortedSet<T, iSz>::insert(T t)
{ int i;
    if (iCurrentElmts == iSz)
        return false;              //满额, 无法插入
    for (i = 0; i < iCurrentElmts; i++) {
        if (tBody[i] == t)
            return true;           //元素重复
        if (tBody[i] < t)
            continue;
        for (int j = iCurrentElmts; j > i; j--)
            tBody[j] = tBody[j-1]; //元素后移
        break;
```

```
        }
        tBody[i] = t;
        iCurrentElmts++;
        return true;
    }
template <class T, int iSz>
T* SortedSet<T, iSz>::get(T t)
{
    for (int i = 0; i < iCurrentElmts; i++) {
        if (tBody[i] <= t)
            continue;
        return &(tBody[i]);
    }
    return 0;
}
template <class T, int iSz>
void SortedSet<T, iSz>::del(T t)
{
    for (int i = 0; i < iCurrentElmts; i++) {
        if (tBody[i] != t)
            continue;
        for (int j = i; j < iCurrentElmts - 1; j++)
            tBody[j] = tBody[j+1];        //元素前移
        iCurrentElmts--;
        break;
    }
}
```

例 4 函数模板 Sort 的设计与实现。

程序代码如下：

```
#include <iostream>
#include <vector>

using namespace std;

struct Complex {
    float re;
    float im;
    friend ostream& operator<<( ostream& os, Complex& c1 );
    friend istream& operator>>( istream& in, Complex& c2 );
```

```
};

ostream& operator<<(ostream& os, Complex& c1){    //过载输出
os << c1.re << '+' << c1.im << 'i' << endl;
return os;
}

istream& operator>>(istream& is, Complex& c1){    //过载输入
    is >> c1.re >> c1.im;
    return is;
}

bool cmp(Complex& a, Complex& b)                  //用户自定义比较函数
{
    if(a.re>b.re)
    return true;
    else
    return false;
}

template <class T>
void sort (vector<T>& v, bool (*fp)(T&,T&))       //函数模板
{
    unsigned   int n = v.size();
    for(unsigned int i=0;i < n;i++)
    {
        unsigned int k=i;
        for(unsigned int j=i+1;j<n;j++)
        {
            if((*fp)(v[k],v[j]))
            k=j;
        }
        Ttemp = v[i];
        v[i] = v[k];
        v[k] = temp;
    }          //选择排序
}

int main(){
```

```
vector<Complex> cc;
        cout<<"输入 5 对  整数：\n";
for( int i = 0; i < 5; i++ ){
    Complex vvcc;
    cin >> vvcc;
    cc.push_back (vvcc);
}
    sort(cc,cmp);
        for( int j = 0; j < cc.size(); j++)
        cout << cc.at(j);
    cout << endl;
    return 0;
}
```

程序执行结果：

执行 sort

输入 5 对整数：

5 5 1 1 4 4 3 3 2 2

1+1i

2+2i

3+3i

4+4i

5+5i

例 5　设计并实现一个 String 类模板。

程序代码如下：

```
#include<iostream>
#include<cstring>
using namespace std;


template<class T>
class MyString
{
    struct Srep    //string 的数据表示
    {
        T* s;
        int sz;
        int n;
        Srep(int nsz,const T* p)
        {
            n=1;
```

```
            sz=nsz;
            s=new char[sz+1];
            strcpy(s,p);
        }

        ~Srep()
        {
            delete[] s;
        }

        Srep* get_own_copy()
        {
            if(n==1)return this;
            n--;
            return new Srep(sz,s);
        }

        void assign(int nsz,const T* p)
        {
            if(sz!=nsz){
                delete[] s;
                sz=nsz;
                s=new char[sz+1];
            }
            strcpy(s,p);
        }

    private:
        Srep(const Srep&);
        Srep& operator=(const Srep&);
    };

    Srep *rep;
public:
    class Cref    //辅助类，以实现对 string 的读和写
    {
        friend class MyString;
        MyString& s;
        int i;
```

```
        Cref(MyString& ss,int ii):s(ss),i(ii){}
public:
        operator char() const
        {
                return s.read(i);
        }
        void operator=(char c){s.write(i,c);}
};

class Range{};
MyString();
MyString(const T*);
MyString(const MyString&);
MyString& operator=(const T*);
MyString& operator=(const MyString&);
~MyString();

void check(int i) const
{
        if(i<0||rep->sz<=i)
                throw Range();
}

T read(int i) const
{
        return rep->s[i];
}
void write(int i,T c)
{
        rep=rep->get_own_copy();
        rep->s[i]=c;
}

Cref operator[](int i)
{
        check(i);
        return Cref(*this,i);
}
T operator[](int i) const
```

```
{
    check(i);
    return rep->s[i];
}

int size() const
{return rep->sz;}

MyString& operator+=(const MyString&);
MyString& operator+=(const T*);

friend ostream& operator<<(ostream& os,const MyString& s)
{
    os<<s.rep->s;
    return os;
}
friend istream& operator>>(istream& is,MyString& s)
{
    is>>s.rep->s;
    return is;
}

friend bool operator==(const MyString& x,const T* s)
{
    return strcmp(x.rep->s,s)==0;
}

friend bool operator==(const MyString& x,const MyString& y)
{
    return strcmp(x.rep->s,y.rep->s)==0;
}

friend bool operator!=(const MyString& x,const T*s)
{
    return strcmp(x.rep->s,s)!=0;
}

friend bool operator!=(const MyString& x,const MyString& y)
{
```

```
                      return strcmp(x.rep->s,y.rep->s)!=0;
        }
};
template<class T>
MyString<T> operator+(const MyString<T>& a,const MyString<T>& b)
{
    MyString<T> c;
    return c;
}
template<class T>
MyString<T> operator+(const MyString<T>&,const T*)
{
    MyString<T> c;
    return c;
}
template<class T>
MyString<T>::MyString()
{
    rep=new Srep(0,"");
}
template<class T>
MyString<T>::MyString(const MyString& x)
{
    x.rep->n++;
    rep=x.rep;
}
template<class T>
MyString<T>::MyString(const T* s)
{
    rep=new Srep(strlen(s),s);
}
template<class T>
MyString<T>::~MyString()
{
    if(--rep->n==0)delete rep;
}
template<class T>
MyString<T>& MyString<T>::operator=(const MyString& x)
{
```

```
        x.rep->n++;
        if(--rep->n==0)delete rep;
        rep=x.rep;
        return *this;
}
template<class T>
MyString<T>& MyString<T>::operator =(const T* s)
{
        if(rep->n==1)
            rep->assign(strlen(s),s);
        else
        {
            rep->n--;
            rep=new Srep(strlen(s),s);
        }
        return *this;
}
```

小　　结

C++所提供的类模板和函数模板是一簇类和一簇函数的抽象。C++模板机制用以支持类属程序设计。类模板的实例是具体的模板类，函数模板的实例是一具体的模板函数。类模板的实例生成是在编译期。一个类模板定义的是一簇类的框架，它所定义的不是作用于它的实例上的操作，而是它的实例应当具有的结构和操作。

唯一允许作用于类模板的实例的操作，就是由编译程序执行的、产生类的操作，因此，类模板的参数类型有一定的限制。

在允许使用类型的场合，都允许使用用类模板产生的实例。

练习题

1. 模板机制与宏有什么异同？
2. 设计并实现一个 Stack 堆栈类模板。
3. 设计并实现一个 String 类模板。
4. 设计并实现一个 Array 数组类模板。
5. 设计并实现一个采用冒泡排序算法的函数模板 bubbleSort。
6. 设计并实现一个可打印输出任意元素类型的数组元素的 printArray 函数模板。

第13章　异　常　处　理

本章要点：

　　▣ C++异常处理结构；
　　▣ C++异常类的层次化组织；
　　▣ 捕获 new 产生的异常；
　　▣ C++标准库异常类层次。

13.1　概　　述

　　正如 7.3 节所述，对于一个实用的程序而言，没有错误处理是不可能的。实际的(大型)程序是由许多人在不同的时间内开发出来的，许多出错处理任务并不一定能在(或者不应当在)发现出错的地方完成。

　　一个欠缺良好结构的程序(有时也可能是由于没有语言支持机制造成的)，对其错误通常采用判断语句(如 C++中的 if 和 switch 语句)进行判断与处理。这种错误的判断与处理方式带来两个问题：

　　(1) 大量的错误处理代码与程序的功能代码交织在一起，这不仅造成了程序结构的混乱不堪，而且往往错误处理代码远远大于程序的功能代码，这使得程序的可读性与可维护性大大下降。

　　(2) 对于某些错误而言，程序不知如何或不能够处理，因而对此类错误只能丢弃，这又往往使程序的可靠性大大下降，甚至在某些极端的情况下，程序退化成不可用。

　　欲正确处理一个错误，需要明确知道如下两类信息：

　　(1) 错误发生的地点，何种类型的错误；

　　(2) 怎样处理错误，在何处处理错误。

　　因此，出错处理任务应当被分解成两部分：错误处理与错误的报告。

　　(1) 在某处(更一般地说是在某一模块)若发现错误(该错误可能是本模块中的错误，亦可能是来自其它模块中的错误)，能处理，则进行处理。

　　(2) 不能处理则应设置出错报告的条件，当满足条件时进行报告，以提供必要的信息，供可能进行错误处理的模块进行错误处理。

　　C++的**异常处理机制**(Exception Handling)提供了一种结构化的、能有效地捕获和处理各种类型的错误的机制。该机制将错误的报告与错误的处理显式分离，并使得系统能从导致异常的错误中恢复，恢复的过程即执行**异常处理器**(Exception Handler)。

13.2　C++异常处理结构 try、throw 和 catch

在 C++中，每一个**异常(Exception)**都是一个错误类的实例，C++用 try-catch 块进行异常的捕获与处理，用 throw 语句进行错误的报告。

C++的异常处理结构如下：

```
//…
try{
//…可能出现异常的程序代码
}
catch(Error1 e1){
//…对异常类 Error1 对象 e1 的处理代码
}
catch(Error2 e2){
//…对异常类 Error2 对象 e2 的处理代码
}
//…
```

编程时，程序员将可能产生异常的代码放入 try 块中，try 块后面是一个或多个 catch 块(亦称为 catch 子句或异常处理器)。每个 catch 块捕获和处理其参数表中指定的某种类别的异常。

C++语法规定：try 块允许嵌套，catch 块不允许嵌套，且每个 catch 块是互斥的。

当 try 块中抛出异常时，程序控制离开 try 块，并依次从 catch 块中搜索其参数类型与异常类型相匹配的异常处理器进行异常处理，之后转入到最后一个 catch 块后的代码执行；如果 try 块没有抛出异常，则跳过所有的 catch 异常处理器，并转入到最后一个 catch 块后的代码执行。

13.2.1　抛出异常

在程序中，若出现某一异常，而在此时又无法进行自身处理，可利用 throw 子句重新抛出该异常。执行 throw 的点称为**抛出点(Throw Point)**。throw 既可以抛出一个字符串字面值(错误消息)，亦可以抛出一异常类对象。抛出对象向处理该异常的异常处理器传递错误信息。下面给出一 try-catch 和 throw 的应用实例。

```
struct Range_error        //范围错误的异常类型定义
{
    int   i;
    Range_error(int ii) { i = ii; }
};

char to_char(int i)        //此函数将参数提供的整数 i 转换成相应的字符
```

```
{
    if (i < numeric_limits<char>::min() || i > numeric_limits<char>::max())
                                        //字符范围的合法性判断

        throw Range_error(i);
    /* 若出现了范围异常，则抛出该异常；若范围异常 "有人 catch" 则跳出此语句的
       执行转向 catch，否则立刻终止程序的运行
    */
    return i;
}


void    g(int i)
{
    try {   //在此期间若出现异常，由下面的 catch 处理
        char c = to_char(i);        //异常时从 to_char 跳出，由调用方处理
        // …
    }
    //当 "有人 throw" 给 Range_error 时，激活该异常处理
    catch (Range_error e) {
        cerr << "oops\n";
    }
}
```

13.2.2 重新抛出异常

捕获异常的处理器(catch 块)当捕获到一异常时，可能在某些情况下又不能处理该异常或不知如何处理该异常或不能完全处理该异常，此时，可利用 throw 语句重新抛出该异常，此时抛出的异常由其它异常处理器或系统进行处理。

例：
```
void f()
{
    try{
        //...
    }
    catch(E e){
        //...
        throw;
    }
}
```

13.2.3 捕获所有的异常

为了捕获所有的异常，C++提供了 catch()异常处理器以供处理系统中所有的 catch 块没有捕获和处理的异常。

例：

```
void m() {
    try {
    //...
    }
    catch(...) {          //任意异常处理器
    //...
    }
}
```

13.3 异 常 类 层 次

如果系统中可能有多个异常，而且这些异常是相关的，那么我们就应当将这些相关的异常类进行层次化的组织(采用继承机制，树或有向无环图)。异常类的层次化组织对于正确捕获和处理异常是至关重要的。

例如，在算术运算中可能产生下述异常：

```
class Matherr {//...};                    //通用算术异常类的父类
class Overflow: public Matherr {//...};   //上溢异常类
class Underflow:public Matherr {//...};   //下溢异常类
class Zerodivid:public Matherr {//...};   //被零除异常类
```

上述异常类可按上述形式进行组织，即 Matherr 为所有算术类的父类，其它的 Overflow、Underflow 和 Zerodivid 类均为 Matherr 类的子类。异常处理器可按如下方式进行组织：

```
//...
try{
   //...
}
catch(Overflow){      //上溢错误类的捕获与处理
//...
}
catch(Underflow){     //下溢错误类的捕获与处理
//...
}
catch(Zerodivid){     //被零除错误类的捕获与处理
//...
```

```
}
catch(Matherr){          //其它算术类错误的捕获与处理
//...
}
//...
```

从上述例子可看出，异常处理器的排列顺序是按照异常类层次自底向上顺序进行的，这样才能保证当一个具体的或一般的算术类错误抛出时，其异常都确保能被捕获处理。

catch 异常处理器的参数类型可以是错误类层次中的父类类型，此时，若实参为子类，则参数只接受其父类成员的那一部分。当 catch 参数表中的参数为异常类的父类的指针或引用时，实参既可以是父类的指针或引用，亦可以是子类的指针或引用，此时即可进行多态的错误处理。

*13.4　捕获 new 操作所产生的异常

从前面的讨论我们已经知道，new 操作用于动态地在堆中申请内存。当 new 操作失败(返回值为零)时，我们可用如下方法处理该异常：

(1) 采用 assert 宏测试 new 的返回值，若返回值为零，则 assert 宏终止程序的运行。但这并不是 new 异常处理的健壮机制，因为它不允许我们用任何方法从异常中恢复。

(2) C++标准指出：当出现 new 故障时，系统会抛出 bad_alloc 异常(在头文件<new>中定义)，我们可利用该异常和 C++的异常处理机制来处理该异常。例如：

```
#include <iostream>
#include <new>
using namespace std;

int main()
{
    double *ptr[ 10 ];

    try {
        for ( int i = 0; i < 10; i++ ) {
            ptr[ i ] = new double[ 5000000 ]; //动态申请内存
            cout << "Allocated 5000000 doubles in ptr[ "
                << i << " ]\n";
        }
    }
    catch ( bad_alloc exception ) {                //bad_alloc 异常处理器
        cout << "Exception occurred: "
            << exception.what() << endl;    //输出异常信息
```

```
    }

    return 0;
}
```

程序运行输出结果：

Allocated 5000000 doubles in ptr[0]
Allocated 5000000 doubles in ptr[1]
Allocated 5000000 doubles in ptr[2]
Allocated 5000000 doubles in ptr[3]
Allocated 5000000 doubles in ptr[4]
Allocated 5000000 doubles in ptr[5]
Allocated 5000000 doubles in ptr[6]
Allocated 5000000 doubles in ptr[7]
Allocated 5000000 doubles in ptr[8]
Allocated 5000000 doubles in ptr[9]
Exception occurred: Allocation Failure

(3) 利用函数 set_new_handler(void (*fp)())(在<new >中定义)进行 new 故障的处理，其中 fp 为指向一用户编写的处理该 new 故障的函数指针。当 new 故障发生时(不管在程序中的任何地方)，系统通过 set_new_handler 函数自动跳转到 fp 指针所指的 new 故障的异常处理函数中。例如：

```
#include <iostream>
#include <new>
#include <cstdlib>
using namespace std;

void customNewHandler()
{
    cerr << "customNewHandler was called";
    abort();
}

int main()
{
    double *ptr[ 10 ];
    set_new_handler( customNewHandler );

    for ( int i = 0; i < 10; i++ ) {
        ptr[ i ] = new double[ 500000000];
```

```
        cout << "Allocated 500000000 doubles in ptr[ "
            << i << " ]\n";
    }

    return 0;
}
```

程序运行输出结果：

CustomNewHandler was called

(4) 一般而言，我们用 new 操作符动态申请内存空间，用 delete 操作符释放其动态申请的内存空间。但当内存分配之后且在执行 delete 之前发生了异常，则可能发生内存泄漏问题。解决该问题的方法是采用系统头文件<memery>中的 auto_ptr 类模板。

一个 auto_ptr 对象维护动态分配的内存指针，当该 auto_ptr 对象超出作用域时，则 auto_ptr 自动进行 delete 操作。auto_ptr 类模板过载了 "*" 和 "->" 运算符，因此对 auto_ptr 可像一个普通指针一样使用。auto_ptr 类模板及其使用方法见下例：

```cpp
#include <iostream>
#include <memory>

using namespace std;

class Integer {
public:
    Integer( int i = 0 ) : value( i )
        { cout << "Constructor for Integer " << value << endl; }
    ~Integer()
        { cout << "Destructor for Integer " << value << endl; }
    void setInteger( int i ) { value = i; }
    int getInteger() const { return value; }
private:
    int value;
};

int main()
{
    cout << "Creating an auto_ptr object that points "
        << "to an Integer"<<endl;

    auto_ptr< Integer > ptrToInteger( new Integer( 7 ) );

    cout << "Using the auto_ptr to manipulate the Integer"<<endl;
```

```
ptrToInteger->setInteger( 99 );
cout << "Integer after setInteger: "
    << ( *ptrToInteger ).getInteger()
    << "\nTerminating program" << endl;

return 0;
}
```
程序运行输出结果：

Creating an auto_ptr object that points to an Integer

Constructor for Integer 7

Using the auto_ptr to manipulate the Integer

Integer after setInteger: 99

Terminating program

Destructor for Integer 99

*13.5　C++ 标准库异常层次

C++标准库提供的异常类层次中，所有的异常类都从 exception(在<exception>中定义)派生而来，该基类有一个成员函数 what()，每个派生异常类可重置该方法，该方法报告异常的相应信息。

从 exception 类可直接派生两个异常类：

♦ runtime_error 类，所有运行时异常类的父类；

♦ logic_error 类，所有程序逻辑错误类的父类。

另外，从 exception 中还可以派生出一些其它的异常类(系统运行时自动抛出)，如：

♦ bad_alloc，new 操作失败抛出的异常；

♦ bad_cast，dynamic_cast 操作失效抛出的异常；

♦ bad_typeid，type_id 操作失效时抛出的异常。

小　　结

C++ 的异常处理机制使得程序可结构化地捕获和处理异常，而不是任其发生和造成恶果。

每一个异常即是一个错误类的实例。C++用 try-catch 结构来捕获和处理程序所发生的异常。每个 catch 是互斥的，catch 子句的参数为一个异常类对象或异常类的指针或引用，或者为 char*类型。每个 catch 捕获并处理与其参数表一致或相容的异常对象。

一般而言，系统中有多种类别的异常，我们应将这些异常进行层次化的组织。为了捕获和处理整个异常类层次中的所有异常，catch 应以其参数类别按异常类层次自底向上的顺序进行排列。我们还可用 catch(…)来捕获一切未知的异常。

当程序中出现异常而又无法处理或不知如何处理时，可用 throw 子句重新抛出该异常；当 catch 处理器接到一个异常而又无法处理或不知如何处理时，可用 throw 重新抛出该异常。

C++标准类库中，定义了 exception 异常类，系统中的所有异常类都是自它派生而来，我们可定义自己的异常类进行异常处理。

练习题

1. 试列出你在编程中常见的几种异常。
2. 在什么情况下程序中会出现下列语句？

catch(…){throw;}

3. 编写一个 C++程序，分别演示再抛出异常与 catch(…)如何捕获任何异常。
4. 动态申请两个 int 单元，其中放置两个随机整数。对这两个数分别进行算术运算 (+、−、*、/、%)，采用继承机制组织程序中可能出现的异常类，并合理组织 catch 处理器以处理程序中可能出现的各种异常。

第三部分　C++ 标准模板库 STL 简介

由于编写任何一个实用的程序都离不开类库/库函数，因此，在该部分对 C++的标准模板库 STL 进行了概述。又由于每个程序一般都离不开字符串及输入/输出处理，所以在该部分对 STL 库中的 string 类和 C++ I/O 系统进行了较为详细的介绍。该部分涵盖的内容如下：

第 14 章　string 类

本章要点：

- ▣ string 类的构造与析构函数；
- ▣ string 过载的操作符；
- ▣ string 类中的成员函数；
- ▣ string 的基本操作；
- ▣ string 的迭代器；
- ▣ string 的输入/输出流。

14.1　string 概　述

C++本身不支持内置的字符串类型，但它却提供了两种处理字符串的方法：第一，可以利用传统的以 Null 结束的字符数组(或指针)，这种字符串常称为 C 风格的字符串；第二，一个字符串作为标准库 string 类的一个实例(对象)进行处理。由于 string 类不仅使用广泛，而且功能强大且安全可靠(集成了所有对字符串的操作及不会产生越界问题)，本章我们将重点讨论 string 类。

实际上，string 类是 basic_string 类的一个子类。basic_string 有两个子类：一个是支持其字符为 char 类型的字符串 string 类，另一个是支持宽字符 w_char 字符串的 wstring 类。因编程中常用 char 类型的字符串，因此本章我们仅讨论 string 类。C++标准类库中的 string 类的定义包含在<string>头文件中。

string 类功能非常强大，它有多个过载的构造函数和成员函数。本章我们不可能详尽地介绍其全部内容，仅介绍其最常用的若干功能。一旦读者对 string 有了一般性的了解，深入探究和掌握 string 类的其它内容必是水到渠成之事。

14.2　string 类的构造函数与析构函数

string 类提供了一组过载的构造函数，如表 14.1 所示。下面我们给出利用这些构造函数创建 string 对象的程序实例。

```
void f(char* p, vector<char>& v)
{
```

```
    string s0;              //创建一个具有空串的 string 对象 s0
    string s01="";          //创建一个具有空串的 string 对象 s01

    string s1='a';          //错误!没有从 char 到 string 的转换
    string s2=7;            //错误!没有从 int 到 string 的转换
    string s3(7);           //错误!没有取一个整数参数的构造函数
    string s4(7,'a');       //生成有 7 个'a'的 string 对象，即"aaaaaaa"

    string s5="Frodo";      //生成一个"Frodo"string 对象
    string s6=s5;           //生成 s5 的一个副本

    string s7(s5,3,2);
        //生成以 s5 中下标从 3 开始，字符个数为 2 的 string 对象，即"do"
    string s8(p+7,3);       //生成以 p+7 开始的 3 个字符的 string 对象
    string s9(p,7,3);       //生成和 s8 同样的 string 对象

    string s10(v.begin(), v.end());     //生成从 v 复制所有字符的 string 对象
}
```

表 14.1　string 类的构造与析构函数

构造/析构函数原型	说　　明
string()	创建一个空的 string 对象
string(const string& str)	以一个 string 对象 str 拷贝构造另一个同样的 string 对象
string(const char* chars)	基于一个 C 风格的字符串 chars 创建一个 string 对象。该构造函数还具有从 char*类型转换到 string 类型的功能
string(const string& str, size_type stridx)	基于 str 对象并从下标 stridx 开始创建一个 string 对象
string(const string& str, size_type stridx, size_type num)	基于 str 对象并从下标 stridx 开始，取 num 个字符创建一个 string 对象
string(const char* chars, size_type chars_len)	基于 chars，并从 chars 中取 chars_len 个字符创建 string 对象
string(size_type num, char c)	创建一个 string 对象，其中含有 num 个字符 c
string(iterator beg, iterator end)	创建一个范围为 beg~end 的 string 对象
~string()	析构函数

14.3　string 类重载的操作符

　　string 类重载了若干操作符，所重载的操作符如表 14.2 所示。这些重载的操作符每一种又都具有多种重载形式，具体请参见相关文献和书籍。

表 14.2　string 类过载的操作符

过载的操作符	说　明
=	赋值
+	字符串连接
+=	字符串连接并赋值
==	等于
<	小于
<=	小于等于
>	大于
>=	大于等于
[]	下标算符，根据下标取 string 中的字符
<<	输出 string 对象
>>	输入 string 对象

　　由于在 string 类中过载了这些操作符，因此可将这些操作符直接作用于 string 对象，而不再需要调用诸如 strcpy()或 strcat()之类的 C 库函数。又由于 string 类具有从 char*类型到 string 类型的自动转换功能，因此，运用这些操作符的操作数类型可取 string 或 char*类型。

　　下面给出一个程序实例，以展示上述过载操作符的基本用法。

```
//A short string demonstration
#include <iostream>
#include <string>
using namespace std;

int main()
{
    string str1("Alpha");
    string str2("Beta");
    string str3("Omega");
    string str4;
    string str5(str1);

    //output string object
    cout<<"The string str5 is "<<str5<<endl;

    //assign a string
    str4=str1;
    cout<<"The string str1 is "<<str1<<endl;
    cout<<"The string str4 is "<<str4<<endl;
```

```
//concatenate two strings
str4=str1+str2;
cout<<"The string str4 is "<<str4<<endl;

//concatenate a string with a C-string
str4=str1+" to "+str3;
cout<<"The string str4 is "<<str4<<endl;

//compare strings
cout<<"str3>str1 is "<<str3>str1<<endl;
cout<<"str2==str1 is "<<str2==str1<<endl;

cout<<"The str3[4] is "<<str1[3]<<endl;

//assign C-string to a string object
str1="This is a null_terminated string.\n";
cout<<str1;

//input string
cin>>str5;
cout<<"The string str5 is "<<str5<<endl;
return 0;
}
```

程序运行输出结果：

The string str5 is Alpha

The string str1 is Alpha

The string str4 is Alpha

The string str4 is AlphaBeta

The string str4 is Alpha to Omega

str3>str1 is 1

str2==str1 is 0

The str3[4] is h

This is a null_terminated string.

STL　　　　　　　　　　　　　　　//键盘输入 STL 给 str5

The string str5 is STL

　　值得注意的是：string 类的对象中没有字符串结束符，另外，string 类对象会自动调整其存储尺寸以存放相应长度的字符串。因此，当分配或连接字符串时，目标字符串会根据需求扩展其大小以便适应新的字符串长度，所以 string 对象不会出现越界问题。string 对象的这种动态特性是它们优于以 Null 结束的 C 风格字符串的诸多方面之一。

14.4　string 类的成员函数

　　虽然利用 string 过载的操作符可方便地实现对 string/char*对象的操作，但更复杂和精细的操作仍需要 string 的成员函数完成。string 类提供了大量的成员函数，以完成 string 类对象的基本字符串的各种操作，如串接、复制、按下标访问元素、插入、删除等操作。表14.3 列出了 string 类的一些常用成员函数。

表 14.3　string 类中常用的成员函数

string 成员函数	说　　　明
赋　　值	
string& assign(const string& strob, size_type start,size_type num)	赋值，将 strob 中从 start 开始的 num 个字符赋给调用 string 对象
string& assign(const char* str, size_type num)	赋值，将 C 风格的 str 串中的前 num 个字符赋给 string 调用对象
添　　加	
string& append(const string& strob, size_type start, size_type num)	将 strob 中从 start 中开始的 num 个字符添加到 string 调用对象的尾部
string& append(const char* str, size_type num)	将 C 风格的字符串的前 num 个字符添加到 string 调用对象中
void push_back(const char& c)	将字符附加到串的尾部
void push_back(const string& substr)	将子串 substr 附加到调用串的尾部
插　　入	
string& insert(size_type start, const string& strob)	从 start 指定的位置开始把 strob 插入到调用字符串中
string& insert(size_type start, const string& strob, size_type insStart,size_type num)	按 start 指定的位置把 strob 中从 insStart 开始的 num 个字符插入到调用字符串中
替　　换	
string& replace(size_type start, size_type num, const string& strob)	用 strob 替换调用字符串中从 start 开始的 num 个字符
string& replace(size_type start, size_type orgNum, const string& strob, size_type_type replaceStart, size_type replaceNum)	用 strob 指定的字符串中从 replaceStart 开始的 replaceNum 个字符替换调用字符串中的从 start 开始的 orgNum 个字符
删　　除	
string& erase(size_type start=0, size_type num=npos)	从 start 开始删除调用字符串中的 num 个字符并返回一个对调用字符串的引用
string& clear()	删除调用字符串的所有字符，使之成为一个空串
判　　空	
bool empty()	判断调用字符串是否为空，若为空返回 true,否则返回 false
按下标访问串中的字符	at 成员函数较下标运算符[]访问元素的差别在于它会检查其访问是否越界，若越界系统抛出 out_of_range 异常
const string& at(size_type idx) const	返回调用字符串中下标为 idx 的字符(不允许修改)
string& at(size_type idx)	返回调用字符串中下标为 idx 的字符(允许修改)

续表

string 成员函数	说　　明
查　找	
size_type find(const string& strob, size_type start=0) const	从 start 开始搜索调用字符串中第一次出现的包含在 strob 中的字符，若找到，则返回调用字符串中出现匹配时的下标，如没有找到，则返回 npos
size_type rfind(const string& strob, size_type start=npos) const	从 start 开始反向搜索调用字符串中第一次出现的包含在 strob 中的字符串，若找到，则返回调用字符串中出现匹配时的下标，否则，返回 npos
比　较	
int compare(size_type start, size_type num, const string& strob) const	对 strob 中从 start 开始的 num 个字符与调用字符串进行比较，若调用字符串小于 strob，则返回 0，若大于则返回一个大于 0 的数，两者相等，返回 0
转换成 C 风格的字符串	
const char* c_str() const	返回一个指向包含在调用 string 对象中的以 Null 结束的字符串指针。该指针所指的内容不能被修改
const char* data() const	将调用字符串写入数组并返回一个指向该数组的指针，该指针所指的内容不能被修改
size_type copy(char* p, size_type num, size_type pos=0) const	将调用字符串从 pos 开始至多复制 num 个字符到 p 所指向的字符数组中。注意复制完后应加串结束符 Null
取子串	
string& substr(size_type start, size_type num)	返回调用字符串中从 start 开始，字符个数为 num 的子串
两字符串进行交换	
void swap(string& str)	交换调用字符串与 str
取串的长度	
size_type size()	返回调用字符串中的字符个数
size_type length()	返回调用字符串中的字符个数
size_type capacity()	string 对象不必增加内存即可存放的总的元素个数
size_type max_size()	string 对象中可存放字符串的最大长度
取迭代器	
iterator begin(), iterator end() const_iterator begin(), const_iterator end()	将迭代器置于开头/末尾 将迭代器置于开头/末尾(常量迭代器)
iterator rbegin(), iterator rend() const_iterator rbegin(), const_iterator rend()	获取反向迭代器的头/尾 获取反向迭代器的头/尾(常量迭代器)

14.5　string 的基本操作

14.5.1　元素访问

可以通过 string 类过载的下标运算符[]和提供的成员函数 at()对 string 对象进行元素访问。两类操作的界面如下：

```
//不带越界检查的元素访问
const string& operator[](size_type n) const;
string& operator[](size_type n);

//带有越界检查的元素访问
const string& at(size_type n) const;
string& at(size_type n);
```

用 at()方法访问 string 对象中的元素时，当发生越界时系统将抛出 out_of_range 异常。

string 缺少 front()(取第一个元素)和 back()(取最后一个元素)方法。因此，要访问一个 string 对象 s 的第一个和最后一个元素，必须采用 s[0]和 s[s.length()−1]的方式进行。另外需注意的是，&s[0]不等于 s。

14.5.2　赋值

string 的赋值操作由过载的赋值运算符"="和成员函数 assign()提供。两类操作的界面如下：

```
string& operator=(const string& s);
string& operator=(const char* s);
string& operator=(const char c);

string& assign(const string& s);
string& assign(const string& s, size_type start, size_type num);
string& assign(const char* p, size_type num);
string& assign(const char* p);
string& assign(size_type num, char c);
template<class T> string& assign(T first, T last);
```

在赋值操作中，C++仍然采用的是值赋值，亦即在将一个串赋值给另一个串时，被赋值的串将被复制，赋值之后存在着两个相互独立的同样的串。例如：

```
void g()
{
string s1="Teacher";
string s2="Student";

s1=s2;      //s1 和 s2 都是"Student"，且相互独立
}
```

注意上述第三种赋值过载算符形式，它提供了将字符赋给一个 string 的方法(但不允许用赋值初始化一个新的 string 对象)。例如：

```
string s='a';          //错误！不允许用 char 初始化一个 string 对象
s='a';                 //可以用一个 char 赋给一个 string 对象
```

14.5.3　从 string 转换到 C 风格的字符串

可以用一个 char*(C 风格的字符串)去初始化或赋值给一个 string 对象。反过来，string 类提供了一个从 string 类到 char* 的转换，这个功能可用如下成员函数实现：

const char* c_str() const;

const char* data() const;

size_type copy(char* p, size_type num, size_type start=0) const;

c_str() 函数很像 data()，只是它在最后加上了一个串结束符 0。换句话说，data() 产生的是字符数组，而 c_str() 产生的是一个 C 风格的字符串。以上函数主要是允许使用以 C 风格字符串为参数的函数。下面给出两个程序实例，以展示上述三个成员函数的基本用法。

```
void f()
{
    string s="Teacher";            //s.length()=7
    const char* p1=s.data();
     //p1 指向"Teacher"，共 7 个字符，不带串结束符
    printf("p1=%s\n",p1);          //错误!没有串结束符
    p1[2]='e';                        //错误! p1 指向 const 字符数组
    s[2]='e';                      //正确!

    const char* p2=s.c_str();      //p2 指向 7 个字符的 c 风格的字符串
    printf("p2=%s\n",p2);          //正确!
}

char* c_string(const string& s)
{
    char* p=new char[s.length()+1];  //注意分配串结束符空间
    s.copy(p,string::npos);
    p[s.length()]=0;                 //增加串结束符
    return p;
}
```

14.5.4　字符串的比较

一个 string 串既可以和同类型的 string 串进行比较，也可以和 char* 类型的串进行比较。在 string 中实现字符串比较可采用过载的关系运算符和 compare() 成员函数。下面是 compare() 成员函数接口：

int compare(const string& s) const;

int compare(const char* p) const;

int compare(size_type start, size_type num, const string& s) const;

```
int compare(size_type start, size_type num, const string&s,size_type start1,size_type um1)const;
int compare(size_type start, size_type num, const char* p, size_type num1=npos) const;
```

如果 compare()函数的参数中提供了比较位置和大小，那么比较中就只用指定的子串进行比较。两个串的比较是按其字符的字典次序进行的，若小于，则返回一个负值，等于返回值 0，大于则返回一个正值。下面给出一个程序示例，以展示字符串比较操作。

```cpp
#include <iostream>
#include <string>
using namespace std;

int main()
{
    string s1( "Testing the comparison functions." ),
          s2("Hello" ), s3( "stinger" ), z1( s2 );

    cout << "s1: " << s1 << "\ns2: " << s2
         << "\ns3: " << s3 << "\nz1: " << z1 << "\n\n";

    // comparing s1 and z1
    if ( s1 == z1 )
        cout << "s1 == z1\n";
    else { // s1 != z1
        if ( s1 > z1 )
            cout << "s1 > z1\n";
        else // s1 < z1
            cout << "s1 < z1\n";
    }

    // comparing s1 and s2
    int f = s1.compare( s2 );

    if ( f == 0 )
        cout << "s1.compare( s2 ) == 0\n";
    else if ( f > 0 )
        cout << "s1.compare( s2 ) > 0\n";
    else   // f < 0
        cout << "s1.compare( s2 ) < 0\n";

    // comparing s1 (elements 2 - 5) and s3 (elements 0 - 5)
    f = s1.compare( 2, 5, s3, 0, 5 );
```

```
    if ( f == 0 )
        cout << "s1.compare( 2, 5, s3, 0, 5 ) == 0\n";
    else if ( f > 0 )
        cout << "s1.compare( 2, 5, s3, 0, 5 ) > 0\n";
    else    // f < 0
        cout << "s1.compare( 2, 5, s3, 0, 5 ) < 0\n";

    // comparing s2 and z1
    f = z1.compare( 0, s2.size(), s2 );

    if ( f == 0 )
        cout << "z1.compare( 0, s2.size(), s2 ) == 0" << endl;
    else if ( f > 0 )
        cout << "z1.compare( 0, s2.size(), s2 ) > 0" << endl;
    else    // f < 0
        cout << "z1.compare( 0, s2.size(), s2 ) < 0" << endl;

    return 0;
}
```

程序运行输出结果：
s1: Testing the comparison functions.
s2: Hello
s3: stinger
z1: Hello

s1 > z1
s1.compare(s2) > 0
s1.compare(2, 5, s3, 0, 5) == 0
z1.compare(0, s2.size(), s2) == 0

14.5.5　附加与插入

　　一旦建立了一个串，就可以对其进行附加操作，该操作是由 string 类过载的操作符+、+=以及 append()成员函数实现的。

　　另外，也可以在一个串的某个字符位置前进行插入操作，这是由 insert()成员函数实现的。因为 insert()操作会带来串中多个字符的移动，所以，该操作的效率低于附加操作的效率。

　　在 string 类中操作符+、+=具有多种过载形式，同样，append()和 insert()也有多种过载形式，在此不一一列举，有兴趣的读者请参阅相关文献或书籍。

14.5.6　查找子串

在 string 中提供了大量的多种形式的查找子串的成员函数。这些成员函数都是 const 成员函数，它们找出子串的下标位置而不修改串的值。该功能是由 find()、rfind()、find_first_of()、find_last_of()、find_first_not_of()、find_last_not_of()实现的。由于查找子串的成员函数太多，我们在此不一一列举。有兴趣的读者请参阅相关文献或书籍。

利用各种形式的 find()查找子串位置时，若没有找到，则函数返回一个 npos，它表示一个非法的字符位置，此时系统会抛出 out_of_range 异常。正常情况下，find()函数应返回一个 unsigned 类型(size_type)的值。

下面给出一个程序示例，以展示查找子串的成员函数的基本用法。

```
// Demonstrating the string find functions
#include <iostream>
#include <string>
using namespace std;

int main()
{
    // compiler concatenates all parts into one string literal
    string s( "The values in any left subtree"
              "\n are less than the value in the"
              "\n parent node and the values in"
              "\n any right subtree are greater"
              "\n than the value in the parent node" );

    // find "subtree" at locations 23 and 102
    cout << "Original string:\n" << s
         << "\n\n(find) \"subtree\" was found at: "
         << s.find( "subtree" )
         << "\n(rfind) \"subtree\" was found at: "
         << s.rfind( "subtree" );

    // find 'p' in parent at locations 62 and 144 //
    cout << "\n(find_first_of) character from \"qpxz\" at: "
         << s.find_first_of( "qpxz" )
         << "\n(find_last_of) character from \"qpxz\" at: "
         << s.find_last_of( "qpxz" );
```

```
        // find 'b' at location 25
        cout << "\n(find_first_not_of) first character not\n"
            << "      contained in \"heTv lusinodrpayft\": "
            << s.find_first_not_of( "heTv lusinodrpayft" );
            // find '\n' at location 121
        cout << "\n(find_last_not_of) first character not\n"
            << "      contained in \"heTv lusinodrpayft\": "
            << s.find_last_not_of( "heTv lusinodrpayft" ) << endl;

        return 0;
    }
```

程序运行输出结果：

Original string:

The values in any left subtree

are less than the value in the

parent node and the values in

any right subtree are greater

than the value in the parent node

(find) "subtree" was found at: 23

(rfind) "subtree" was found at: 102

(find_first_of) character from "qpxz" at: 62

(find_last_of) character from "qpxz" at: 144

(find_first_not_of) first character not

　　contained in "heTv lusinodrpayft": 25

(find_last_not_of) first character not

　　contained in "heTv lusinodrpayft": 121

14.5.7　替换

在 string 中提供了多种过载形式的 replace()方法用于实现用一些新的字符去替换一个子串。replace 方法的接口如下：

```
string& replace(size_type start, size_type num, const string& strob)
string& replace(size_type start, size_type orgNum, const string& strob,
            size_type_type replaceStart, size_type replaceNum)
string& replace(size_type start, size_type num, const char* strob,
            size_type replaceNum)
string& replace(size_type start, size_type num, const char* strob)
string& replace(size_type start, size_type num, size_type replaceNum, char c)
```

string& replace(iterator begin, iterator end, const string& s)
string& replace(iterator begin, iterator end, const char* p, size_type num)
string& replace(iterator begin, iterator end, size_type num, char c)
template<class T> string& replace(iterator begin, iterator end, T j, T j2)

在进行了字符串的替换动作后，新串将根据情况做大小尺寸的动态调整。

replace()方法的简单应用见下例：

```
void()
{
    string s="but I have heard it words even if you don't believe in it.";
    s.erase(0,4);                            //删除 s 中开始的"but "
    s.replace(s.find("evem"),4,"only");      //用"only"替换"even"
    s.replace(s.find("don't"),5,"");         //用""替换"don't"
}
```

14.5.8　求子串

求 string 对象的子串的方法是 substr()方法。substr 的接口如下：

string& substr(size_type start, size_type num=npos) const

14.5.9　string 对象的大小和容量

求 string 对象的大小和容量是通过如下 string 类成员函数实现的：

```
size_type size() const;
size_type max_size() const;
size_type length() const;
bool empty() const;

void resize(size_type num, char c);
void resize(size_type num);

size_type capacity() const;
void reserve(res_arg=0);

Allocator get_allocator() const;      //获得内存分配管理器
```

14.5.10　输入输出

可利用 string 类中过载的>>和<<运算符进行 string 对象的输入输出。利用>>运算符进行字符串的输入时，当遇到 white space 时，输入自动结束。此时可利用 string 中的 getline() 方法从输入流中读入一整行字符(以 eol 结束的字符串)。下面给出一个程序示例，以展示 string 对象的输入输出方法。

```
#include <iostream>
#include <string>
using namespace std;

int main()
{
    string str1;
    cout<<"Please enter your name: ";
    getline(cin,str1);          //将输入的字符串存入 str1 中
    cout<<"Hello, "<<str1<<"!\n";

    string str2;
    cout<<"Please enter your name: ";
    cin>>str2;                  //注意：输入遇到 white space 时结束
    cout<<"Hello, "<<str2<<"!\n";
}
```

程序运行输出结果：

Please enter your name: Li yanni

Hello, Li yanni!

Please enter your name: Li yanni

Hello, Li!

从以上示例程序可看出，"**>>**"运算符只读入串中第一个空白处前的字符串，欲读入整个字符串，需采用 getline()方法。

14.6　C 风格的字符串

所谓 C 风格的字符串，即带有串结束符 Null 或 0 值的串。在 C 标准例程库中提供了若干对 C 风格字符串操作的函数，下面我们进行简要介绍。

14.6.1　C 字符串操作函数

在 C 标准例程库(<string.h>(老版本库)和<cstring>(新标准库))中提供了若干操作 C 风格字符串的函数，它们是：

```
char* strcpy(char* p, const char* q);          //复制 q 到 p，包括串结束符
char* strcat(char* p, const char* q);          //将 q 附加到 p 后，包括串结束符
char* strncpy(char* p, const char* q, int n);  //从 q 复制 n 个字符到 p 中，包括串结束符
char* strncat(char* p, const char* q, int n);  //将 q 的 n 个字符附加到 p 后，包括串结束符

size_t strlen(const char* p);                  //求串的长度，不计串结束符
```

```
int strcmp(const char* p, const char* q);              //比较 p 和 q
int strncmp(const char* p, const char* q, int n);      //比较 p 和 q 的前 n 个字符


char* strchr(char* p, int c);                          //在 p 中找第一个 c
const char* strchr(const char* p, int c);


char* strrchr(char* p, int c);                         //在 p 中找最后一个 c
const char* strrchr(const char* p, int c);


const char* strstr(const char* p, const char* q);      //在 p 中找 q 的子串位置
char* strpbrk(char* p, const char* q);                 //在 p 中找 q 的第一个字符
const char* strpbrk(const char* p, cosnt char* q);

size_t strspn(const char* p, const char* q);   //p 中出现不属于 q 的字符之前的字符个数
size_t strcspn(const char* p, const char* q);  //p 中出现属于 q 的字符之前的字符个数
```

14.6.2　将数值字符串转换到数值的函数

在<stdlib.h>(老版本库)和<cstdlib>(新标准库)中提供了几个很有用的将表示数值的字符串转换到数值的函数，它们是：

```
//将 p[]转换到 double(字母到 double 数值)
double atof(const char* p);
//将 p[]转换到 double(字符串到 double 数值)
double strtod(const char* p, char** end);
//将 p[]转换到 int, 假定基数为 10
int atoi(const char* p);
//将 p[]的字符转换到 long, 假定基数为 10
long atol(const char* p);
//将 p[]的字符串转换到 long, 假定基数为 b
long strtol(const char* p, char** end, int b)
```

14.6.3　字符分类

在<ctype.h>和<cctype>中，标准库提供了一组很有用的函数，用于处理 ASCII 或者其它类似的字符集：

```
int isalpha(int c);        //判断 c 是否为字母字符
int isupper(int c);        //判断 c 是否为大写字母字符
int islower(int c);        //判断 c 是否为小写字母字符
int isdigit(int c);        //判断 c 是否为十进制数字字母字符
```

int isxdigit(int c);	//判断 c 是否为十六进制数字字母字符
int isspace(int c);	//判断 c 是否为空格或换行等字符
itn iscntrl(int c);	//判断 c 是否为控制字符
int ispunct(int c);	//判断 c 是否为标点符号字符
int isalnum(int c);	//判断 c 是否为字母/数字字符
int isprint(int c);	//判断 c 是否为可打印字符
int isgraph(int c);	//判断 c 是否为字母/数字/标点符号字符
int toupper(int c);	//将 c 转换成大写
int tolower(int c);	//将 c 转换成小写

14.7　迭　代　器

　　string 类提供了向前(逆序)和向后(顺序)遍历 string 中字符的**迭代器(Iterator)**。迭代器类似于指针，但其忽略所指对象的类别。通过迭代器可访问 string 对象中的字符。注意：利用迭代器访问串中的字符时，它不检查 string 对象串的范围。string 类提供向后遍历的常量迭代器 string::const_iterator 和非常量迭代器 string::iterator，它同时还提供向前遍历的常量迭代器 const_reverse_iterators 和非常量迭代器 reverse_iterators。其中常量迭代器不能修改所迭代的字符串中的内容，而非常量迭代器可修改所迭代的字符串中的内容。

　　在采用迭代器向后访问串中的内容时，string 类提供了成员函数 begin(获得串的起始位置)和 end(获得串中最后一个字符的下一个字符的位置)；向前访问串中的内容时，string 类提供了成员函数 rbegin(获得串的起始位置)和 rend(获得串中最后一个字符的下一个字符的位置)。类 string 迭代器及相应的成员函数请参见表 14.3。下面给出 string 迭代器的一个简单应用示例。

```
#include <iostream>
#include <string>
using namespace std;

int main()
{
    string s("Testing iterators");
    string::const_iterator i1=s.begin();        //定义声明一个迭代器
    cout<<"s= "<<s<<"\n(Using iterator i1) s is: ";
    while(i1!=s.end()){
        cout<<*i1;                              //利用迭代器取串中的字符
        ++i1;                                   //迭代器向后移动
    }
    cout<<endl;
    return 0;
}
```

程序运行输出结果：

s= Testing iterators

(Using iterator i1) s is: Testing iterators

14.8　字符串流处理

C++标准类库中为 string 的输入与输出提供了两个流类：istringstream 类和 ostringstream 类。其中 istringstream 类支持从 string 输入，而 ostringstream 类支持从 string 输出。类 istringstream 和 ostringstream 的声明如下：

typedef basic_istringstream<char> istringstream;

typedef basic_istringstream<char> ostringstream;

类 istringstream 和类 ostringstream 是类 istream 和 ostream 的子类，因此它除提供了 istream 和 ostream 的功能外，还提供了用于字符串输入与输出的特定的成员函数。其具体的应用请参见下一章输入/输出流及相关文献。

小　　结

本章我们重点讲述了 C++标准类库中的 string 类。C++标准库中的 string 类为编程者提供了强大的字符串处理功能。string 类中不仅提供了多个过载的构造函数，而且以多种形式重载了各种操作符，如赋值、关系运算符和下标运算符等。在 string 类中封装了对字符串操作所需的各种操作符及方法，如求子串、插入、删除、附加等，利用 string 类对象可完成对字符串的各种操作。

本章中还对 C 风格的字符串，同时对 C 标准例程库中对字符串进行操作的相应库函数进行了简要介绍。

练习题

1．判断下列表述是否正确。如果不正确，请说明原因。

(1) string 是以 Null 结尾的。

(2) string 中的方法 max_size 返回 string 的最大长度。

(3) string 中的方法 at 能够抛出 out_of_rang 异常。

(4) string 中的方法 begin 返回一个 iterator。

(5) string 默认按引用传递。

2．试编写一个自己的 c_str 函数。

3．编写一个程序，输入一 string 并逆向打印该 string，并将其所有大写字母变成小写，将所有小写字母转换成大写。

4．编写一个程序，计算所输入句子中元音字母的总数，并输出每个元音字母出现的频率。

5. 编写一个程序可从"abcdefghijk"产生如下形状的图形：

<pre>
          A
         BCD
        CDEDC
       DEFGFED
      EFGHIHGFE
     FGHIJKJIHGF
</pre>

第 15 章   C++ 输入/输出系统基础

本章要点:

- 🖳 C++ 中的流;
- 🖳 C++ 输出流;
- 🖳 C++ 输入流;
- 🖳 C++ 流算子。

C++支持两个完备的 I/O 系统: 一个是从 C 继承而来的系统,另一个是 C++定义的面向对象的 I/O 系统(以下简称 C++I/O 系统)。

从 C 继承下来的 I/O 系统功能非常丰富、灵活且强大,但该系统不识别自定义类型的对象,即我们无法用该系统输入/输出自定义类型对象。C++提供的面向对象 I/O 系统正是为了输入/输出自定义类型的对象。本章将只讨论 C++的 I/O 系统。

本章重点介绍 C++中最常用的一些 I/O 操作,并对其余的 I/O 功能进行简要介绍。

15.1   C++ 中的流概述

和 C 的 I/O 系统一样,C++的 I/O 系统仍然是以字节流的形式实现的。**流(Stream)**实际上就是一个字节序列,它既可以从输入设备(如键盘(默认的标准输入设备)、磁盘、网络连接等)流向计算机内存,亦可以从计算机内存流向输出设备(显示器(默认的标准输出设备)、打印机、磁盘、网络连接等)。流是一种既能产生信息又可以消耗信息的逻辑设备,它通过 I/O 系统与一个物理设备相连。尽管流所连接的物理设备可以完全不同,但是所有的流以同样的方式工作,因此可以利用同样的 I/O 函数操作所有类型的物理设备。例如,可以利用同样的函数把信息写到文件、打印机或屏幕。

输入/输出的字节可以是 ASCII 字符、内部格式的原始数据、图形图像、数字音频、数字视频或其它任何应用程序所需要的信息。

C++提供了低级和高级的 I/O 功能。低级 I/O 功能(即无格式的 I/O)通常只在设备和内存之间传输一些字节。这种传输过程以单个字节为单位,它能进行高速、大容量的传输,但使用起来不够便利。

高级 I/O(即格式化 I/O)把若干个字节组合成某种类型(基本类型或自定义类型)的数据。这种面向类型的 I/O 更适合于大多数情况下的输入/输出,但在处理大容量的 I/O 时性能不如低级 I/O。

15.1.1　C++的输入/输出流类库中的头文件

C++的输入/输出流类库提供了数百种 I/O 功能，其 I/O 流类库的接口部分包含在几个头文件中。

头文件<iostream>包含了操作所有输入/输出流所需的基本信息，因此在进行输入/输出时都应包含该头文件。另外，在<iostream>中定义了 cin、cout、cerr 和 clog 四个流对象，它们分别对应于标准输入流(键盘)、标准输出流(屏幕)、非缓冲和经缓冲的标准错误流，该头文件中还提供了无格式的 I/O 和格式化的 I/O 功能。

在进行格式化的 I/O 时，如果流中带有含参数的流操纵算子(见本章后续内容)，则必须包含<iomanip>头文件。

<cfstream>头文件中包含了由用户控制的文件处理操作。关于文件操作的内容本书不做介绍，有兴趣的读者可参阅相关文献资料。

15.1.2　输入/输出流类和对象

C++的输入/输出流类库中包含了许多用于处理 I/O 操作的类。其中，类 istream 支持流的输入操作，类 ostream 支持流的输出操作，类 iostream 同时支持流的输入和输出操作。

类 istream 和 ostream 是通过单重继承从基类 ios 类派生而来的。类 iostream 是通过多重继承从类 istream 和 ostream 派生而来的。在 C++的 I/O 系统中，通过重载左移 "<<" 操作符(流插入运算符)提供了流的输出操作；通过重载的右移 ">>" 操作符(流读取运算符)提供了流的输入操作。这两个重载的运算符可以和标准流对象 cin(istream 类对象)、cout(ostream 类对象)、cerr(ostream 类带缓冲的错误流对象)和 clog(ostream 类不带缓冲的流对象)以及自定义类型的对象一起使用。

C++中的文件处理用类 ifstream 完成文件的输入操作，用类 ofstream 完成文件的输出操作，用类 fstream 完成文件的输入/输出操作。

在 C++的 I/O 系统中还有相当多的类用于支持流的 I/O 操作，但这里所列出的类能够实现多数程序所需要的绝大部分功能。若想更多地了解 C++的 I/O 系统，请参看 C++类库指南或其它相关文献资料。C++I/O 系统的类的继承层次如图 15.1 所示。

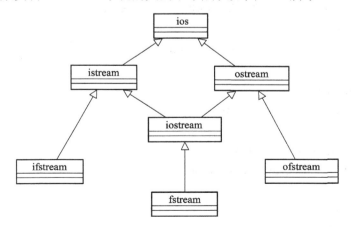

图 15.1　C++ I/O 系统类层次图

15.2　输　出　流

　　C++的类 ostream 提供了无格式和格式化输出的功能，其中包括：用流插入运算符输出基本类型和 string 类型的数据；用成员函数 put 输出字符；用成员函数 write 进行无格式化的输出；输出十进制、八进制、十六进制格式的整数；输出各种精度的浮点数，输出强制带有小数点的浮点数以及用科学计数法和定点计数法表示的浮点数，输出在指定域宽内对齐的数据；输出在域宽内用指定字符填充空位的数据；输出科学计数法和十六进制计数法中的大写字母等。

　　流插入运算符"<<"可实现流的输出。它可默认输出基本类型、string 类型、char*类型的值。若需输出自定义类型对象的值，需在自定义类型中重载"<<"运算符(详见第 13章操作符过载内容)。另外，"<<"运算符还可计算输出表达式的值。下面给出一个程序示例，以展示"<<"运算符的基本用法。

```
#include <iostream>
using namespace std;

int main()
{
    cout<<"Welcome to C++!\n";
    cout<<"Welcome to C++!"<<endl;

    int i=10;
    double d=3.14159;
    char c='a';
    bool b=true;
    cout<<"i="<<i<<";     "<<"d="<<d<<";     ";
    cout<<"c="<<c<<";     "<<"b="<<b<<";     "<<endl;

    cout<<"23 plus 34 is "<<(23+34)<<endl;

    char* str="test";
    cout<<"The value of str is: "<<str<<endl;

    cout<<"The address of str is: ";
    cout<<static_cast<void*>(str)<<endl;

    cout.put('A');
    cout<<endl;
```

```
    cout.put('A').put(' ').put('B').put('\n');
    return 0;
}
```

程序运行输出结果：
Welcome to C++!
Welcome to C++!
i=10;　　d=3.14159;　　　c=a;　　　b=1;
23 plus 34 is 57
The value of str is: test
The address of str is: 00417734
A
A B

15.3　输　入　流

C++I/O 系统的输入流类为 istream。istream 类提供了输入的基本操作。

15.3.1　流读取运算符

在 C++I/O 系统中，输入一般是通过流读取运算符"＞＞"实现的。流读取运算符会跳过输入流中的空格、Tab 键、换行符等空白字符。"＞＞"运算符默认可读取基本类型、string类型和 char*类型的数据，若需要读取自定义类型的数据，需在自定义类型中过载流读取运算符"＞＞"(见第 13 章操作符过载中的相关内容)。

"＞＞"一次可读取一个某种类型的数据，亦可连续使用，从左至右读取若干个类型的数据。由于输入流(istream)的父类(ios)过载了一个强制的类型转换运算符，它可将一个输入流类型转换成一个 void*类型的指针，因此当读取数据发生错误或遇到输入结束时(如^z)，指针值为 0。利用这一特性，常常可以用类似 cin>>x 这样的表达式作为条件或循环语句中的逻辑判断条件。下面给出一个程序示例，以展示流读取运算符的基本用法。

```
#include <iostream>
#include <string>
using namespace std;

int main()
{
    string s;
    cin>>s;
    cout<<s<<endl;

    int i;
    double d;
```

```
        cin>>i>>d;
        cout<<"i= "<<i<<"        "<<"d= "<<d<<endl;

        int grade, highestGrade=-1;
        cout<<"Enter grade: ";
        while(cin>>grade)
        {
            if(grade>highestGrade) highestGrade=grade;
        }
        cout<<"The highest grade is: "<<highestGrade<<endl;
        return 0;
}
```

程序运行输出结果：

Teacher　　　　　　　　　　　　　　//键盘输入

Teacher

34 3.14159

i= 34　　　d= 3.14159

Enter grade: 92 67 56 78 80^Z　　　//屏幕提示下键盘输入

The highest grade is: 92

15.3.2　用于输入的一些成员函数

下面讨论在 C++的输入实例类中常用的一些成员函数。

get 方法可从指定的输入流中读取一个字符，包括空白字符，并返回该字符。当遇到输入流中的文件结束符时，get 方法返回 EOF(文件结束符)。

get 方法具有三种过载形式：

(1) 不带参数的 get。它从指定的输入流中读取一个字符(包括空白字符)，并返回该字符。

(2) 带一个参数的 get。它从指定的输入流中读取下一个字符(包括空白字符)，并返回该字符。

(3) 带有三个参数的 get。其参数分别是接收字符的字符数组、字符数组的大小和分隔符(默认为'\n')。它在读取比字符数组尺寸小 1 时结束，或者在遇到分隔符时结束。

getline 用于从输入流中读取一字符串(包括空白字符)到一个 string 对象 s 中(如 getline(cin, s))或字符数组 buffer 中(如 cin.getline(buffer, size))。

由于用读取运算符"＞＞"读取字符串时遇到空白字符将停止读取，因此，需要读取整个字符串(包含空白字符)时常常采用 getline 方法。

ignore 用于在需要时跳过输入流中指定数量的字符(默认个数是 1)，或遇到指定的分隔符(默认分隔符是 EOF，使得 ignore 在读文件时跳过文件末尾)时结束。

putback 方法将最后一次用 get 从输入流中提取的字符放回到输入流中。

成员函数 peek 返回输入流中的下一个字符，但并不将其从输入流中删除。

15.4　成员函数 read 和 write 的无格式输入/输出

成员函数 read 和 write 可实现无格式的输入/输出。这两个函数分别用于将若干字节写入到字符数组或从字符数组中读出。这些字节都是未经过任何格式化的，仅以原始数据的形式输入或输出。

成员函数 read 将指定个数的字符输入到字符数组中。如果读取的字符个数少于指定的数目，可以设置标志位 faibit(见本章后续内容)。

下面给出一个程序示例，以展示上述几个成员函数的基本功能。

```
#include <iostream>
using namespace std;

int main()
{
    const int SIZE = 80;
    char buffer[ SIZE ];

    cout << "Enter a sentence:\n";
    cin.read( buffer, 20 );
    cout << "\nThe sentence entered was:\n";
    cout.write( buffer, cin.gcount() );
    cout << endl;
    return 0;
}
```

程序运行输出结果：

```
Enter a sentence:
I am a teacher.
^Z
The sentence entered was:
I am a teacher.
```

15.5　流操纵算子

采用 cin、cout 可进行各种类型对象的无格式输入或输出。若需进行格式化的输入/输出，需采用 C++流类库中提供的各种输入/输出流操纵算子。流操纵算子具有如下功能：设置域宽，设置数值精度，设置和清除格式化，设置域填充字符，刷新流，在输出流中插入换行符并刷新该流，在输出流中插入空字符，跳过输入流中的空白字符，等等。下面简要介绍一下这些流操纵算子。

15.5.1　设置整数流的基数

在 C++中，一个整数通常默认为是十进制的，如想改变流中整数的基数，可插入流操纵算子 dec(恢复到十进制)、oct(设置成八进制)、hex(设置成十六进制)。这些流操纵算子定义在头文件<iostream>中。

也可以用流操纵算子 setbase 来改变基数。流操纵算子 setbase 带有一个参数 10、8 或 16，表明所欲设置的进制。由于 setbase 带有参数，故常称其为参数化的操纵算子。本章的后续内容还会讲到一些参数化的操纵算子。使用参数化的操纵算子需包含头文件<iomanip>。

下面给出一个程序示例，以展示上述流操纵算子的基本用法。

```cpp
#include <iostream>
#include <iomanip>
using namespace std;

int main()
{
    int n;

    cout << "Enter a decimal number: ";
    cin >> n;

    cout << n << " in hexadecimal is: "
        << hex << n << '\n'
        << dec << n << " in octal is: "
        << oct << n << '\n'
        << setbase( 10 ) << n << " in decimal is: "
        << n << endl;
    return 0;
}
```

程序运行输出结果：

```
Enter a decimal number: 123
123 in hexadecimal is: 7b
123 in octal is: 173
123 in decimal is: 123
```

15.5.2　设置浮点数精度

在 C++中可利用流操纵算子 setprecision 和成员函数 percision 来控制浮点数的精度。设置了精度以后，该精度对之后所有的浮点数输出都有效，直到下一次设置精度为止。无参数的成员函数 percision 返回当前设置的精度。

下面给出一个程序示例，以展示上述设置浮点数精度的操纵算子和成员函数的基本用法。

```cpp
#include <iostream>
#include <iomanip>
#include <math.h>
using namespace std;

int main()
{
    double root2 = sqrt( 2.0 );
    int places;

    cout << setiosflags( ios::fixed)
        << "Square root of 2 with precisions 0-9.\n"
        << "Precision set by the "
        << "precision member function:" << endl;

    for ( places = 0; places <= 9; places++ ) {
        cout.precision( places );
        cout << root2 << '\n';
    }

    cout << "\nPrecision set by the "
        << "setprecision manipulator:\n";

    for ( places = 0; places <= 9; places++ )
        cout << setprecision( places ) << root2 << '\n';

    return 0;
}
```

程序运行输出结果：

Square root of 2 with precisions 0-9.

Precision set by the precision member function:

1

1.4

1.41

1.414

1.4142
1.41421
1.414214
1.4142136
1.41421356
1.414213562

Precision set by the setprecision manipulator:
1
1.4
1.41
1.414
1.4142
1.41421
1.414214
1.4142136
1.41421356
1.414213562

15.5.3　设置输出域宽

可用流操纵算子 setw(带参数的流操纵算子)和成员函数 width 进行输出域宽的设置。如果输出数据所需的宽度比设置的域宽小，则空位用填充字符进行填充；如果输出数据所需的宽度比设置的域宽大，则输出数据不会被截断，系统会输出所有的数据位。

注意：setw 仅对一次输出流起作用。

下面给出一个程序示例，以展示流操纵算子 setw 和成员函数 width 的基本用法。

```cpp
#include <iostream>
#include <iomanip>
#include <string>
using namespace std;

int main()
{
    for(int i=1; i<=1000; i *=10)
        cout<<setw(6)<<i<<endl;

    cout<<setw(6);
    for(int i=1; i<=1000; i *=10)
        cout<<i<<endl;
```

```
    string s;
    cin.width(20);
    getline(cin,s);
    cout.width(20);
    cout<<s<<endl;
    return 0;
}
```

程序运行输出结果：

```
    1
    10
    100
    1000
    1
10                      //setw 仅对一次输出流有效
100
1000
I am a teacher.         //键盘输入
    I am a teacher.
```

小　　结

　　C++的 I/O 操作是以字节流的形式实现的。流实际上就是字节序列。头文件 iostream.h 包括了操作所有输入/输出所需的基本信息，因此在大多数 C++程序中都应该包含这个头文件。

　　C++提供了无格式 I/O 和格式化 I/O 两种操作。默认情况下，C++采用无格式的 I/O；当需要格式化的输入/输出时，可采用带参数的流操作算子实现。头文件 iomanip.h 包含了带参数流算子的相关信息。

　　在 C++输入/输出类层次中，类 istream 支持流的输入操作，类 ostream 支持流的输出操作，类 iostream 同时支持流的输入与输出操作。类 istream 和 ostream 是通过单一继承从基类 ios 继承而来的。

　　流插入运算符"<<"可实现流的输出，它自动识别并输出 C++中的基本类型及字符串类型的量。若欲输出自定义类型的量，在自定义类型中应重载该运算符。

　　流读取运算符">>"可实现流的输入，它自动识别并输入 C++中的基本类型及字符串类型的量。若欲输入自定义类型的量，在自定义类型中需重载该运算符。

　　类 istream 的一个对象是 cin，它与标准输入设备(默认为键盘)关联在一起。

　　类 ostream 的一个对象是 cout，它与标准输出设备(默认为显示器)关联在一起。类 ostream 的另一个对象是 cerr，它与标准错误输出设备关联在一起。对象 cerr 实现非缓冲输出，它将系统中的每一条错误信息立即显示出来。

练习题

1. 分别用若干 C++语句实现下述要求：

(1) 以左对齐方式输出整数 20 000，域宽为 12；

(2) 将一个字符串读到字符数组 ar 中；

(3) 打印有符号数 400 和无符号数 300；

(4) 将十进制 34 以 0x 开头的十六进制数输出；

(5) 将一串字符读到一字符数组 a 中，直到遇到字符'e' 或读取的字符个数达到数组的界时终止其读取操作，同时从输入流中读取分隔符并删除；

(6) 用前导 0 格式打印 1.234，域宽为 9。

2. 从键盘上输入一个十进制整数，然后按不同的进制格式化输出。

3. 编写一个程序，从键盘输入一个字符串，判断其长度，然后以字符串长度的两倍作为域宽打印该字符串。

4. 定义一个复数类(Complex)，重载流插入与流读取运算符，使之能实现 Complex 类对象的输入与输出。

第 16 章 标准模板库 STL 简介

近年来,C++引入了许多新功能,其中最重要的是标准模板库(Standard Template Library, STL)的实现与引入。STL 是在 C++标准化过程中取得的主要成就之一,它提供了通用的类模板和函数模板,这些类或函数模板实现了许多编程中普遍使用的算法和数据结构。这些算法和数据结构支持矢量、列表、队列和堆栈等。此外,STL 还定义了各种访问这些算法和数据结构的例程。由于 STL 采用类属程序设计范型,因此,STL 中的算法和数据结构可以被应用于任何数据类型。

STL 是软件工程所使用的一些最复杂的 C++功能的综合。为了理解和使用 STL,必须完全弄懂 C++语言,包括指针、引用和模板。本章的目的是对 STL 给出一个综述性的介绍,其中包括它的设计理念、组织、构成和使用时需要的编程技巧。因为 STL 是一个大型库,所以这里不可能介绍它的所有功能。我们在本章采用一些实例介绍 STL 的大部分功能和 STL 的基本使用方法。欲深入了解与掌握 STL,请参考相关文献资料和书籍。

16.1 STL 概述

虽然标准模板库 STL 非常庞大且其语法复杂,然而一旦了解了它的构造方式和基本原理,使用 STL 库中的构件还是相对简单的。

标准模板库 STL 核心有三个组成部分:容器、算法和迭代器。三者之间协同工作,从而为各种编程问题提供了行之有效的解决方案。

16.1.1 容器

所谓容器,即存放其它对象的对象。在 STL 中容器分为三大类:**顺序容器(Sequence Container)**、**关联容器(Associative Container)**和**容器适配器(Container Adapter)**。例如,vector 类(动态数组)、deque(双向队列)、list(线性列表)等都是顺序容器;map(键-值对)、set(集合)等都属于关联容器;queue 是容器 deque 的一个适配器。

每个容器类都定义了一组成员函数,这些成员函数可以被应用于该容器。例如,一个列表容器包括插入函数、删除函数和合并元素函数;一个堆栈容器包括用于压栈和弹栈的函数。

16.1.2 算法

算法作用于容器,它们提供操作容器中对象的各种方法,这些操作包括初始化、排序、搜索和转换容器中的内容等。许多算法都可以在一个容器内对一定范围的元素进行操作。

16.1.3　迭代器

迭代器是一种对象，其操作与指针类似，但指针只能指向特定类型的对象，而迭代器可指向容器中的元素而忽略其类型。利用迭代器可方便地对容器中的元素进行遍历与循环。STL 提供了以下 5 种迭代器：

(1) 随机访问迭代器：存储和检索容器中元素的值，元素可以被随机访问。

(2) 双向迭代器：存储和检索容器中元素的值，元素可以被随机访问。

(3) 前向迭代器：存储和检索容器中元素的值，只能向前移动。

(4) 输入迭代器：检索但不能存储容器中元素的值，只能向前移动。

(5) 输出迭代器：存储但不能检索容器中元素的值，只能向前移动。

一般而言，可用访问能力较强的迭代器代替访问能力较弱的迭代器。例如，可以用前向迭代器代替输入迭代器。

迭代器的处理很像指针，可以对其进行递增和递减操作，也可以对其应用运算符 "*"。迭代器由各种容器定义的 Iterator 类型声明。

STL 也支持反向迭代器。反向迭代器可以是双向的随机访问的迭代器，该迭代器可以相反的方向遍历一个序列。因此，如果一个反向迭代器指向一个序列的末尾，对该迭代器的递增操作将使其指向序列末尾的前一个元素。

当涉及 STL 中不同的迭代器类型时，本书将采用以下术语：

◆ BiIter：双向迭代器；

◆ ForIter：前向迭代器；

◆ InIter：输入迭代器；

◆ OutIter：输出迭代器；

◆ RandIter：随机访问迭代器。

16.1.4　其它 STL 元素

除容器、算法和迭代器之外，STL 还有几种标准组件，其中最重要的几种组件是：分配器(Allocator)、谓词(Predicate)、比较函数和函数对象。

每个容器都定义了一个分配器。分配器用于管理一个容器的内存分配。默认的分配器是一个 allocator 类的对象。如果应用中有特殊需求，也可以自定义分配器，但大多数情况下，使用默认分配器就足够了。

个别算法和容器使用一个称为谓词的特殊类型的函数。谓词有两种变体：一元谓词和二元谓词。一元谓词有一个参数，二元谓词有两个参数。这些函数的返回值为 true 或 false，其返回值由谓词条件而定。在本章其余部分，当需要使用一元谓词函数时，用 UnPred 类型标识；当使用二元谓词函数时，则用 BinPred 类型标识。无论是一元谓词还是二元谓词，其参数都将包含被该容器存储的对象类型的值。

在 STL 中，某些算法和类使用一种特殊的二元谓词，这类谓词可以比较两个元素。比较函数用类型 Comp 标识。

各种 STL 类都要求包含头文件，C++标准库也包括<utility>和<functional>头文件。在头文件<utility>中定义了一些实用类，如 pair 类等。<functional>头文件包含了一些操作符对象，这些对象称为函数对象，这些函数对象可代替函数指针。在<functional>中预定义了如下函数对象：

plus	minus	multiplies	divides	modulus
negate	equal_to	not_equal_to	greater	greater_equal
less	less_equal	logic_and	logic_or	logic_not

使用最普遍的函数对象也许是 less，它用于比较两个对象的大小。在后面所介绍的 STL 算法中，我们可以用函数对象代替函数指针。利用函数对象(而不是函数指针)可以生成更有效的代码。

还有两个移植到 STL 的实体是**绑定器(Binder)**和**取反器(Negator)**。一个绑定器可以把一个参数和一个函数对象绑定在一起，一个取反器将返回一个谓词的补码。

16.2　容　器　类

容器就是存储其它对象的对象。在 STL 中定义的容器如表 16.1 所示。使用 STL 中的每一个容器类都必须包含相应的头文件，因此，表 16.1 列出了其所必需的头文件。特别需要指出的是：string 类实际上亦是一个容器，我们将在本章后面进行讨论。

表 16.1　STL 定义的容器

容　器　类	说　　　明	需包含的头文件
bitset	位集合	<bitset>
deque	双向队列	<deque>
list	线性列表	<list>
map	键-值对，其中每一个关键字仅和一个值相关联	<map>
multimap	键-值对，其中每一个关键字可和两个或多个值相关联	<map>
multiset	集合，其中集合中的元素可重复	<set>
priority_queue	优先队列	<queue>
queue	队列	<queue>
set	集合，其中集合中的元素是唯一的	<set>
stack	堆栈，一种先进后出的数据结构	<stack>
vector	动态数组	<vector>

在 STL 中用 typedef 定义了一些别名，表 16.2 中给出了一些常用的别名。

表 16.2　STL 中用 typedef 定义的一些常用别名

别　　名	说　　明
size_type	无符号整型
reference	对元素的引用
const_reference	对元素的 const 引用
iterator	迭代器
const_iterator	常量迭代器
reverse_iterator	反向迭代器
const_reverse_iterator	常量反向迭代器
value_type	容器中值类型
allocator_type	分配器类型
key_type	关键字类型
key_compare	比较两个关键字的函数类型
value_compare	比较两个值的函数类型

16.3　STL 类的一般操作原理

虽然 STL 内部操作非常复杂，但 STL 的使用却很简单。首先，必须确定想要使用的容器类型，每种容器都有其优缺点。例如，当需要一个随机访问的、类似于数组的对象而且不需要进行太多的插入和删除操作时，采用 vector 是非常适宜的。list 虽然能够提供廉价的插入和删除，但却以降低速度为代价。map 是一个关联容器，它用键作索引求值。

一旦选择了某种容器类，就可以利用其成员函数往该容器中添加元素、访问或修改并删除这些元素。除 bitset 以外，一个容器在被添加元素时将自动扩张其容量，在被删除元素时将自动缩小其容量。

元素可以多种不同的方式添加到各类容器中，或者是从容器中删除。例如，顺序容器和关联容器都提供一个称为 insert() 的成员函数，该函数可以将元素插入到一个容器中；这两类容器还提供了一个称为 erase() 的函数，该函数可以从一个容器中删除元素。此外，顺序容器还提供 push_back() 和 pop_back() 函数，它们分别把一个元素添加到容器末端或从容器末端删除。对于顺序容器而言，这些成员函数或许是最常用的添加或删除元素的方法。list 和 deque 容器还包括 push_front() 和 pop_front() 方法，它们能够从容器的起始处添加和删除元素。

在一个容器内部访问元素的最常用方法之一是通过迭代器。顺序容器和关联容器都提供了成员函数 begin() 和 end()，这两个函数分别返回指向该容器起始位置和终止位置的迭代器。这些迭代器在访问遍历容器时非常方便。例如，为了在一个容器中进行循环操作，可以利用 begin() 以获得一个指向容器起始位置的迭代器，然后对其进行递增，直到它的值变为 end()。

关联容器提供了成员函数 find()，该函数被用于根据关键字在关联容器中查找相应的元素。由于关联容器总是一个键-值对，因此 find() 是关联容器中大多数元素的查找方式。

　　因为 vector 是一个动态数组，所以可采用下标运算符对其元素进行访问。

　　一旦有了一个存放对象的容器，就可以利用一种或多种算法来使用它。这些算法不仅可以使你以某种规定的方式改变容器的内容，还可以把一种顺序类型的容器转换为另一种顺序类型的容器。

　　在下面几节中，我们将重点介绍如何把这些方法应用于三个具有代表性的容器，即容器 vector、list 和 map。一旦理解了这些容器的工作方式，那么其它容器的使用方法类同。

16.4　vector 容 器

　　用途最多的容器当数 vector 类了。一个 vector 类的实例是一个动态数组，该数组可根据需求自动调整其大小。又因为 vector 是一个数组，故我们可使用下标运算符对其元素进行访问。

　　vector 类模板原型如下：

template <class T, class Allocator =allocator<T>> class vector

其中：模板参数 T 可为任何类型(基本类型或自定义类型)；Allocator 为分配器类型，缺省值为标准分配器 allocator<T>。

　　vector 具有如下构造函数：

(1)　explicit vector(const Allocator& a=Allocator());

(2)　explicit vector(size_type num, const T& val=T();

(3)　const Allocator& a=Allocator());

(4)　vector(const vector<T,Allocator>& ob);

template <class InIter> vector(InIter start, InIter end, const Allocator& a=Allocator());

　　第(1)种形式构造一个空的 vector 对象；第(2)种形式构造一个具有 num 个元素、值为 val 的 vector 对象，val 的值可以取缺省值；第(3)种形式根据一个已有的 vector 对象拷贝构造另一个同样的 vector 对象；第(4)种形式构造一个其元素限定在迭代器 start 和 end 所指定的范围内的 vector 对象。

　　为了获得最大的灵活性与可移植性，若存储在 vector 中元素的类型为自定义类型，则这些自定义类型都应该定义一个默认的构造函数，并过载比较与赋值运算符。基本类型自动满足这些要求。

　　下面我们根据 vector 的构造函数列举一些定义 vector 对象的实例：

vector<int> iv;　　　　　　　//创建一个长度为 0 的 int 型 vector 对象 iv

vector<char> cv(5);　　　　//创建其长度为 5 的 char 型 vector 对象 cv

vector<char> cv1(5, 'x');

//创建其长度为 5 并均初始化为 'x' 的 char 型 vector 对象 cv1

vector<int> iv1(iv);　　　　//创建一个和 iv 一模一样的 vector 对象 iv1

在 vector 类模板中过载了如下操作符：

==、! =、<、<=、>、>=、[]

因此，我们可用这些过载的操作符对 vector 中的元素进行比较与取元素操作。

　　在类模板 vector 中除过载了一些操作符外，还定义了一些非常有用的成员函数，利用这些成员函数可方便地操作 vector 中的元素。vector 中定义的常用成员函数见表 16.3。

表 16.3　vector 中定义的常用成员函数

成 员 函 数	功 　 能
T& back()	返回容器中最后一个元素的引用
const T& back() const	返回容器中最后一个元素的常量引用
iterator begin()	返回指向 vector 容器中的第一个元素的迭代器
const iterator begin() const	返回指向 vector 容器中的第一个元素的常量迭代器
void clear()	清除矢量容器中的所有元素
bool empty() const	判断矢量容器是否为空
iterator end()	返回指向矢量容器最后一个元素的迭代器
const iterator end() const	返回指向矢量容器最后一个元素的常量迭代器
iterator erase(iterator i)	删除 i 所指向的元素并返回指向被删除元素后面元素的迭代器
iterator erase(iteraor start, iterator end)	删除 start~end 范围内的所有元素，并返回指向最后一个被删除元素后面元素的迭代器
T& front()	返回对矢量容器中第一个元素的引用
const T& front()	返回对矢量容器中第一个元素的常量引用
iterator insert(iterator i, const T& val)	在由 i 指定的元素前插入 val 并返回指向该元素的迭代器
void insert(iterator i, size_type num, const T& val)	在由 i 指定的元素前插入 num 个 val 值
template<class InIter> void insert (iterator i, InIter start, InIter end)	在由 i 指定的元素前插入由 start 和 end 定义的序列
T&　operator[](size_type i) const)	返回由 i 指定的元素的引用(下标运算符过载)
const T& operator[](size_type i) const	返回由 i 指定的元素的常量引用(下标运算符过载)
void pop_back()	删除矢量容器中的最后一个元素
void push_back(const T& val)	将一个元素填回到矢量容器的末尾，该元素的值由 val 指定
size_type size() const	返回矢量容器中当前元素的个数

　　下面给出一实例，说明矢量 vector 的基本操作。

```
#include <iostream>
#include <vector>
#include <cctype>
using namespace std;

int main()
{
    vector<char> v(10);          //create a vector of length 10
    unsigned int i;
```

```
        //display original size of v
        cout<<"size= "<<v.size()<<endl;

        //assign the elements of the vector some values
        for(i=0;i<10;i++) v[i]=i+'a';

        //display contents of vector
        for(i=0;i<v.size();i++) cout<<v[i]<<" ";
        cout<<endl;
        cout<<"Expanding vector"<<endl;

        /* put more values onto the end of the vector,
           it will grow as needed */
        for(i=0;i<10;i++) v.push_back(i+10+'a');

        //display current size of v
        cout<<"Size now = "<<v.size()<<endl;

        //display contents of vector
        cout<<"Current contents: "<<endl;
        for(i=0;i<v.size();i++) cout<<v[i]<<" ";
        cout<<endl;

        //change contents of vector
        for(i=0;i<v.size();i++) v[i]=toupper(v[i]);
        cout<<endl;
        cout<<"Modified Contents:"<<endl;
        for(i=0;i<v.size();i++) cout<<v[i]<<" ";
        cout<<endl;
        return 0;
}
```

程序运行输出结果：

```
size= 10
a b c d e f g h i j
Expanding vector
Size now = 20
Current contents:
a b c d e f g h i j k l m n o p q r s t
```

Modified Contents:

A B C D E F G H I J K L M N O P Q R S T

16.4.1　通过迭代器访问 vector 矢量中的元素

通过前面的学习我们已经知道：在 C++中数组和指针是密切相关的，一个数组元素既可以通过下标访问，亦可以通过指针来访问。在 STL 中与此相对应的就是矢量与迭代器之间的联系。一个 vector 中的元素可以通过下标访问，亦可以通过迭代器访问，下面我们给出一实例说明之。

```cpp
#include <iostream>
#include <vector>
#include <cctype>
using namespace std;

int main()
{
    vector<char> v(10);           //create a vector of length 10
    vector<char>::iterator p;     //create an iterator
    int i=0;

    //assign elements in vector a value
    p=v.begin();
    while(p!=v.end())
    {
        *p=i+'a';
        p++;
        i++;
    }

    //display contents of vector
    cout<<"Origninal contents: "<<endl;
    p=v.begin();
    while(p!=v.end())
    {
        cout<<*p<<" ";
        p++;
    }
    cout<<endl;
```

```
//change contents of vector
p=v.begin();
while(p!=v.end())
{
    *p=toupper(*p);
    p++;
}

//display contents of vector
cout<<"Modified Contents: "<<endl;
p=v.begin();
while(p!=v.end())
{
    cout<<*p<<" ";
    p++;
}
cout<<endl;
return 0;
}
```

程序运行输出结果：

Orignial contents:

a b c d e f g h i j

Modified Contents:

A B C D E F G H I J

16.4.2   vector 的其它成员函数

下面我们再给出一实例，以展示 vector 其它成员函数的使用方法。

```
#include <iostream>
#include <vector>
#include <algorithm>

using namespace std;

int main()
{
    const int SIZE = 6;
    int a[ SIZE ] = { 1, 2, 3, 4, 5, 6 };
    vector< int > v( a, a + SIZE );
```

```
    ostream_iterator< int > output( cout, " " );
    cout << "Vector v contains: ";
    copy( v.begin(), v.end(), output );

    cout << "\nFirst element of v: " << v.front()
        << "\nLast element of v: " << v.back();

    v[ 0 ] = 7;                          // set first element to 7
    v.at( 2 ) = 10;                      // set element at position 2 to 10
    v.insert( v.begin() + 1, 22 );       // insert 22 as 2nd element
    cout << "\nContents of vector v after changes: ";
    copy( v.begin(), v.end(), output );

    try {
        v.at( 100 ) = 777;              // access element out of range
    }
    catch ( out_of_range e ) {
        cout << "\nException: " << e.what();
    }

    v.erase( v.begin() );
    cout << "\nContents of vector v after erase: ";
    copy( v.begin(), v.end(), output );
    v.erase( v.begin(), v.end() );
    cout << "\nAfter erase, vector v "
        << ( v.empty() ? "is" : "is not" ) << " empty";

    v.insert( v.begin(), a, a + SIZE );
    cout << "\nContents of vector v before clear: ";
    copy( v.begin(), v.end(), output );
    v.clear();   // clear calls erase to empty a collection
    cout << "\nAfter clear, vector v "
        << ( v.empty() ? "is" : "is not" ) << " empty";

    cout << endl;
    return 0;
}
```

程序运行输出结果：

Vector v contains: 1 2 3 4 5 6

First element of v: 1

Last element of v: 6

Contents of vector v after changes: 7 22 2 10 4 5 6

Exception: invalid vector<T> subscript

Contents of vector v after erase: 22 2 10 4 5 6

After erase, vector v is empty

Contents of vector v before clear: 1 2 3 4 5 6

After clear, vector v is empty

16.4.3　在 vector 中存储自定义类型的对象

前面的例程中，vector 中存储的都是基本类型的数据，其实，vector 中可存储任何类型的对象。下面我们举例说明这一问题。现定义了一自定义类型 DailyTemp(日常气温类)，我们要在一 vector 中存放一周之内的每日最高气温。由于 vector 中的元素类型为 DailyTemp(自定义类型)，在生成 vector 时要调用存储对象所属自定义类型的默认构造函数，因此，一般而言，在 vector 中存储的自定义类型(对象)应自定义默认构造函数并且应过载一些必要的比较和赋值运算符。例如：

```cpp
#include <iostream>
#include <cstdlib>
#include <vector>
using namespace std;

class DailyTemp{
    int temp;
public:
    DailyTemp(int temp1=0):temp(temp1){ }
    DailyTemp& operator=(int x)     //Overloding "=" operator
    {
        temp=x;
        return *this;
    }
    double get_temp() const {return temp;}
    friend bool operator< (DailyTemp a, DailyTemp b);
    friend bool operator==(DailyTemp a, DailyTemp b);
};

bool operator<(DailyTemp a, DailyTemp b)
{
    return a.get_temp()<b.get_temp();
}
```

```cpp
bool operator==(DailyTemp a, DailyTemp b)
{
    return a.get_temp()==b.get_temp();
}

int main()
{
    vector<DailyTemp> v;        //create a DailyTemp vector
    unsigned int i;
    for(int i=0;i<7;i++)
        v.push_back(DailyTemp(60+rand()%30));

    cout<<"Fahrenheit temperatures: "<<endl;
    for(i=0;i<v.size();i++)
        cout<<v[i].get_temp()<<" ";
    cout<<endl;

    //convert form Fahrenheit to Centigrade
    for(i=0;i<v.size();i++)
        v[i]=static_cast<int>((v[i].get_temp()-32)*5/9);

    cout<<"Centigrade temperatures: "<<endl;
    for(i=0;i<v.size();i++)
        cout<<v[i].get_temp()<<" ";
    cout<<endl;
    return 0;
}
```

程序运行输出结果：

Fahrenheit temperatures:

71 77 64 70 89 64 78

Centigrade temperatures:

21 25 17 21 31 17 25

Vector 容器类提供了强大的功能性、安全性和灵活性，但它不如数组高效。因此，对于大多数编程而言，当需要定长尺寸的数组时，原始的数组仍是首选。

16.5　list 容 器

容器 list 类支持双向线性列表。和支持随机访问的 vector 不同，list 只能被顺序访问。

由于列表是双向的，所以它们既可以按照从前向后的顺序访问，也可以按照从后向前的顺序访问。

容器 list 的类模板原型如下：

template<class T, class Allocator& =allocator<T>> class list

其中，T 为 list 中存储的数据类型。分配器由 Allocator 指定，其默认值为标准分配器。它具有如下构造函数：

(1) explicit list(const Allocator& a=Allocator());

(2) explicit list(size_type num, const T& val=T(), const Allcator& a=Allocator());

(3) list(const list<T, Allocator>& ob);

(4) template<class InIter>list(InIter start, InIter end, const Allocator& a=Allocator());

第(1)种形式构造一个空的列表；第(2)种形式构造一个含有 num 个元素、元素的值为 val 的列表，该值可以是默认值；第(3)种形式构造一个包含元素与 ob 相同的列表；第(4)种形式构造一个包含的元素在迭代器 start 和 end 指定的范围内的列表。

在 list 中过载了如下操作符：

==、!=、<、<=、>、>=

因此两个 list 对象可以用上述过载的操作符进行比较运算。

除过载了上述操作符外，list 还定义了很多具有多种过载形式的成员函数。表 16.4 列出了一些常用的成员函数。

表 16.4　常用的 list 成员函数

成 员 函 数	功　　　能
T& back()	返回 list 中最后一个元素的引用
const T& back() const	返回 list 中最后一个元素的常量引用
iterator begin()	返回指向 list 中第一个元素的迭代器
const iterator begin() const	返回指向 list 中第一个元素的常量迭代器
void clear()	清除 list 中的所有元素
bool empty() const	判断 list 是否为空
iterator end()	返回指向 list 最后一个元素的迭代器
const iterator end() const	返回指向 list 最后一个元素的常量迭代器
iterator erase(iterator i)	删除 i 所指向的元素并返回指向被删除元素后面元素的迭代器
iterator erase(iteraor start, iterator end)	删除 start~end 范围内的所有元素，并返回指向最后一个被删除元素后面元素的迭代器
T& front()	返回 list 中第一个元素的引用
const T& front()	返回 list 中第一个元素的常量引用
iterator insert(iterator i, const T& val)	在由 i 指定的元素前插入 val 并返回指向该元素的迭代器
void insert(iterator i, size_type num, const T& val)	在由 i 指定的元素前插入 num 个 val 值
template<class InIter> void insert (iterator i, InIter start, InIter end)	在由 i 指定的元素前插入由 start 和 end 定义的序列
void merge(list<T,Allocator>& ob)	将 ob 中的有序列表并入有序的调用列表中，结果仍是一个有序列表。合并之后，ob 中包含的列表为空

成 员 函 数	功　　能
void merge(list<T,Allocator>& ob,Comp cmpfn)	当比较函数 cmpfn 的值为 true 时，将列表 ob 合并到调用列表中
void pop_back()	删除 list 中的最后一个元素
void pop_front()	删除 list 中的第一个元素
void push_back(const T& val)	把一个元素添加到 list 的末尾，该元素的值由 val 指定
void push_front(const T& val)	把一个元素添加到 list 的开头，该元素的值由 val 指定
void remove(const T& val)	从列表中删除值为 val 的元素
void reverse();	反转调用列表中的元素
size_type size() const	返回 list 中当前元素的个数
void sort();	将 list 中的元素进行排序
template<class Comp> void sort(Comp cmpfn)	根据 cmpfn 条件对列表中的元素进行排序
void splice(iterator i, list<T, Allocator>& ob)	将 ob 列表中的内容按照 i 所指的位置插入到调用列表中。操作完成后，ob 为空
void splice(iterator i, list<T, Allocator>& ob, iterator el)	从 ob 列表中删除 el 指向的元素并将该元素按照 i 所指的位置插入到调用列表中
void splice(iterator i, list<T, Allocator>& ob, iterator start, iterator end)	从 ob 列表中删除 start~end 所指向的元素并将这些删除的元素按照 i 所指的位置插入到调用列表中
void resize(size_type num)	将列表大小增大到 num
void resize(size_type num, const T& val)	将列表大小增大到 num，新增元素自动赋值为 val

下面给出一实例，以展现 list 上述成员函数的基本使用方法。

```
#include <iostream>
#include <list>
#include <algorithm>
using namespace std;

template < class T >
void printList( const list< T > &listRef );

int main()
{
    const int SIZE = 4;
    int a[ SIZE ] = {2, 6, 4, 8};
    list< int > values, otherValues;

    values.push_front(1);
    values.push_front(2);
    values.push_back(4);
```

```
values.push_back(3);

cout << "values contains: ";
printList( values );
values.sort();
cout << "\nvalues after sorting contains: ";
printList( values );

otherValues.insert( otherValues.begin(), a, a + SIZE );
cout << "\notherValues contains: ";
printList( otherValues );
values.splice( values.end(), otherValues );
cout << "\nAfter splice values contains: ";
printList( values );

values.sort();
cout << "\nvalues contains: ";
printList(values );
otherValues.insert( otherValues.begin(), a, a + SIZE);
otherValues.sort();
cout << "\notherValues contains: ";
printList(otherValues );
values.merge(otherValues);
cout << "\nAfter merge:\n    values contains: ";
printList( values );
cout << "\n    otherValues contains: ";
printList(otherValues);

values.pop_front();
values.pop_back();      // all sequence containers
cout << "\nAfter pop_front and pop_back values contains:\n";
printList( values );

values.unique();
cout << "\nAfter unique values contains: ";
printList(values);

// method swap is available in all containers
values.swap( otherValues );
```

```
        cout << "\nAfter swap:\n    values contains: ";
        printList( values );
        cout << "\n    otherValues contains: ";
        printList( otherValues );

        values.assign( otherValues.begin(), otherValues.end() );
        cout << "\nAfter assign values contains: ";
        printList( values );

        values.merge( otherValues );
        cout << "\nvalues contains: ";
        printList( values );
        values.remove(4);
        cout << "\nAfter remove(4) values contains: ";
        printList(values);
        cout << endl;
        return 0;
    }

template <class T>
void printList(const list< T > &listRef)
{
    if ( listRef.empty())
        cout << "List is empty";
    else {
        ostream_iterator< T > output( cout, " " );
        copy( listRef.begin(), listRef.end(), output );
    }
}
```

程序运行输出结果：

values contains: 2 1 4 3

values after sorting contains: 1 2 3 4

otherValues contains: 2 6 4 8

After splice values contains: 1 2 3 4 2 6 4 8

values contains: 1 2 2 3 4 4 6 8

otherValues contains: 2 4 6 8

After merge:

    values contains: 1 2 2 2 3 4 4 4 6 6 8 8

    otherValues contains: List is empty

After pop_front and pop_back values contains:

2 2 2 3 4 4 4 6 6 8

After unique values contains: 2 3 4 6 8

After swap:

    values contains: List is empty

    otherValues contains: 2 3 4 6 8

After assign values contains: 2 3 4 6 8

values contains: 2 2 3 3 4 4 6 6 8 8

After remove(4) values contains: 2 2 3 3 6 6 8 8

容器类 list 和 vector 一样亦可存储自定义类型的对象,此时,自定义类型应定义默认的构造函数,并且应过载相应的比较和赋值运算符。

16.6　deque 双向队列

顺序容器类 deque 集 vector 和 list 的优势于一身,它是一个双向队列(double-ended queue)。我们既可以顺序访问其中的元素,亦可以像数组一样用下标随机地访问其中的元素。它支持顺序与随机访问迭代器,并且 deque 尺寸的增加可在队列的两端进行。deque 采用非连续内存分配,因此,deque 迭代器较 vector 和基于指针数组中用于迭代的指针更加智能化。

deque 拥有 vector 和 list 的大部分操作,具体内容请查阅相关手册或书籍。

16.7　关　联　容　器

关联容器通过关键字访问容器中相应的值。在 STL 中共有四个关联容器:set、multiset、map 和 multimap。在关联容器中,按排列顺序维护关键字。对关联容器迭代时,按该容器元素的排列顺序进行遍历。

set 和 multiset 类提供了控制数值集合的操作,其中数值即为关键字。set 和 multiset 的主要区别在于:set 中不允许有重复的元素,而 multiset 中允许出现重复的元素。

map 和 multimap 维护着一键-值对,我们可通过其关键字来访问所对应的值。二者的差别仅在于 map 不允许重复的键-值对,而 multimap 允许。

16.7.1　map 关联容器类

前面我们已经提到,一个 map 只能存放唯一的键-值对。为了创建非唯一性的键-值对,可使用 multimap。在此,我们仅讲述 map,multimap 的原理与 map 类同。

map 和 multimap 的模板类原型如下:

template<class Key, class T, class Comp=less<Key>,

class Allocator=allocator<pair<const key, T>> class map

其中,Key 为关键字的数据类型;T 是被存储(映射)的值的数据类型;Comp 是对两个关键字进行比较的函数，它默认为标准的 less() 函数对象；Allocator 是分配器，默认为 allocator。

map 具有如下构造函数：

(1) explicit map(const Comp& cmpfn=Comp(), const Allocator& a=Allocator());

(2) map(const map<Ley, T, Comp, Allocator>& ob);

(3) template<class InIter> map(InIter start, InIter end,
　　　　　const Comp& cmpfn=Comp(), const Allocator& a=Allocator());

第(1)种形式是构造一个空的 map；第(2)种形式是拷贝构造函数；第(3)种形式是构造一个其元素在迭代器 start 和 end 之间的 map，由 cmpfn 指定的函数确定该映射的顺序。

正如前面所述，对于任何作为关键字的对象(自定义类型对象)，应定义默认的构造函数，并应过载相应的关系与赋值运算符。

在 map 中过载了如下操作符：

==、!=、<、<=、>、>=

另外，在 map 中还定义了多种类别的过载的成员函数以提供对 map 的操作，表 16.5 列出了一些常用的 map 成员函数。

表 16.5　常用的 map 成员函数

成　员　函　数	功　　　能
iterator begin()	返回指向 map 中第一个元素的迭代器
const iterator begin() const	返回指向 map 中第一个元素的常量迭代器
void clear()	清除 map 中的所有元素
bool empty() const	判断 map 是否为空
iterator end()	返回指向 map 最后一个元素的迭代器
const iterator end() const	返回指向 map 最后一个元素的常量迭代器
iterator erase(iterator i)	删除 i 所指向的元素并返回指向被删除元素后面的元素的迭代器
iterator erase(iteraor start, iterator end)	删除 start~end 范围内的所有元素，并返回指向最后一个被删除元素后面的元素的迭代器
size_type erase(const key_type& k)	删除关键字为 k 的元素
iterator find(const key_type& k)	返回一个指向特定关键字的迭代器。如没有，则返回一个指向 map 末尾元素的迭代器
const iterator find(const key_type& k) const	返回一个指向特定关键字的常量迭代器。如没有，则返回一个指向 map 末尾元素的常量迭代器
iterator insert(iterator i, const T& val)	在由 i 指定的元素前插入 val 并返回指向该元素的迭代器
template<class InIter> void insert (iterator i, InIter start, InIter end)	在由 i 指定的元素前插入由 start 和 end 定义的序列
mapped_type& operator[](const key_type& i)	返回一个对 i 指定的元素的引用，如该元素不存在，则插入它
size_type size() const	返回 map 中当前元素的个数

关键字-值对作为 pair 类型的对象存储在一个 map 中，pair 的类模板说明如下：

template <class Ktype, class Vtype> struct pair{

typedef Ktype first_type;　　　　　//关键字的类型

typedef Vtype second_type;　　　　 //值的类型

```
        Ktype first;                    //关键字
        Vtype second;                   //值
        pair();                         //构造器
        pair(const Ktype& k, const Vtype& v);           //构造器
        template<class A, class B> pair(const<A,B>& ob);    //拷贝构造器
        };
```

可利用 pair 的构造函数或 make_pair()(一种函数模板)来构造一个关键字-值对。make_pair 的原型如下：

```
        template<class Ktype, class Vtype>
            pair<Ktype, Vtype> make_pair(const Ktype& k, const Vtype& v);
```

下面我们给出一实例，来阐述 map 的基本用法。

```
#include <iostream>
#include <map>
using namespace std;

int main()
{
        map<char, int >m;
        int i;

        //put pairs into map
        for(i=0;i<26;i++)
        {
                m.insert(pair<char,int>('A'+i,65+i));
        }
        char ch;
        cout<<"Enter key: ";
        cin>>ch;

        map<char,int>::iterator p;

        //find value given key
        p=m.find(ch);
        if(p!=m.end())
                cout<<"Its ASCII value is "<<p->second<<endl;
        else
                cout<<"Key no in map."<<endl;
        return 0;
}
```

程序运行输出结果为

Enter key: A

Its ASCII value is 65

16.7.2 set 和 multiset 关联容器类

一个 set 也可以被看成是一个 map，只是它不是一个关键字-值对，它只有关键字，即值。一个 set 是若干元素的集合，在 set 中不允许出现相同的元素，multiset 则不然，它允许出现相同的元素。set 类模板的说明如下：

```
template<class Key, class Cmp=less<Key>,
    class Allocator=allocator<Key>> class set{
public:
    //与 map 相同，除了以下两种情况：
    typedef Key value_type;       //关键字就是值
      typedef Cmp value_compare;
      //无过载下标操作符[]
};
```

set 的大部分操作与 map 相同，它支持双向迭代器。下面给出一实例，用以展示 set 的简单应用。

```
#include <iostream>
#include <set>
#include <algorithm>

using namespace std;

int main()
{
    typedef set< double, less< double > > double_set;
    const int SIZE = 5;
    double a[ SIZE ] = { 2.1, 4.2, 9.5, 2.1, 3.7 };
    double_set doubleSet( a, a + SIZE );;
    ostream_iterator< double > output( cout, " " );

    cout << "doubleSet contains: ";
    copy( doubleSet.begin(), doubleSet.end(), output );

    pair< double_set::const_iterator, bool > p;

    p = doubleSet.insert( 13.8 );               // value not in set
```

```
        cout << '\n' << *( p.first )
            << ( p.second ? " was" : " was not" ) << " inserted";
        cout << "\ndoubleSet contains: ";
        copy( doubleSet.begin(), doubleSet.end(), output );

        p = doubleSet.insert( 9.5 );              // value already in set
        cout << '\n' << *( p.first )
            << ( p.second ? " was" : " was not" ) << " inserted";
        cout << "\ndoubleSet contains: ";
        copy( doubleSet.begin(), doubleSet.end(), output );

        cout << endl;
        return 0;
}
```

程序运行输出结果：

doubleSet contains: 2.1 3.7 4.2 9.5

13.8 was inserted

doubleSet contains: 2.1 3.7 4.2 9.5 13.8

9.5 was not inserted

doubleSet contains: 2.1 3.7 4.2 9.5 13.8

16.8　容器适配器

一个容器适配器采用某种容器以实现自己特殊的行为。STL 提供了三个容器适配器 (Container Adapter):stack(堆栈)、queue(队列)和 priority_queue(优先级队列)。它们不同于上述的容器类，因为它们不提供存放数据的实际数据结构的实现方法，而且容器适配器不支持迭代器。容器适配器的好处是可利用上述容器实现自己的容器适配器。所有这些容器适配器都提供 push 和 pop 方法以实现在容器适配器数据结构中插入元素和从容器适配器中读取元素。下面我们简要介绍这三个容器适配器。

16.8.1　stack 适配器

stack 采用一种后进先出(Last In First Out, LIFO)的数据结构。stack 可以用任何顺序容器 vector、list 和 deque 实现，默认情况下 stack 由 deque 实现。stack 适配器常用的方法有压栈操作 push(调用基础容器的 push_back 成员函数实现)、弹栈操作 pop(调用基础容器的 pop_back 成员函数实现)、判空操作 empty 和取栈中元素个数的操作 size。下面我们给出一实例，该 stack 分别用 STL 库中的每个顺序容器生成一个整数堆栈，以此来展示 stack 的实现与使用方法。

```cpp
#include <iostream>
#include <stack>
#include <vector>
#include <list>
using namespace std;

template< class T >
void popElements( T &s );

int main()
{
    stack< int > intDequeStack;        // default is deque-based stack
    stack< int, vector< int > > intVectorStack;
    stack< int, list< int > > intListStack;

    for ( int i = 0; i < 10; ++i ) {
        intDequeStack.push( i );
        intVectorStack.push( i );
        intListStack.push( i );
    }

    cout << "Popping from intDequeStack: ";
    popElements( intDequeStack );
    cout << "\nPopping from intVectorStack: ";
    popElements( intVectorStack );
    cout << "\nPopping from intListStack: ";
    popElements( intListStack );

    cout << endl;
    return 0;
}

template< class T >
void popElements( T &s )
{
    while ( !s.empty() ) {
        cout << s.top() << ' ';
        s.pop();
    }
}
```

程序运行输出结果：

Popping from intDequeStack: 9 8 7 6 5 4 3 2 1 0

Popping from intVectorStack: 9 8 7 6 5 4 3 2 1 0

Popping from intListStack: 9 8 7 6 5 4 3 2 1 0

16.8.2　queue 适配器

queue 类采用先进先出(First In First Out，FIFO)的数据结构。它只能在队列的尾部插入元素，在队列的开头删除元素。queue 可以用 STL 的 list 和 deque 实现，默认情况下用 deque 实现。队列 queue 的基本操作有：从队尾插入一个元素 push(调用基础容器的 push_back 成员函数实现)、从队头删除一个元素 pop(调用基础容器的 pop_front 成员函数实现)、取得队列的第一个元素的引用 front(调用基础容器的 front 成员函数实现)、取得队列中的最后一个元素 back(调用基础容器的 back 成员函数实现)、判 queue 是否为空 empty(调用基础容器的 empty 成员函数实现)、求队列中元素的个数 size(调用基础容器的 size 成员函数实现)。下面我们给出一实例，来说明 queue 的基本方法。

```
#include <iostream>
#include <queue>
using namespace std;

int main()
{
    queue< double > values;

    values.push( 3.2 );
    values.push( 9.8 );
    values.push( 5.4 );

    cout << "Popping from values: ";

    while ( !values.empty() ) {
        cout << values.front() << ' ';        // does not remove
        values.pop();                         // removes element
    }

    cout << endl;
    return 0;
}
```

程序运行输出结果：

Popping from values: 3.2 9.8 5.4

16.8.3　priority_queue 适配器

priority_queue 是一种其元素按优先级排序的先进先出队列。它可由 vector 和 dequeue 实现，默认情况下用 vector 实现。当插入元素时，元素自动按优先级顺序插入，取出元素时亦按优先级的顺序取出，即取出优先最高的(值最大)元素。priority_queue 的常规操作与 queue 相同。下面我们给出一实例来展示 priority_queue 的使用方法。

```cpp
#include <iostream>
#include <queue>
#include <functional>

using namespace std;

int main()
{
    priority_queue< double > priorities;

    priorities.push( 3.2 );
    priorities.push( 9.8 );
    priorities.push( 5.4 );

    cout << "Popping from priorities: ";

    while ( !priorities.empty() ) {
        cout << priorities.top() << ' ';
        priorities.pop();
    }

    cout << endl;
    return 0;
}
```

程序运行输出结果：
Popping from priorities: 9.8 5.4 3.2

16.9　算　　法

前面已经谈到，STL 的算法针对容器起作用。尽管各种容器都有其自身的基本操作，但 STL 标准算法还支持更广泛、更复杂的操作。此外，STL 算法还允许同时操作两种不同类型的容器。为了采用 STL 中提供的算法，必须包含头文件<algorithm>。

STL 中定义了很多算法，表 16.6 为这些算法一览表。STL 中的所有算法都是函数模板，因此这些算法可应用于任何类型的容器。STL 算法的详细内容请参阅相关文献与书籍，本节将演示一些具有代表性的范例来展示 STL 某些算法的功能。

表 16.6　STL 算法一览表

算 法 名	功　能
adjacent_find	搜索一个序列中邻近的匹配元素并返回一个指向第一个匹配元素的迭代器
binary_search	对一个有序序列进行二分查找
copy	复制一个序列
copy_backward	除从序列末端移动元素外，其功能与 copy 相同
count	返回序列中的元素的个数
count_if	返回序列中满足某种谓词条件的元素的个数
equal	确定两个范围是否相同
equal_range	返回一个序列范围，在该范围中可以插入一个元素而且不破坏序列顺序
fill 和 fill_n	用指定的值填充一个范围
find	在某个范围内搜索一个值并返回一个指向第一次再现该值的位置的迭代器
find__end	在某个范围内搜索一个子序列并返回一个指向子序列末端的迭代器
find_first_of	在子序列中查找第一个与某个范围内的一个元素相匹配的元素
find_if	在一定的范围内搜索一个元素，该元素使用户定义的一个一元谓词返回 true
for_each	将一个函数应用于某个范围内的元素
generate 和 generate_n	将一个生成器函数返回的值赋给某个范围内的元素
includes	判断一个序列是否包含另一个序列的所有元素
inplace_merge	将一个范围和另一个范围合并在一起。这两个序列必须按照递增的顺序存储，其结果序列亦按排序的顺序存储
iter_swap	交换两个迭代器参数所指的值
lexicographical_compare	按照字典顺序对两个序列进行比较
lower_bound	查找序列中小于指定值的第一个元素位置
make_heap	从一个序列中构建一个堆
max	返回两个值中的最大值
max_element	返回一个指向某范围内最大元素的迭代器
min	返回两个值中的最小者
min_element	返回一个指向某个范围内最小元素的迭代器
mismatch	返回两个序列中第一个不同的元素
merge	合并两个有序序列并将合并结果放入第三个序列
next_permutation	构建序列的下一种排列
nth_element	把所有小于 e 的元素排在该元素之前，把所有大于 e 的元素排在该元素之后

续表

算 法 名	功　能
partial_sort	在一个范围内进行排序
partial_sort_copy	在一个范围内进行排序并复制适合放入结果序列中的所有元素
partition	排列一个子序列，将所有使谓词返回 true 的元素排在使该谓词返回 false 的元素之前
pop_heap	交换第一个(first)和倒数第二个(last−1)元素，然后重新构建这个堆
prev_permutation	构建子序列的前一种排列
push_heap	把一个元素压入一个堆的末端
random_shuffle	把一个序列随机化
remove 和 remove_if	删除指定范围内的元素
remove_copy 和 remove_copy_if	删除指定范围内的元素
replace,replace_copy, replace_if, replace_copy_if	替换一个范围内的元素
reverse 和 reverse_copy	颠倒一个范围内元素的顺序
rotate 和 rotate_copy	循环左移一个范围内的元素
Search	搜索一个序列中的子序列
search_n	搜索一个具有指定的相似元素个数的序列
set_difference	产生一个序列，该序列包含两个有序集合之间的差集
set_intersection	产生一个序列，该序列包含两个有序集合之间的交集
set_symmetric_difference	产生一个序列，该序列包含两个有序集合之间的对称差集
set_union	产生一个序列，该序列包含两个有序集合之间的并集
sort	对某个范围内的数进行排序
sort_heap	对指定范围内的堆进行排序
stable_partition	对一个序列进行排列，将所有使谓词返回 true 的元素排在使谓词返回 false 的元素之前。这是一种稳定分割，也就是说该序列的相对顺序保持不变
stable_sort	对某个范围内的数进行排序。这是一种稳定排序，也就是说相等的元素不再被重新排列
swap	交换两个值
swap_ranges	交换一个范围内的元素
transform	将一个函数应用于一定范围内的元素并将产生的结果存入一个新序列
unique 和 unique_copy	删除一个范围内的重复元素
upper_bound	查找一个序列中大于某个值的最后一个元素

16.9.1　fill、fill_n、generate 与 generate_n 算法

下面我们给出一范例程序，以展示 fill、fill_n、generate 和 generate_n 算法的基本使用方法。

```
#include <iostream>
#include <algorithm>
```

```
#include <vector>
using namespace std;

char nextLetter();

int main()
{
    vector< char > chars( 10 );
    ostream_iterator< char > output( cout, " " );

    fill( chars.begin(), chars.end(), '5' );
    cout << "Vector chars after filling with 5s:\n";
    copy( chars.begin(), chars.end(), output );

    fill_n( chars.begin(), 5, 'A' );
    cout << "\nVector chars after filling five elements"
            << " with As:\n";
    copy( chars.begin(), chars.end(), output );

    generate( chars.begin(), chars.end(), nextLetter );
    cout << "\nVector chars after generating letters A-J:\n";
    copy( chars.begin(), chars.end(), output );

    generate_n( chars.begin(), 5, nextLetter );
    cout << "\nVector chars after generating K-O for the"
            << " first five elements:\n";
    copy( chars.begin(), chars.end(), output );

    cout << endl;
    return 0;
}

char nextLetter()
{
    static char letter = 'A';
    return letter++;
}
```

程序运行输出结果：

Vector chars after filling with 5s:

5 5 5 5 5 5 5 5 5 5

Vector chars after filling five elements with As:

A A A A A 5 5 5 5 5

Vector chars after generating letters A-J:

A B C D E F G H I J

Vector chars after generating K-O for the first five elements:

K L M N O F G H I J

16.9.2　equal、mismatch 和 lexicographica_compare 算法

下面我们给出一范例程序，以展示 equal、mismatch 和 lexicographica_compare 算法的基本用法。

```
// Demonstrates standard library functions equal,
// mismatch, lexicographical_compare.
#include <iostream>
#include <algorithm>
#include <vector>

using namespace std;

int main()
{
    const int SIZE = 10;
    int a1[ SIZE ] = { 1, 2, 3, 4, 5, 6, 7, 8, 9, 10 };
    int a2[ SIZE ] = { 1, 2, 3, 4, 1000, 6, 7, 8, 9, 10 };
    vector< int > v1( a1, a1 + SIZE ),
                  v2( a1, a1 + SIZE ),
                  v3( a2, a2 + SIZE );
    ostream_iterator< int > output( cout, " " );

    cout << "Vector v1 contains: ";
    copy( v1.begin(), v1.end(), output );
    cout << "\nVector v2 contains: ";
    copy( v2.begin(), v2.end(), output );
    cout << "\nVector v3 contains: ";
    copy( v3.begin(), v3.end(), output );

    bool result = equal( v1.begin(), v1.end(), v2.begin() );
    cout << "\n\nVector v1 " << ( result ? "is" : "is not" )
```

```
        << " equal to vector v2.\n";

    result = equal( v1.begin(), v1.end(), v3.begin() );
    cout << "Vector v1 " << ( result ? "is" : "is not" )
        << " equal to vector v3.\n";

    pair< vector< int >::iterator,
          vector< int >::iterator > location;
    location = mismatch( v1.begin(), v1.end(), v3.begin() );
    cout << "\nThere is a mismatch between v1 and v3 at "
        << "location " << ( location.first - v1.begin() )
        << "\nwhere v1 contains " << *location.first
        << " and v3 contains " << *location.second
        << "\n\n";

    char c1[ SIZE ] = "HELLO", c2[ SIZE ] = "BYE BYE";

    result =
        lexicographical_compare( c1, c1 + SIZE, c2, c2 + SIZE );
    cout << c1
        << ( result ? " is less than " : " is greater than " )
        << c2;

    cout << endl;
    return 0;
}
```

程序运行输出结果：

Vector v1 contains: 1 2 3 4 5 6 7 8 9 10
Vector v2 contains: 1 2 3 4 5 6 7 8 9 10
Vector v3 contains: 1 2 3 4 1000 6 7 8 9 10

Vector v1 is equal to vector v2.
Vector v1 is not equal to vector v3.

There is a mismatch between v1 and v3 at location 4
where v1 contains 5 and v3 contains 1000

HELLO is greater than BYE BYE

16.9.3 remove、remove_if、remove_copy 和 remove_copy_if 算法

下面我们给出一范例程序，以展示 remove、remove_if、remove_copy 和 remove_copy_if 算法的基本用法。

```cpp
//Demonstrates Standard Library functions remove, remove_if
//remove_copy and remove_copy_if
#include <iostream>
#include <algorithm>
#include <vector>

using namespace std;

bool greater9( int );

int main()
{
    const int SIZE = 10;
    int a[ SIZE ] = { 10, 2, 10, 4, 16, 6, 14, 8, 12, 10 };
    ostream_iterator< int > output( cout, " " );

    // Remove 10 from v
    vector< int > v( a, a + SIZE );
    vector< int >::iterator newLastElement;
    cout << "Vector v before removing all 10s:\n";
    copy( v.begin(), v.end(), output );
    newLastElement = remove( v.begin(), v.end(), 10 );
    cout << "\nVector v after removing all 10s:\n";
    copy( v.begin(), newLastElement, output );

    //Copy from v2 to c, removing 10s
    vector< int > v2( a, a + SIZE );
    vector< int > c( SIZE, 0 );
    cout << "\n\nVector v2 before removing all 10s "
        << "and copying:\n";
    copy( v2.begin(), v2.end(), output );
    remove_copy( v2.begin(), v2.end(), c.begin(), 10 );
    cout << "\nVector c after removing all 10s from v2:\n";
    copy( c.begin(), c.end(), output );
```

```
        //Remove elements greater than 9 from v3
        vector< int > v3( a, a + SIZE );
        cout << "\n\nVector v3 before removing all elements"
             << "\ngreater than 9:\n";
        copy( v3.begin(), v3.end(), output );
        newLastElement = remove_if( v3.begin(), v3.end(), greater9 );
        cout << "\nVector v3 after removing all elements"
             << "\ngreater than 9:\n";
        copy( v3.begin(), newLastElement, output );

        // Copy elements from v4 to c,
        // removing elements greater than 9
        vector< int > v4( a, a + SIZE );
        vector< int > c2( SIZE, 0 );
        cout << "\n\nVector v4 before removing all elements"
             << "\ngreater than 9 and copying:\n";
        copy( v4.begin(), v4.end(), output );
        remove_copy_if( v4.begin(), v4.end(), c2.begin(), greater9 );
        cout << "\nVector c2 after removing all elements"
             << "\ngreater than 9 from v4:\n";
        copy( c2.begin(), c2.end(), output );

        cout << endl;
        return 0;
}


bool greater9( int x )
{
        return x > 9;
}
```

程序运行输出结果：

Vector v before removing all 10s:
10 2 10 4 16 6 14 8 12 10
Vector v after removing all 10s:
2 4 16 6 14 8 12

Vector v2 before removing all 10s and copying:
10 2 10 4 16 6 14 8 12 10
Vector c after removing all 10s from v2:

2 4 16 6 14 8 12 0 0 0

Vector v3 before removing all elements
greater than 9:
10 2 10 4 16 6 14 8 12 10
Vector v3 after removing all elements
greater than 9:
2 4 6 8

Vector v4 before removing all elements
greater than 9 and copying:
10 2 10 4 16 6 14 8 12 10
Vector c2 after removing all elements
greater than 9 from v4:
2 4 6 8 0 0 0 0 0 0

16.9.4 replace、replace_if、replace_copy 和 replace_copy_if 算法

下面给出一范例程序，以展示 replace、replace_if、replace_copy 和 replace_copy_if 算法
的基本用法。

```cpp
//Demonstrates Standard Library functions replace, replace_if
//replace_copy and replace_copy_if
#include <iostream>
#include <algorithm>
#include <vector>

using namespace std;

bool greater9( int );

int main()
{
    const int SIZE = 10;
    int a[ SIZE ] = { 10, 2, 10, 4, 16, 6, 14, 8, 12, 10 };
    ostream_iterator< int > output( cout, " " );

    // Replace 10s in v1 with 100
    vector< int > v1( a, a + SIZE );
    cout << "Vector v1 before replacing all 10s:\n";
```

```cpp
copy( v1.begin(), v1.end(), output );
replace( v1.begin(), v1.end(), 10, 100 );
cout << "\nVector v1 after replacing all 10s with 100s:\n";
copy( v1.begin(), v1.end(), output );

// copy from v2 to c1, replacing 10s with 100s
vector< int > v2( a, a + SIZE );
vector< int > c1( SIZE );
cout << "\n\nVector v2 before replacing all 10s "
     << "and copying:\n";
copy( v2.begin(), v2.end(), output );
replace_copy( v2.begin(), v2.end(), c1.begin(), 10, 100 );
cout << "\nVector c1 after replacing all 10s in v2:\n";
copy( c1.begin(), c1.end(), output );

// Replace values greater than 9 in v3 with 100
vector< int > v3( a, a + SIZE );
cout << "\n\nVector v3 before replacing values greater"
     << " than 9:\n";
copy( v3.begin(), v3.end(), output );
replace_if( v3.begin(), v3.end(), greater9, 100 );
cout << "\nVector v3 after replacing all values greater"
     << "\nthan 9 with 100s:\n";
copy( v3.begin(), v3.end(), output );

// Copy v4 to c2, replacing elements greater than 9 with 100
vector< int > v4( a, a + SIZE );
vector< int > c2( SIZE );
cout << "\n\nVector v4 before replacing all values greater"
     << "\nthan 9 and copying:\n";
copy( v4.begin(), v4.end(), output );
replace_copy_if( v4.begin(), v4.end(), c2.begin(), greater9, 100 );
cout << "\nVector c2 after replacing all values greater"
     << "\nthan 9 in v4:\n";
copy( c2.begin(), c2.end(), output );

cout << endl;
return 0;
}
```

```
bool greater9( int x )
{
    return x > 9;
}
```

程序运行输出结果：

Vector v1 before replacing all 10s:

10 2 10 4 16 6 14 8 12 10

Vector v1 after replacing all 10s with 100s:

100 2 100 4 16 6 14 8 12 100

Vector v2 before replacing all 10s and copying:

10 2 10 4 16 6 14 8 12 10

Vector c1 after replacing all 10s in v2:

100 2 100 4 16 6 14 8 12 100

Vector v3 before replacing values greater than 9:

10 2 10 4 16 6 14 8 12 10

Vector v3 after replacing all values greater

than 9 with 100s:

100 2 100 4 100 6 100 8 100 100

Vector v4 before replacing all values greater

than 9 and copying:

10 2 10 4 16 6 14 8 12 10

Vector c2 after replacing all values greater

than 9 in v4:

100 2 100 4 100 6 100 8 100 100

16.9.5 一些常用的数学算法

在 STL 中包含一些常用的数学算法，例如 random_shuffle、count、count_if、min_element、max_element、accumulate、for_each 和 transform。下面给出一程序范例，以展示 STL 中这些常用数学算法的使用方法。

```
//Examples of mathematical algorithms in the Standard Library.
#include <iostream>
#include <algorithm>
#include <numeric>              //accumulate is defined here
#include <vector>
```

```
using namespace std;

bool greater9( int );
void outputSquare( int );
int calculateCube( int );

int main()
{
    const int SIZE = 10;
    int a1[] = { 1, 2, 3, 4, 5, 6, 7, 8, 9, 10 };
    vector< int > v( a1, a1 + SIZE );
    ostream_iterator< int > output( cout, " " );

    cout << "Vector v before random_shuffle: ";
    copy( v.begin(), v.end(), output );
    random_shuffle( v.begin(), v.end() );
    cout << "\nVector v after random_shuffle: ";
    copy( v.begin(), v.end(), output );

    int a2[] = { 100, 2, 8, 1, 50, 3, 8, 8, 9, 10 };
    vector< int > v2( a2, a2 + SIZE );
    cout << "\n\nVector v2 contains: ";
    copy( v2.begin(), v2.end(), output );
    int result = count( v2.begin(), v2.end(), 8 );
    cout << "\nNumber of elements matching 8: " << result;

    result = count_if( v2.begin(), v2.end(), greater9 );
    cout << "\nNumber of elements greater than 9: " << result;

    cout << "\n\nMinimum element in Vector v2 is: "
        << *( min_element( v2.begin(), v2.end() ) );

    cout << "\nMaximum element in Vector v2 is: "
        << *( max_element( v2.begin(), v2.end() ) );

    cout << "\n\nThe total of the elements in Vector v is: "
        << accumulate( v.begin(), v.end(), 0 );

    cout << "\n\nThe square of every integer in Vector v is:\n";
```

```
        for_each( v.begin(), v.end(), outputSquare );

        vector< int > cubes( SIZE );
        transform( v.begin(), v.end(), cubes.begin(), calculateCube );
        cout << "\n\nThe cube of every integer in Vector v is:\n";
        copy( cubes.begin(), cubes.end(), output );

        cout << endl;
        return 0;
    }

    bool greater9( int value ) { return value > 9; }
    void outputSquare( int value ) { cout << value * value << ' '; }
    int calculateCube( int value ) { return value * value * value; }
```

程序运行输出结果：

Vector v before random_shuffle: 1 2 3 4 5 6 7 8 9 10
Vector v after random_shuffle: 9 2 10 3 1 6 8 4 5 7

Vector v2 contains: 100 2 8 1 50 3 8 8 9 10
Number of elements matching 8: 3
Number of elements greater than 9: 3

Minimum element in Vector v2 is: 1
Maximum element in Vector v2 is: 100

The total of the elements in Vector v is: 55

The square of every integer in Vector v is:
81 4 100 9 1 36 64 16 25 49

The cube of every integer in Vector v is:
729 8 1000 27 1 216 512 64 125 343

16.9.6 基本查找与排序算法

在 STL 中的查找与排序算法有：find、find_if、sort 和 binary_search。下面给出一范例程序，以展示这些算法的基本使用方法。

```
// Demonstrates search and sort capabilities.
#include <iostream>
#include <algorithm>
```

```cpp
#include <vector>
using namespace std;

bool greater10( int value );

int main()
{
    const int SIZE = 10;
    int a[ SIZE ] = { 10, 2, 17, 5, 16, 8, 13, 11, 20, 7 };
    vector< int > v( a, a + SIZE );
    ostream_iterator< int > output( cout, " " );

    cout << "Vector v contains: ";
    copy( v.begin(), v.end(), output );

    vector< int >::iterator location;
    location = find( v.begin(), v.end(), 16 );

    if ( location != v.end() )
        cout << "\n\nFound 16 at location "
            << ( location - v.begin() );
    else
        cout << "\n\n16 not found";

    location = find( v.begin(), v.end(), 100 );

    if ( location != v.end() )
        cout << "\nFound 100 at location "
            << ( location - v.begin() );
    else
        cout << "\n100 not found";

    location = find_if( v.begin(), v.end(), greater10 );

    if ( location != v.end() )
        cout << "\n\nThe first value greater than 10 is "
            << *location << "\nfound at location "
            << ( location - v.begin() );
    else
```

```
        cout << "\n\nNo values greater than 10 were found";

    sort( v.begin(), v.end() );
    cout << "\n\nVector v after sort: ";
    copy( v.begin(), v.end(), output );

    if ( binary_search( v.begin(), v.end(), 13 ) )
        cout << "\n\n13 was found in v";
    else
        cout << "\n\n13 was not found in v";

    if ( binary_search( v.begin(), v.end(), 100 ) )
        cout << "\n100 was found in v";
    else
        cout << "\n100 was not found in v";

    cout << endl;
    return 0;
}

bool greater10( int value ) { return value > 10; }
```

程序运行输出结果：

```
Vector v contains: 10 2 17 5 16 8 13 11 20 7

Found 16 at location 4
100 not found

The first value greater than 10 is 17
found at location 2

Vector v after sort: 2 5 7 8 10 11 13 16 17 20

13 was found in v
100 was not found in v
```

16.9.7　swap、iter_swap 和 swap_ranges 算法

下面给出一范例程序，以展示 swap、iter_swap 和 swap_ranges 算法的基本用法。

```
//Demonstrates iter_swap, swap and swap_ranges.
#include <iostream>
```

```
#include <algorithm>
using namespace std;

int main()
{
    const int SIZE = 10;
    int a[ SIZE ] = { 1, 2, 3, 4, 5, 6, 7, 8, 9, 10 };
    ostream_iterator< int > output( cout, " " );

    cout << "Array a contains:\n";
    copy( a, a + SIZE, output );

    swap( a[ 0 ], a[ 1 ] );
    cout << "\nArray a after swapping a[0] and a[1] "
        << "using swap:\n";
    copy( a, a + SIZE, output );

    iter_swap( &a[ 0 ], &a[ 1 ] );
    cout << "\nArray a after swapping a[0] and a[1] "
        << "using iter_swap:\n";
    copy( a, a + SIZE, output );

    swap_ranges( a, a + 5, a + 5 );
    cout << "\nArray a after swapping the first five elements\n"
        << "with the last five elements:\n";
    copy( a, a + SIZE, output );

    cout << endl;
    return 0;
}
```
程序运行输出结果：
Array a contains:
1 2 3 4 5 6 7 8 9 10
Array a after swapping a[0] and a[1] using swap:
2 1 3 4 5 6 7 8 9 10
Array a after swapping a[0] and a[1] using iter_swap:
1 2 3 4 5 6 7 8 9 10
Array a after swapping the first five elements
with the last five elements:
6 7 8 9 10 1 2 3 4 5

16.9.8　copy_backward、mergeunique 和 reverse 算法

下面给出一范例程序，以展示 copy_backward、mergeunique 和 reverse 算法的基本用法。

```cpp
// Demonstrates miscellaneous functions: copy_backward, merge,
// unique and reverse.
#include <iostream>
#include <algorithm>
#include <vector>

using namespace std;

int main()
{
    const int SIZE = 5;
    int a1[ SIZE ] = { 1, 3, 5, 7, 9 };
    int a2[ SIZE ] = { 2, 4, 5, 7, 9 };
    vector< int > v1( a1, a1 + SIZE );
    vector< int > v2( a2, a2 + SIZE );

    ostream_iterator< int > output( cout, " " );

    cout << "Vector v1 contains: ";
    copy( v1.begin(), v1.end(), output );
    cout << "\nVector v2 contains: ";
    copy( v2.begin(), v2.end(), output );

    vector< int > results( v1.size() );
    copy_backward( v1.begin(), v1.end(), results.end() );
    cout << "\n\nAfter copy_backward, results contains: ";
    copy( results.begin(), results.end(), output );

    vector< int > results2( v1.size() + v2.size() );
    merge( v1.begin(), v1.end(), v2.begin(), v2.end(), results2.begin() );
    cout << "\n\nAfter merge of v1 and v2 results2 contains:\n";
    copy( results2.begin(), results2.end(), output );

    vector< int >::iterator endLocation;
    endLocation = unique( results2.begin(), results2.end() );
    cout << "\n\nAfter unique results2 contains:\n";
```

```
        copy( results2.begin(), endLocation, output );

        cout << "\n\nVector v1 after reverse: ";
        reverse( v1.begin(), v1.end() );
        copy( v1.begin(), v1.end(), output );

        cout << endl;
        return 0;
}
```

程序运行输出结果：

Vector v1 contains: 1 3 5 7 9
Vector v2 contains: 2 4 5 7 9

After copy_backward, results contains: 1 3 5 7 9

After merge of v1 and v2 results2 contains:
1 2 3 4 5 5 7 7 9 9

After unique results2 contains:
1 2 3 4 5 7 9

Vector v1 after reverse: 9 7 5 3 1

16.9.9 inplace_merge、unique_copy 和 reverse_copy 算法

下面给出一范例程序，以展示 inplace_merge、unique_copy 和 reverse_copy 算法的基本用法。

```
//Demonstrates miscellaneous functions: inplace_merge,
//reverse_copy, and unique_copy.
#include <iostream>
#include <algorithm>
#include <vector>
#include <iterator>
using namespace std;

int main()
{
        const int SIZE = 10;
        int a1[ SIZE ] = { 1, 3, 5, 7, 9, 1, 3, 5, 7, 9 };
        vector< int > v1( a1, a1 + SIZE );
```

```
        ostream_iterator< int > output( cout, " " );

        cout << "Vector v1 contains: ";
        copy( v1.begin(), v1.end(), output );

        inplace_merge( v1.begin(), v1.begin() + 5, v1.end() );
        cout << "\nAfter inplace_merge, v1 contains: ";
        copy( v1.begin(), v1.end(), output );

        vector< int > results1;
        unique_copy( v1.begin(), v1.end(), back_inserter( results1 ) );
        cout << "\nAfter unique_copy results1 contains: ";
        copy( results1.begin(), results1.end(), output );

        vector< int > results2;
        cout << "\nAfter reverse_copy, results2 contains: ";
        reverse_copy( v1.begin(), v1.end(), back_inserter( results2 ) );
        copy( results2.begin(), results2.end(), output );

        cout << endl;
        return 0;
    }
```

程序运行输出结果：

Vector v1 contains: 1 3 5 7 9 1 3 5 7 9

After inplace_merge, v1 contains: 1 1 3 3 5 5 7 7 9 9

After unique_copy results1 contains: 1 3 5 7 9

After reverse_copy, results2 contains: 9 9 7 7 5 5 3 3 1 1

16.9.10　集合操作

在 STL 中有若干集合操作，如 inlude、set_difference、set_intersection 等。下面给出一
范例程序，以展示这些集合操作算法的基本用法。

```
    //Demonstrates includes, set_difference, set_intersection,
    //set_symmetric_difference and set_union.
    #include <iostream>
    #include <algorithm>
    using namespace std;

    int main()
```

```
{
    const int SIZE1 = 10, SIZE2 = 5, SIZE3 = 20;
    int a1[ SIZE1 ] = { 1, 2, 3, 4, 5, 6, 7, 8, 9, 10 };
    int a2[ SIZE2 ] = { 4, 5, 6, 7, 8 };
    int a3[ SIZE2 ] = { 4, 5, 6, 11, 15 };
    ostream_iterator< int > output( cout, " " );

    cout << "a1 contains: ";
    copy( a1, a1 + SIZE1, output );
    cout << "\na2 contains: ";
    copy( a2, a2 + SIZE2, output );
    cout << "\na3 contains: ";
    copy( a3, a3 + SIZE2, output );

    if ( includes( a1, a1 + SIZE1, a2, a2 + SIZE2 ) )
        cout << "\na1 includes a2";
    else
        cout << "\na1 does not include a2";

    if ( includes( a1, a1 + SIZE1, a3, a3 + SIZE2 ) )
        cout << "\na1 includes a3";
    else
        cout << "\na1 does not include a3";

    int difference[ SIZE1 ];
    int *ptr = set_difference( a1, a1 + SIZE1, a2, a2 + SIZE2, difference );
    cout << "\nset_difference of a1 and a2 is: ";
    copy( difference, ptr, output );

    int intersection[ SIZE1 ];
    ptr = set_intersection( a1, a1 + SIZE1, a2, a2 + SIZE2, intersection );
    cout << "\nset_intersection of a1 and a2 is: ";
    copy( intersection, ptr, output );

    int symmetric_difference[ SIZE1 ];
    ptr = set_symmetric_difference( a1, a1 + SIZE1, a2, a2 + SIZE2, symmetric_difference );
    cout << "\nset_symmetric_difference of a1 and a2 is: ";
    copy( symmetric_difference, ptr, output );
```

```
        int unionSet[ SIZE3 ];
        ptr = set_union( a1, a1 + SIZE1, a3, a3 + SIZE2, unionSet );
        cout << "\nset_union of a1 and a3 is: ";
        copy( unionSet, ptr, output );
        cout << endl;
        return 0;
    }
```

程序运行输出结果：

a1 contains: 1 2 3 4 5 6 7 8 9 10

a2 contains: 4 5 6 7 8

a3 contains: 4 5 6 11 15

a1 includes a2

a1 does not include a3

set_difference of a1 and a2 is: 1 2 3 9 10

set_intersection of a1 and a2 is: 4 5 6 7 8

set_symmetric_difference of a1 and a2 is: 1 2 3 9 10

set_union of a1 and a3 is: 1 2 3 4 5 6 7 8 9 10 11 15

16.9.11　lower_bound、upper_bound 和 equal_range 算法

下面给出一范例程序，以展示 lower_bound、upper_bound 和 equal_range 算法的基本用法。

```
//Demonstrates lower_bound, upper_bound and equal_range for
//a sorted sequence of values.
#include <iostream>
#include <algorithm>
#include <vector>

using namespace std;

int main()
{
    const int SIZE = 10;
    int a1[] = { 2, 2, 4, 4, 4, 6, 6, 6, 6, 8 };
    vector< int > v( a1, a1 + SIZE );
    ostream_iterator< int > output( cout, " " );

    cout << "Vector v contains:\n";
    copy( v.begin(), v.end(), output );
```

```cpp
    vector< int >::iterator lower;
    lower = lower_bound( v.begin(), v.end(), 6 );
    cout << "\n\nLower bound of 6 is element "
        << ( lower - v.begin() ) << " of vector v";

    vector< int >::iterator upper;
    upper = upper_bound( v.begin(), v.end(), 6 );
    cout << "\nUpper bound of 6 is element "
        << ( upper - v.begin() ) << " of vector v";

    pair< vector< int >::iterator, vector< int >::iterator > eq;
    eq = equal_range( v.begin(), v.end(), 6 );
    cout << "\nUsing equal_range:\n"
        << "      Lower bound of 6 is element "
        << ( eq.first - v.begin() ) << " of vector v";
    cout << "\n      Upper bound of 6 is element "
        << ( eq.second - v.begin() ) << " of vector v";

    cout << "\n\nUse lower_bound to locate the first point\n"
        << "at which 5 can be inserted in order";
    lower = lower_bound( v.begin(), v.end(), 5 );
    cout << "\n      Lower bound of 5 is element "
        << ( lower - v.begin() ) << " of vector v";

    cout << "\n\nUse upper_bound to locate the last point\n"
        << "at which 7 can be inserted in order";
    upper = upper_bound( v.begin(), v.end(), 7 );
    cout << "\n      Upper bound of 7 is element "
        << ( upper - v.begin() ) << " of vector v";

    cout << "\n\nUse equal_range to locate the first and\n"
        << "last point at which 5 can be inserted in order";
    eq = equal_range( v.begin(), v.end(), 5 );
    cout << "\n      Lower bound of 5 is element "
        << ( eq.first - v.begin() ) << " of vector v";
    cout << "\n      Upper bound of 5 is element "
        << ( eq.second - v.begin() ) << " of vector v"
        << endl;
    return 0;

}
```

程序运行输出结果：

Vector v contains:

2 2 4 4 4 6 6 6 6 8

Lower bound of 6 is element 5 of vector v

Upper bound of 6 is element 9 of vector v

Using equal_range:

　　Lower bound of 6 is element 5 of vector v

　　Upper bound of 6 is element 9 of vector v

Use lower_bound to locate the first point

at which 5 can be inserted in order

　　Lower bound of 5 is element 5 of vector v

Use upper_bound to locate the last point

at which 7 can be inserted in order

　　Upper bound of 7 is element 9 of vector v

Use equal_range to locate the first and

last point at which 5 can be inserted in order

　　Lower bound of 5 is element 5 of vector v

　　Upper bound of 5 is element 5 of vector v

16.9.12　堆排序

　　堆排序算法将元素数组排列成特殊的二叉树，称为堆(heap)。堆的关键特性是最大元素总在堆的顶上，二叉树中任何节点的子节点值总是小于或等该节点的值。堆排序算法通常在"数据结构"或"算法"课程中有所介绍。在此，我们仅给出一范例程序，以展示 STL 堆排序算法的基本用法。

```
//Demonstrating push_heap, pop_heap, make_heap and sort_heap.
#include <iostream>
#include <algorithm>
#include <vector>

using namespace std;

int main()
{
    const int SIZE = 10;
    int a[ SIZE ] = { 3, 100, 52, 77, 22, 31, 1, 98, 13, 40 };
```

```
        int i;
        vector< int > v( a, a + SIZE ), v2;
        ostream_iterator< int > output( cout, " " );

        cout << "Vector v before make_heap:\n";
        copy( v.begin(), v.end(), output );
        make_heap( v.begin(), v.end() );
        cout << "\nVector v after make_heap:\n";
        copy( v.begin(), v.end(), output );
        sort_heap( v.begin(), v.end() );
        cout << "\nVector v after sort_heap:\n";
        copy( v.begin(), v.end(), output );

        // perform the heapsort with push_heap and pop_heap
        cout << "\n\nArray a contains: ";
        copy( a, a + SIZE, output );

        for ( i = 0; i < SIZE; ++i ) {
            v2.push_back( a[ i ] );
            push_heap( v2.begin(), v2.end() );
            cout << "\nv2 after push_heap(a[" << i << "]): ";
            copy( v2.begin(), v2.end(), output );
        }

        for ( i = 0; i < v2.size(); ++i ) {
            cout << "\nv2 after " << v2[ 0 ] << " popped from heap\n";
            pop_heap( v2.begin(), v2.end() - i );
            copy( v2.begin(), v2.end(), output );
        }

        cout << endl;
        return 0;
    }
```

程序运行输出结果：
Vector v before make_heap:
3 100 52 77 22 31 1 98 13 40
Vector v after make_heap:
100 98 52 77 40 31 1 3 13 22
Vector v after sort_heap:

1 3 13 22 31 40 52 77 98 100

Array a contains: 3 100 52 77 22 31 1 98 13 40
v2 after push_heap(a[0]): 3
v2 after push_heap(a[1]): 100 3
v2 after push_heap(a[2]): 100 3 52
v2 after push_heap(a[3]): 100 77 52 3
v2 after push_heap(a[4]): 100 77 52 3 22
v2 after push_heap(a[5]): 100 77 52 3 22 31
v2 after push_heap(a[6]): 100 77 52 3 22 31 1
v2 after push_heap(a[7]): 100 98 52 77 22 31 1 3
v2 after push_heap(a[8]): 100 98 52 77 22 31 1 3 13
v2 after push_heap(a[9]): 100 98 52 77 40 31 1 3 13 22
v2 after 100 popped from heap
98 77 52 22 40 31 1 3 13 100
v2 after 98 popped from heap
77 40 52 22 13 31 1 3 98 100
v2 after 77 popped from heap
52 40 31 22 13 3 1 77 98 100
v2 after 52 popped from heap
40 22 31 1 13 3 52 77 98 100
v2 after 40 popped from heap
31 22 3 1 13 40 52 77 98 100
v2 after 31 popped from heap
22 13 3 1 31 40 52 77 98 100
v2 after 22 popped from heap
13 1 3 22 31 40 52 77 98 100
v2 after 13 popped from heap
3 1 13 22 31 40 52 77 98 100
v2 after 3 popped from heap
1 3 13 22 31 40 52 77 98 100
v2 after 1 popped from heap
1 3 13 22 31 40 52 77 98 100

16.9.13　min 和 max 算法

函数模板 min 和 max 用于求两个元素的最小值与最大值。下面的范例程序展示了它们的基本用法。

```
//Demonstrating min and max
#include <iostream>
```

```
#include <algorithm>
using namespace std;

int main()
{
    cout << "The minimum of 12 and 7 is: " << min( 12, 7 );
    cout << "\nThe maximum of 12 and 7 is: " << max( 12, 7 );
    cout << "\nThe minimum of \"Teacher\" and \"Student\" is: "
        << min( 'T','S');
    cout << "\nThe maximum of \"Teacher\" and \"Student\" is: "
        << max('T','S') << endl;
    return 0;
}
```

程序运行输出结果：

The minimum of 12 and 7 is: 7
The maximum of 12 and 7 is: 12
The minimum of "Teacher" and "Student" is: S
The maximum of "Teacher" and "Student" is: T

16.10　函　数　对　象

　　函数对象(Function Object/Function)就是定义了 operator()函数的类。STL 支持并广泛使用函数对象，它和函数适配器一起使 STL 更加灵活。STL 中内置了许多函数对象，并且 STL 也允许自定义函数对象。下面仅就 STL 的内置函数对象做一简要介绍，自定义函数对象的方法已超出本书的范围，有兴趣的读者可参阅相关资料和书籍。

　　STL 中内置的函数对象与函数适配器原型在<functional>中。

16.10.1　一元函数对象与二元函数对象

　　一元函数对象需要一个参数；二元函数对象需要两个参数。

16.10.2　STL 内置的函数对象

　　STL 中内置了一元函数对象：

logical_not　　　negate　　//logical_not 表示逻辑非，negate 对参数改变其符号

　　STL 内置了如下二元函数对象：

plus	minus	multiplies	divides	modulus
equal_to	not_equal_to	greater	greater_equal	less
less_equal	logical_and	logical_or		

STL 的内置函数对象是重载 operator()的类模板，它返回对选定数据类型进行指定操作

的结果。下面通过两个实例来讲述 STL 内置函数对象的基本用法。

  例 1 利用 transform 算法和 negate 函数对象改变一系列数值的正负号。

```cpp
//Use a unary function object
#include <iostream>
#include <list>
#include <functional>
#include <algorithm>
using namespace std;

int main()
{
    list<double> vals;
    int i;

    //put values into list
    for(i=1;i<10;i++) vals.push_back((double)i);
    cout<<"Original contents of vals: "<<endl;
    list<double>::iterator p=vals.begin();
    while(p!=vals.end())
    {
        cout<<*p<<" ";
        p++;
    }
    cout<<endl;
    //use the negate function object
    p=transform(vals.begin(),vals.end(),vals.begin(), negate<double>());
    //call function object
    cout<<"Negated contents of vals: "<<endl;
    p=vals.begin();
    while(p!=vals.end())
    {
        cout<<*p<<" ";
        p++;
    }
    cout<<endl;
    return 0;
}
```

程序运行输出结果：

Original contents of vals:

1 2 3 4 5 6 7 8 9

Negated contents of vals:

-1 -2 -3 -4 -5 -6 -7 -8 -9

例 2　创建两个 double 值的列表并用一个列表中的元素除以另一个列表中的元素。

```cpp
//Use a binary function object
#include <iostream>
#include <list>
#include <functional>
#include <algorithm>
using namespace std;

int main()
{
    list<double> vals;
    list<double> divisors;
    int i;

    //put values into list
    for(i=10;i<100;i+=10) vals.push_back((double)i);
    for(i=1;i<10;i++)         divisors.push_back(3.0);

    cout<<"Original contents of vals: "<<endl;
    list<double>::iterator p=vals.begin();
    while(p!=vals.end())
    {
        cout<<*p<<" ";
        p++;
    }
    cout<<endl;

    //transfor vals
    p=transform(vals.begin(),vals.end(),divisors.begin(), vals.begin(),divides<double>());
    //call functional object

    cout<<"Divided contents of vals: "<<endl;
    p=vals.begin();
    while(p!=vals.end())
    {
        cout<<*p<<" ";
```

```
            p++;
        }
        cout<<endl;
        return 0;
    }
```

程序运行输出结果：

Original contents of vals:

10 20 30 40 50 60 70 80 90

Divided contents of vals:

3.33333 6.66667 10 13.3333 16.6667 20 23.3333 26.6667 30

16.10.3　绑定器

STL 提供了一种称之**绑定器(Binder)**的机制，它可以把一个值绑定到一个二元函数对象的某一个参数上。

STL 中有两种绑定器：bind1st()和 bind2nd()，其形式如下：

bind1st(binfunc_obj, value)　　　//将 value 绑定到函数对象的第一(左)操作数

bind2nd(binfunc_obj, value)　　　//将 value 绑定到函数对象的第二(右)操作数

下面给出一实例，来展示绑定器的使用方法。示例程序利用 remove_if 算法，当谓词条件为真时，从一个序列中删除所有大于 8 的元素。

```
//Demonstrate bind2nd()
#include <iostream>
#include <list>
#include <functional>
#include <algorithm>
using namespace std;

int main()
{
    list<int> lst;
    list<int>::iterator p,endp;

    int i;
    for(i=1;i<20;i++) lst.push_back(i);

    cout<<"Original sequence: "<<endl;
    p=lst.begin();
    while(p!=lst.end())
    {
```

```
            cout<<*p<<" ";
            p++;
        }
        cout<<endl;
        endp=remove_if(lst.begin(),lst.end(),bind2nd(greater<int>(),8));

        cout<<"Resulting sequence: "<<endl;
        p=lst.begin();
        while(p!=endp)
        {
            cout<<*p<<" ";
            p++;
        }
        cout<<endl;
        return 0;
}
```

程序运行输出结果：

Original sequence:

1 2 3 4 5 6 7 8 9 10 11 12 13 14 15 16 17 18 19

Resulting sequence:

1 2 3 4 5 6 7 8

参 考 文 献

[1] Bjarne Strostrup. The C++ Programming Language. 特别版. 北京：高等教育出版社，Pearson Education 出版集团，2001

[2] Harvey M Deitel, Paul James Deitel. C++大学教程. 2 版. 北京：电子工业出版社，2001

[3] Richard Johnsonbaugh, Martin Kalin. Object-Oriented Programming in C++. 2nd Edition. 北京：清华大学出版社，2005

[4] Ira Pohl. Object-Oriented Programming Using C++. 2nd Edition. 北京：电子工业出版社，2005

[5] James P Cohoon, Jack W Davidson. C++ Program Design：An Introduction to Programming and Object-oriented Design. 3rd Edition. 北京：清华大学出版社，2002

[6] Stanley B Lippman, Josee Lajoie. C++ Primer. 3rd Edition. 北京：中国电力出版社，2002

[7] Bruce Eckel, Chuck Allison. C++编程思想. 第 2 卷. 北京：机械工业出版社，2004

[8] Nicolai M Josuttis. The C++ Standard Library, A Tutorial and Reference. Addison Wesley Longman, Inc. 1999

[9] Brian W Kernighan, Dennis M Richie. The C Programming Language. Prentice-Hall, Inc., 1978